基础化学实验教程

主编 牛丽颖

中国健康传媒集团·北京
中国医药科技出版社

内 容 提 要

　　全书分为三部分，共七章内容。第一部分包括第一、二章，主要介绍了基础化学实验的基本知识和基本操作。第二部分包括第三至六章，主要编写了 45 个基础实验，涉及无机化学实验、有机化学实验、分析化学实验和物理化学实验，涵盖了基本操作和技能训练、制备实验、性质实验、含量测定等方面。第三部分包括第七章，本章为综合性、设计性、探究性实验，对提高学生的综合素质与创新思维及动手能力具有重要意义。本教材还包括附录部分，包括常用元素的相对原子质量、常用试剂的配制、常用化合物的毒性及易燃性等内容。本实验教程适合本（专）科药学、药物制剂、制药工程、生物工程等专业使用，对技术人员也具有较大的参考价值。

图书在版编目（CIP）数据

基础化学实验教程/牛丽颖主编 . —北京：中国医药科技出版社，2017.6（2025.9 重印）.
ISBN 978 - 7 - 5067 - 9337 - 7

Ⅰ. ①基… Ⅱ. ①牛… Ⅲ. ①化学实验 - 高等学校 - 教材 Ⅳ. ①O6 - 3

中国版本图书馆 CIP 数据核字（2017）第 119565 号

美术编辑　　陈君杞
版式设计　　张　璐

出版　**中国健康传媒集团** | 中国医药科技出版社
地址　北京市海淀区文慧园北路甲 22 号
邮编　100082
电话　发行：010 - 62227427　邮购：010 - 62236938
网址　www.cmstp.com
规格　787 × 1092mm $\frac{1}{16}$
印张　13 $\frac{1}{4}$
字数　267 千字
版次　2017 年 6 月第 1 版
印次　2025 年 9 月第 3 次印刷
印刷　大厂回族自治县彩虹印刷有限公司
经销　全国各地新华书店
书号　ISBN 978 - 7 - 5067 - 9337 - 7
定价　**39.00 元**

获取新书信息、投稿、为图书纠错，请扫码联系我们。

编委会

前　言

　　本教材是根据中药学、药学、中药资源与开发、制药工程、生物工程等相关专业基础化学课程学习的要求，开设实验课的实际需要，以及适应中医药创新发展人才培养的需求，同时融入最新实验教学改革成果，引进微型化、绿色化实验内容，打破了常规无机化学实验、有机化学实验、分析化学实验、物理化学实验各自单独设课的局限性，并依据各科实验内容的特点，重新设计、整合、构建新的实验教学体系，使四大基础化学实验内容有机组合，实验操作由简到繁，由基础到专业，同时兼顾各科之间相互衔接，又独立成体系，形成了全新的实验课程体系。

　　全书分为三部分，共七章内容。第一部分包括第一、二章，主要介绍了基础化学实验的基本知识和基本操作，包括基础化学实验的目的与要求、实验室规则和安全常识、化学试剂和常用仪器介绍、实验报告的书写等基本知识；还介绍了常用玻璃仪器的洗涤与干燥、固体的溶解和沉淀的分离与洗涤等基本操作技能。第二部分包括第三至六章，主要编写了45个基础实验，涉及无机化学实验、有机化学实验、分析化学实验和物理化学实验，涵盖了基本操作和技能训练、制备实验、性质实验、含量测定等方面。第三部分包括第七章，本章为综合性、设计性、探究性实验，共优选编写6个实验，对提高学生的综合素质与创新思维及动手能力具有重要意义，同时兼顾不同专业根据自身要求选择使用。本教材还包括附录部分，包括常用元素的相对原子质量、常用试剂的配制、常用化合物的毒性及易燃性等内容，便于教师、实验技术人员和学生查阅。

　　本书所选实验内容丰富，专业特色明显，实用性强，在强化基本理论知识的基础上，培养了学生的动手能力、分析问题和解决问题的能力，充分体现知识、能力、素养的培养。本教材的特点首先是理念的创新，采用微型化实验为手段，选择绿色环保的实验内容为载体，以传播绿色化学理念为目的，增强了学生的环保意识，提高了学生的综合素养；同时节约学校经费开支，减少环境污染，保证实验的安全。其次是思维的创新，通过化学学科自身的发展规律，打破传统实验课程体系，使各学科间重新整合、优化，重构综合性、设计性、探究性的实验内容，使基础化学各学科间相互衔接，又独立成体系，为后续课程打下坚实的基础，使学生更全面、更系统地掌握相关知识。

　　由于编者水平有限，书中难免会存在一些疏漏或不足之处，敬请广大读者批评指正！

编　者

2017 年 3 月

目 录

第一章 基础化学实验基本知识

第二章 实验基本操作技能

第三章 无机化学实验

第四章　有机化学实验

第五章　分析化学实验

第六章　物理化学实验

第七章　综合性、设计性、探究性实验

第一章　基础化学实验基本知识

第一节　基础化学实验的目的和要求

化学是一门实践性很强的自然科学，随着现代科学技术迅猛发展，新的实验手段和实验技术普遍应用到化学实验中，大量的常量实验逐渐改为微量、半微量实验。基础化学实验包含无机化学实验、有机化学试验、分析化学实验和物理化学实验，是基础化学教学中必不可少的重要环节。

基础化学实验教学的主要目的：

（1）通过实验获得感性认识，巩固和加深学生对课堂讲授的理论知识的理解和掌握。

（2）学会正确使用各种基本的化学仪器，掌握基础化学实验的操作和技能，为后续各科实验打下良好的基础。

（3）通过设计性实验、综合性实验和微型化实验，培养学生分析问题、解决问题、独立开展实验工作的能力，培养学生实事求是、细心观察、大胆推理、小心求证的严谨科学态度，为今后继续深造打下坚实的基础。

为达到良好的教学效果，提高实验教学质量，提出以下要求。

（1）实验前做好预习：预习是做好实验的基础，学生实验前一定要认真阅读实验教材，明确实验目的、原理、所用仪器及装置、操作的主要步骤及实验注意事项，做到心中有数，写好预习报告。

（2）实验时，自觉遵守实验室规则，在教师指导下正确使用仪器，严格按照规范进行操作，实验过程中积极思考，细心观察，做好实验记录。

（3）实验完成后，及时洗涤、整理仪器，对实验结果和实验现象进行计算和分析，总结经验教训，认真完成实验报告。

第二节　实验室规则和安全常识

化学实验中经常会用到易燃、易爆、有毒、有腐蚀性的试剂，若使用不当会造成着火、爆炸、中毒、烧伤等安全事故。为避免事故发生，实验者一定要加以重视，实验时集中注意力，遵守实验室规则，规范操作。

一、实验室规则

（1）进入实验室，首先要熟悉各种安全用具（如灭火器、沙漏、湿抹布、急救药箱等）的使用方法及放置地点，并妥善保管，不得移作他用或者挪动存放位置。

（2）禁止将食物和饮料带入实验室，一切化学药品严禁入口，实验完毕必须及时认真洗手。

（3）实验开始前要清点仪器，检查仪器是否完整无损，装置是否正确、稳妥，若有破损或缺少，应及时报告教师，按规定补领。

（4）实验进行时要密切注意实验进行的情况和实验装置有无泄漏、破裂等异常现象。

（5）实验操作有可能发生危险的时候，要采取适当的安全措施，如戴防护眼镜、面罩、手套等防护设备。

（6）实验中所使用药品和试剂，不得带出实验室，不得随意散失、遗弃。实验中产生的有毒、有害物质，应当按照规定进行处理，以免污染环境，影响健康。

（7）实验时应保持实验室和实验台清洁。废纸、火柴梗、废液等应放到指定地点，不能乱丢，更不能丢入水槽，以免堵塞或腐蚀下水道。

（8）爱护公物，小心使用实验仪器和设备，使用完后要整理好并放回原位。

（9）实验结束后要将仪器刷洗干净，放到规定位置，整理好桌面；要及时断水、断电。

（10）值日生要打扫整个实验室，检查是否已断水、断电，关好门窗，经教师同意后方可离开实验室。

二、实验室事故的预防与急救

1. 防火

引起着火的原因很多，如用敞口容器加热低沸点的溶剂、加热方法不正确等，为了防止着火，实验中应注意以下几点。

（1）不能用敞口容器加热和放置易燃、易挥发的化学药品。应根据实验要求和物质的特性，选择正确的加热方法。如对沸点低于80℃的液体，在蒸馏时，应采用水浴，不能直接加热。

（2）尽量防止或减少易燃性气体的外逸。处理和使用易燃性气体时，应远离明火，注意室内通风，及时将蒸汽排出。

（3）实验室不得存放大量易燃、易挥发性物质。

一旦发生着火，应及时采取措施，控制事故扩大。首先，立即切断电源，移走易燃物。然后，根据易燃物的性质和火势采取适当的方法进行扑救。小火可用湿布或石棉布盖熄，火势较大时，应用灭火器扑救。有机物着火通常不用水进行扑救，因为一般有机物不溶于水或遇水可发生更强烈的反应而引起更大的事故。地面或桌面着火时，还可用砂子扑救，但容器内着火不宜使用砂子扑救。身上着火时，应就近在地上打滚（速度不要太快）将火焰扑灭，千万不要在实验室内乱跑，以免造成更大的火灾。

2. 防爆

在化学实验室中，发生爆炸事故一般有以下两种情况。

（1）某些化合物容易发生爆炸。如过氧化物、芳香族多硝基化合物等，在受热或受到碰撞时，均会发生爆炸；含过氧化物的乙醚在蒸馏时，也有爆炸的危险；乙醇和浓硝酸混合在一起，会引起极强烈的爆炸。

（2）仪器安装不正确或操作不当时，也可引起爆炸。如蒸馏或反应时实验装置被堵塞、减压蒸馏时使用不耐压的仪器等。

为了防止爆炸事故的发生，应注意以下几点。

（1）使用易燃、易爆物品时，应严格按操作规程操作，要特别小心。

（2）反应过于猛烈时，应适当控制加料速度和反应温度，必要时采取冷却措施。

（3）在用玻璃仪器组装实验装置之前，要先检查玻璃仪器是否有破损。

（4）常压操作时，不能在密闭体系内进行加热或反应，要经常检查反应装置是否被堵塞。如发现堵塞应停止加热或反应，将堵塞排除后再继续。

（5）减压蒸馏时，不能用平底烧瓶、锥形瓶、薄壁试管等不耐压容器作为接收瓶或反应瓶。

（6）无论是常压蒸馏还是减压蒸馏，均不能将液体蒸干，以免局部过热或产生过氧化物而发生爆炸。

3. 防中毒

大多数化学药品都具有一定的毒性。中毒主要是通过呼吸道和皮肤接触有毒物品而对人体造成危害。因此预防中毒应做到以下几点。

（1）称量药品时应使用工具，不得直接用手接触。做完实验后，应洗手后再吃东西，任何药品不能用嘴尝。

（2）使用和处理有毒或腐蚀性物质时，应在通风柜中进行或加气体吸收装置，并戴好防护用品。尽可能避免蒸气外逸，以防造成污染。

（3）如发生中毒现象，应让中毒者及时离开现场，到通风好的地方，严重者应及时送往医院。

4. 防灼伤

皮肤接触了高温、低温或腐蚀性物质后均可能被灼伤。为避免灼伤，在接触这些物质时，最好戴橡胶手套和防护眼镜。发生灼伤时应按下列要求处理。

（1）被碱灼伤时，先用大量的水冲洗，再用1%～2%的乙酸或硼酸溶液冲洗，然后再用水冲洗，最后涂上烫伤膏。

（2）被酸灼伤时，先用大量的水冲洗，然后用1%的碳酸氢钠溶液清洗，最后涂上烫伤膏。

（3）被溴灼伤时，应立即用大量的水冲洗，再用酒精擦洗或用2%的硫代硫酸钠溶液洗至灼伤处呈白色，然后涂上甘油或鱼肝油软膏加以按摩。

（4）被热水烫伤后一般在患处涂上红花油，然后擦烫伤膏。

5. 防割伤

基础化学实验中主要使用玻璃仪器，使用时不能对玻璃仪器的任何部位施加过度的压力。若发生割伤后，应将伤口处的玻璃碎片取出，再用生理盐水将伤口洗净，涂上红药水，用纱布包好伤口。若割破静（动）脉血管，血流不止时，应先止血。具体方法是：在伤口上方约 $5 \sim 10cm$ 处用绷带扎紧或用双手掐住，然后再进行处理或送往医院。

6. 用电安全

进入实验室后，首先应了解水、电、气的开关位置在何处，而且要掌握它们的使用方法。在实验中，应先将电器设备上的插头与插座连接好后，再打开电源开关。不能用湿手或手握湿物去插或拔插头。使用电器前，应检查线路连接是否正确，电器内外要保持干燥，不能有水或其他溶剂。实验做完后，应先关掉电源，再拔插头。

三、实验室常用安全装置

1. 沙桶　实验台或地面小面积着火，可立即用沙子覆盖，使之隔绝空气而灭火。

2. 灭火器　化学实验室常用的灭火器有以下几种。

（1）二氧化碳灭火器：适用于扑救 600V 以下的带电电器、精密仪器、贵重设备的火灾以及一般可燃液体的初起火灾。但不能用于扑救金属锂、钠、钾、镁、铅、锑、钛、铀等金属及其氢化物的火灾，也不能用于扑灭纤维物质的阴燃火。

（2）1211 灭火器：适用于扑救带电电器、精密仪器、易燃液体和气体的初起火灾。也用于织物、木、纸等火灾的扑救。但 1211 的化学性质稳定，对大气臭氧层的破坏作用大，国外已开始淘汰，我国在 2010 年后也予以淘汰。

（3）泡沫灭火器：适用于扑救油类等非水溶性可燃、易燃液体以及木材、橡胶、纤维等火灾。不能用于扑救水溶性可燃、易燃液体，如醇、酯、醚、醛、酮、有机酸等，也不能扑救带电电器和遇水发生燃烧爆炸物质的火灾。一般非大火通常不用泡沫灭火器，因后处理较麻烦。

（4）干粉灭火器：其灭火效率高、速度快、不腐蚀、毒性低，适用于扑救可燃液体、气体的火灾，电器火灾以及某些不易用水扑救的火灾。

3. 紧急洗眼器

在实验室中，无论何种化学试剂溅入眼内，都应立即就地先用大量水冲洗，争取在第一时间内把对眼睛的伤害降低到最低程度，然后再做进一步的处理和治疗。因此，化学实验室中应安装紧急洗眼器，见图 1 - 1。

4. 排气装置

实验室的排气装置有通风厨、排气扇、抽气罩等，其中抽气罩为国内近年来的新型排气装置，其使用灵活方便，能近距离靠近毒气污染源，排毒效率高，且装有噪音消音器，噪音小（48 分贝以下），见图 1 - 2。

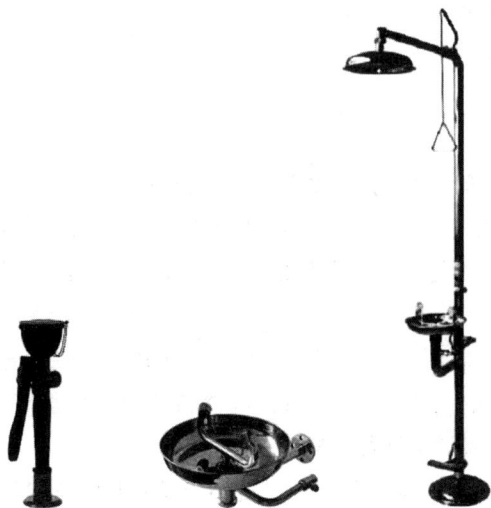

图 1-1　紧急洗眼器

图 1-2　抽气罩

第三节　实验室用水知识

　　所谓实验，是指对现象所推测的假设加以验证的动作。假设能否被证明为真理，与假设能否具有再现性的结果至关重要。实验的再现性除了要有良好的技巧，还受到所用化学试剂的纯度和分析仪器的精密度的影响。实验中用来配置溶液的化学试剂及所使用的水的纯度对实验也非常重要。假设水中污染物会对实验结果造成影响，就必须去除这些物质。此外，为了取得良好的再现性结果，使用能保持稳定水质的纯水是必要的。

　　随着实验用的分析系统灵敏度的提高，对水的纯度有了更高的要求。

　　在水中，将距离 1cm 的两片表面积为 $1cm^2$ 大小的电极加以通电，来监测两极间的导电率，通过所加电压和测得的电流能够获知两极间的电阻值，这个数值在水质分析中通常被称为电阻率或比电阻，其单位用 $M\Omega \cdot cm$ 来表示。

　　电阻率的倒数称为导电率或电导率，用 $\mu s \cdot cm^{-1}$ 来表示。

　　这两个参数是表示水的纯度的最常用参数。

　　将自来水中的离子去除，会使得电阻率值升高（导电率降低），但并非无限制的增加，这是因为部分水分子会电离为氢离子和氢氧根离子，其电阻率极限值为 $18.248M\Omega \cdot cm$（25℃）。此外，电阻率值会随着水的电离常数而改变，因而会受到水温的影响。例如，25℃ 的超纯水，其电阻值为 $18.2M\Omega \cdot cm$，但在 0℃ 则为 $84.2M\Omega \cdot cm$，100℃ 则为 $1.3M\Omega \cdot cm$。在 25℃ 附近，当温度上升 1℃，其电阻值将下降 $0.84M\Omega \cdot cm$。因此，纯水电阻率的测量通常选择动态测量方式（又称在线检测），且采用温度补偿的方法将测量值换算成 25℃ 的电阻率，以便于计量和比较（多使用补偿至 25℃ 的电阻率值来做衡量标准）。

　　此外，像总有机碳含量（TOC），热源内毒素含量，细菌含量，颗粒含量，微生物含量，总溶解固体含量（TDS）等也常常被用作补充说明水质的重要参数。因此，水的纯度标准通常由以上这些参数的一项或几项来综合说明分级。

一、纯水的等级

实验室纯水可分为4个常规等级：纯水、去离子水、实验室Ⅱ级纯水和超纯水。

纯水：纯化水平最低，通常电导率在 $1 \sim 50 \mu s \cdot cm^{-1}$ 之间。它可经由单一弱碱性阴离子交换树脂、反渗透或单次蒸馏制成。典型的应用包括玻璃器皿的清洗、高压灭菌器、恒温恒湿实验箱和清洗机用水。

去离子水：电导率通常在 $1.0 - 0.1 \mu s \cdot cm^{-1}$ 之间（电阻率在 $1.0 \sim 10.0 M\Omega \cdot cm$）。通过采用含强阴离子交换树脂的混床离子交换制成，有相对较高的有机物和细菌污染水平，能满足多种需求，如清洗、制备分析标准样、制备试剂和稀释样品等。

实验室Ⅱ级纯水：电导率 $< 1.0 \mu s \cdot cm^{-1}$，总有机碳（TOC）含量小于50ppb以及细菌含量低于 $1 CFU \cdot ml^{-1}$。其水质可适用于多种需求，从试剂制备和溶液稀释，到为细胞培养配备营养液和微生物研究。这种纯水可双蒸而成，或整合RO和离子交换/EDI多种技术制成，也可以再结合吸附介质和UV灯。

超纯水：这种级别的纯水在电阻率、有机物含量、颗粒和细菌含量方面接近理论上的纯度极限，通过离子交换、RO膜或蒸馏手段预纯化，再经过核子级离子交换精纯化得到超纯水。通常超纯水的电阻率可达 $18.2 M\Omega \cdot cm$，$TOC < 10ppb$，滤除 $0.1 \mu m$ 甚至更小的颗粒，细菌含量低于 $1 CFU \cdot ml^{-1}$。超纯水适合多种精密分析实验的需求，如高效液相色谱（HPLC）、离子色谱（IC）和离子捕获–质谱（ICP–MS）。少热源超纯水适用于真核细胞培养等生物应用，超滤技术通常用于去除大分子生物活性物质，如热源（结果为 $< 0.005 IU \cdot ml^{-1}$）以及无法检测到的核酸酶和蛋白酶。

目前世界上比较通用的纯水标准主要有以下几个：国际标准化组织（ISO），美国临床病理学会（CAP）试药及用水标准，美国测试和材料实验社团组织（ASTM），临床试验标准国际委员会（NCCLS），美国药学会（USP）等。同时，我国也有相应的纯水标准：中国国家电子级超纯水规格 GB/T11446 – 1997 和中国国家实验室用水规格 GB6682 – 92 等。因此市面上绝大多数的纯水系统，无论是进口的还是国产的，都是依据这些标准来设计流程的。

二、纯水的制备及检验

在化学实验中，根据任务及要求的不同，对水的纯度要求也不同。对于一般的分析工作，采用蒸馏水或去离子水即可；而对于超纯物质分析，则要求纯度较高的"高纯水"。由于空气中的 CO_2 可溶于水中，故水的pH值常小于7，一般pH值约为6。

（一）纯水的制备

由于制备纯水的方法不同，带来杂质的情况也不同。常用以下几种方法制备纯水。

1. 蒸馏法

目前使用的蒸馏器的材质有玻璃、金属铜、石英等，蒸馏法只能除去水中非挥发性的杂质，而溶解在水中的气体并不能除去。蒸馏水中杂质含量如表 1 – 1 所示。

表1-1 蒸馏水中杂质含量

蒸馏器名称	杂质含量（mg·ml^{-1}）				
	Mn^{2+}	Cu^{2+}	Zn^{2+}	Fe^{3+}	Mo（Ⅵ）
铜蒸馏器	1	10	2	2	2
石英蒸馏器	0.1	0.5	0.04	0.02	0.001

2. 离子交换法

用离子交换法制取的纯水称为去离子水，目前多采用阴、阳离子交换树脂的混合床装置来制备。此法的优点是制备的水量大，成本低，除去离子的能力强；缺点是设备及操作较复杂，不能除去非电解质杂质，而且有微量树脂溶在水中。去离子水杂质含量如表1-2。

表1-2 去离子水杂质含量

杂质项目	Cu^{2+}	Zn^{2+}	Mn^{2+}	Fe^{3+}	Mo（Ⅵ）	Mg^{2+}	Ca^{2+}	Sr^{2+}
含量（mg·ml^{-1}）	<0.002	0.05	<0.02	0.02	<0.02	2	0.2	<0.06
杂质项目	Ba^{2+}	Pb^{2+}	Cr^{3+}	Co^{2+}	Ni^{2+}	B、Sn、Si、Ag		
含量（mg·ml^{-1}）	0.006	0.02	0.02	<0.002	0.002	不可检出		

3. 电渗析法

电渗析法是在离子交换技术的基础上发展起来的一种方法。它是在外电场作用下，利用阴、阳离子交换膜对溶液中离子的选择性透过而使溶液中溶质和溶剂分开，从而达到净化水的目的。此法除去杂质的效果较低，水质质量较差，只适用于一些要求不太高的分析工作。

（二）纯水的检验

纯水的检验有物理方法（测定水的电阻率）和化学方法两类。根据一般分析实验的要求，现将检验纯水的主要项目介绍如下。

1. 电阻率

水的电阻率越高，表示水中的离子越少，水的纯度越高。25℃时，电阻率为$1.0 \times 10^6 \sim 10 \times 10^6 \Omega \cdot cm$的水称为纯水，电阻率大于$10 \times 10^6 \Omega \cdot cm$的水称为高纯水，高纯水应保存在石英或塑料容器中。各级水的电阻率见表1-3。

表1-3 各级水的电阻率

水的类型	电阻率（25℃）/$\Omega \cdot cm$
自来水	1900
一次蒸馏水（玻璃）	3.5×10^6
三次蒸馏水（石英）	1.5×10^6
混合床离子交换水	12.5×10^6
28次蒸馏水（石英）	16×10^6
绝对水（理论最大电阻率）	18.3×10^6

2. pH 值

用酸度计测定与大气相平衡的纯水的 pH 值，一般 pH 值应为 6 左右。采用简易化学方法测定时，取两支试管，在其中各加 10ml 水，于甲试管中滴加 0.2% 甲基红（变色范围 pH 4.2~6.2）2 滴，不得显红色，于乙试管中滴加 0.2% 溴百里酚蓝（变色范围 pH 6.0~7.6）5 滴，不得显蓝色。

3. 硅酸盐

取 10ml 水于一小烧杯中，加入 $4mol \cdot L^{-1}$ HNO_3 5ml，5% 钼酸铵溶液 5ml，室温下放置 5 分钟。而后，加入 10% Na_2SO_3 溶液 5ml，观察是否出现蓝色，如呈现蓝色则不合格。

4. 氯化物

取 20ml 水于试管中，用 $4mol \cdot L^{-1}$ HNO_3 1 滴酸化，加入 $0.1mol \cdot L^{-1}$ $AgNO_3$ 溶液 1~2 滴，如出现白色乳状物，则不合格。

5. 金属离子

取 25ml 水，加 0.2% 铬黑 T 指示剂一滴，pH 为 10 的氨性缓冲溶液 5ml，如呈现蓝色，说明 Cu^{2+}、Pb^{2+}、Zn^{2+}、Fe^{3+}、Ca^{2+}、Mg^{2+} 等阳离子含量甚微，水合格。如呈现紫红色，则不合格。

第四节 化学试剂有关知识

化学试剂是具有一定纯度的标准的单质或化合物，试剂的种类及特点差异很大，要顺利进行各项试验，保证试验安全，达到预期试验目的，对化学试剂要有一定的了解。

一、化学试剂的等级

化学试剂的等级标准，目前世界各国并不统一。我国化学试剂的等级标准有三种：国家标准（GB）、部颁标准（HG）和企业标准（Q/HG）。

我国由国家和主管部门颁布具体指标的化学试剂等级有四种，按其纯度和杂质含量的高低分为优级纯、分析纯、化学纯和实验试剂。化学试剂的规格及适用范围，见表 1-4。

表 1-4 不同等级化学试剂的对照表

等级	中文称谓	英文称谓	符号	标签颜色	纯度	应用范围
一级	优级纯，保证试剂	Guarantee Reagent	G. R.	绿色	≥99.8%	适用于精密的分析实验和科学研究
二级	分析纯，分析试剂	Analytical Reagent	A. R.	红色	≥99.7%	适用于一般科学研究和要求较高的定量、定性分析实验
三级	化学纯，化学试剂	Chemical Pure	C. P.	蓝色	≥99.5%	适用于要求较高的化学实验和要求不高的分析实验
四级	实验试剂	Laboratory Reagent	L. R.	黄色或棕色		适用于要求不高的一般化学实验

除表 1-4 中四种级别的试剂以外，还有一些特殊规格的试剂，如：

（1）光谱纯试剂：符号 S.P.，光谱法测不出杂质含量，为光谱分析中的标准物质。

（2）基准试剂：纯度相当于或高于保证试剂，是容量分析中用于标定溶液的基准物质或直接配制标准溶液。

（3）色谱纯试剂：在最高灵敏度下，以 10^{-10} g 试剂无色谱杂质峰为标准。用做色谱分析的标准物质。

（4）生化试剂：用于各种生物化学实验。

各种级别的试剂因纯度不同价格相差很大，所以，使用时在满足实验要求的前提下，应考虑节约的原则。

在试剂瓶的标签上（一般在右上角），有时注明"符合 GB""符合 HG"或者"符合 HGB"的字样，这些字样表示该化学试剂的技术条件（或杂质最高含量）符合国家规定的某种标准。如"符合 GB"，即符合"国家标准"。在这些符号的后面有该化学试剂的统一编号。如 HG3-123-64 是无水硫酸钠的部颁标准代号，HGB3166-60 是结晶碳酸钠的部颁暂行标准代号。

二、化学试剂的分类

化学试剂的分类方法较多，按类别可分为无机化学试剂和有机化学试剂；按其性质可分为一般试剂和危险试剂等。这里着重介绍危险试剂的分类。

1. 易燃试剂

（1）易燃液体：如苯、乙醚、乙醇、汽油、丙酮、乙酸乙酯等。

（2）易燃固体：如硫、红磷、镁粉、锌粉、铝粉等。

（3）易自燃试剂：如白磷等。

（4）遇湿易燃试剂：如钠、钾、保险粉（连二亚硫酸钠）等。

2. 易爆试剂　如三硝基甲苯（TNT）、硝化甘油、苦味酸、二硝基重氮酚等。

3. 有毒试剂　如氰化钾（钠）、溴、甲醇、三氧化二砷、汞等。

4. 腐蚀性试剂　如强酸、强碱、甲醛、苯酚、乙酸酐、过氧化氢等。

5. 氧化性试剂　如高锰酸钾、重铬酸钾、过氧化钠、硝酸铵等。

另外，放射性物品也属于危险试剂。

三、部分特殊化学试剂的存放与取用

试剂保存不当可能引起质量和组分的变化，所以正确保存试剂非常重要。一般化学试剂应保存在通风良好、干净的房间，避免水分、灰尘及其他物质的污染。化学试剂必须隔离存放，不能混放在一起，应根据试剂的毒性、易燃性、潮解性、腐蚀性等特点，采用不同的存放方式。

（一）易燃固体试剂

1. 白磷　着火点低，在空气中能缓慢氧化而自燃，应存放于盛水的棕色广口瓶中，水应将白磷全部浸没；取用时应在水下用镊子夹住，小刀切取。

2. 红磷 应存放在棕色广口瓶中，保持干燥；取用是要用药匙，勿近火源，避免和灼热物体接触。

3. 锂、钠、钾 在空气中极易氧化，遇水发生剧烈反应，应存放于煤油、液体石蜡或甲苯的广口瓶中；取用时切忌与水接触，取用方法与白磷类似。锂应保存于石蜡油中。

（二）易燃液体试剂

如乙醇、乙醚、苯等，应盛放在既有塑料塞又有螺旋盖的棕色细口瓶中，置于阴凉处；取用时勿近火源。

（三）易挥发有毒的试剂

1. 液溴 存放在密封的棕色磨口细口瓶中，为防止其扩散，一般在液溴的上面加水起到封闭作用，再将盛有液溴的试剂瓶盖紧放于塑料筒中，置于阴凉处；取用时，要用胶头滴管伸入水面下液溴中迅速吸取少量后，密封放回原处。

2. 浓氨水 存放于既有塑料塞又有螺旋盖的棕色细口瓶中，放于阴凉处；因试剂瓶中气体压强较大，为防止液氨外溅，开启瓶盖时可用塑料膜等遮住瓶口，再开启瓶塞，注意瓶口不要对着人，气温较高时，可先用冷水降温后再开启。

（四）易升华试剂

易升华试剂如碘、萘、蒽等，应存放于棕色广口瓶中，密封放置于阴凉处。

（五）剧毒试剂

剧毒试剂如氰化物、砷化物等，这类试剂应与酸类物质隔离，放于干燥、阴凉处，专柜加锁；取用时应在指导下进行。

第五节 基础化学实验常用仪器

了解化学实验中所用仪器的性能，选用合适的仪器并正确地使用仪器是对每一个实验者最起码的要求。现将化学实验中常用的玻璃仪器、金属用具、电学仪器及一些其他设备分别介绍如下。

一、常用玻璃仪器

玻璃仪器通常由软质或硬质玻璃制成。软质玻璃耐热、耐腐蚀性较差，故一般由它制作的仪器均不耐热，如普通漏斗、量筒、吸滤瓶等。硬质玻璃具有较好耐热、耐腐蚀性，所制仪器可在温度变化较大的情况下使用，如烧瓶、冷凝器等。

玻璃仪器一般分为普通玻璃仪器（图1-3）和标准磨口玻璃仪器（图1-4）两种。

| 试管 | 具支试管 | 烧杯 | 量筒 | 锥形瓶 | 表面皿 | 蒸发皿 | 容量瓶 |

| 漏斗 | 长颈漏斗 | 分液漏斗 | 抽滤瓶 | 布氏漏斗 | 干燥管 | 熔点测定管 |

| 称量瓶 | 碘量瓶 | 酸式滴定管 | 碱式滴定管 | 吸量管 | 移液管 |

| 研钵 | 坩埚 | 干燥器 | 真空干燥器 |

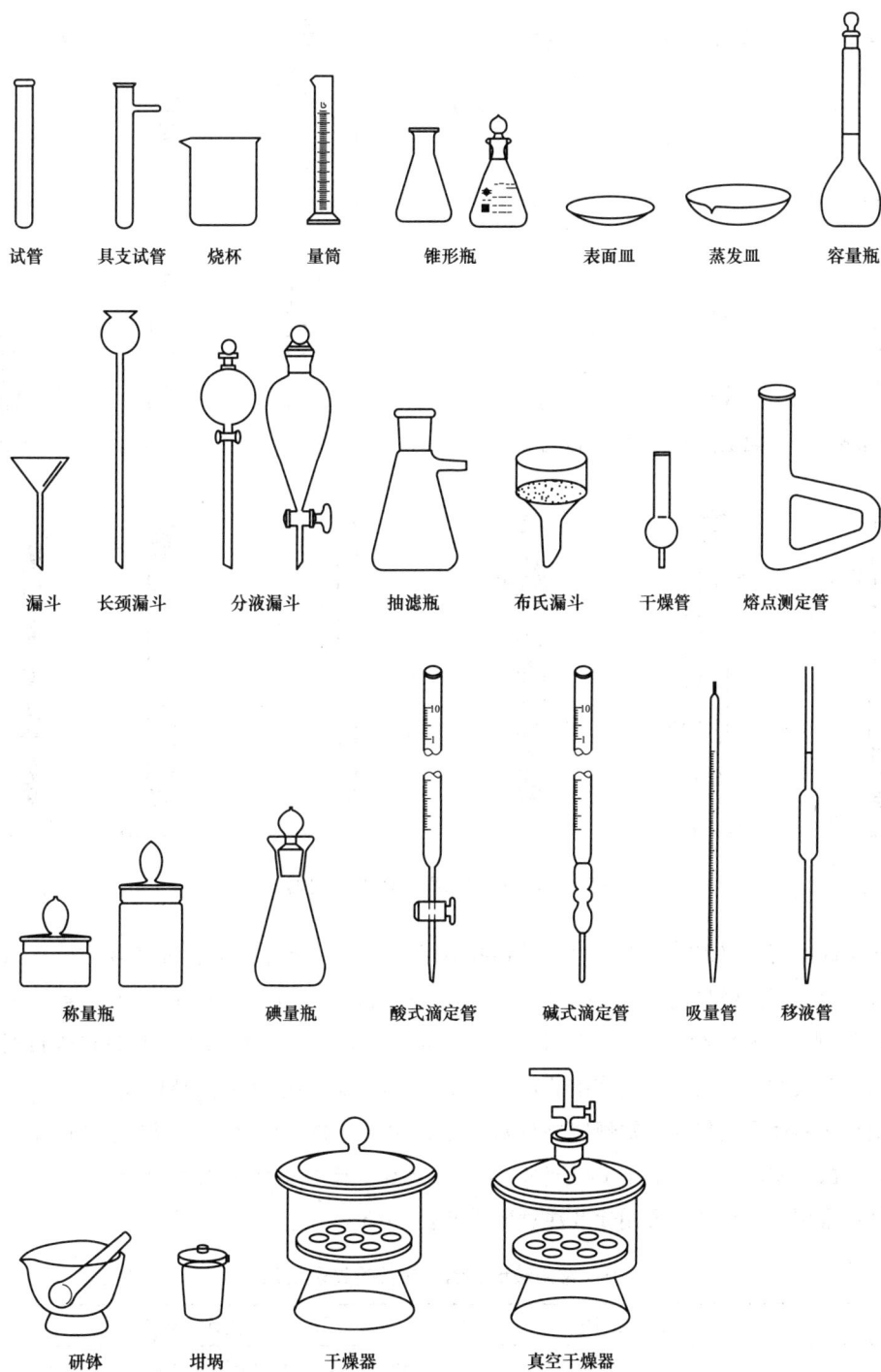

图 1-3 常用普通玻璃仪器

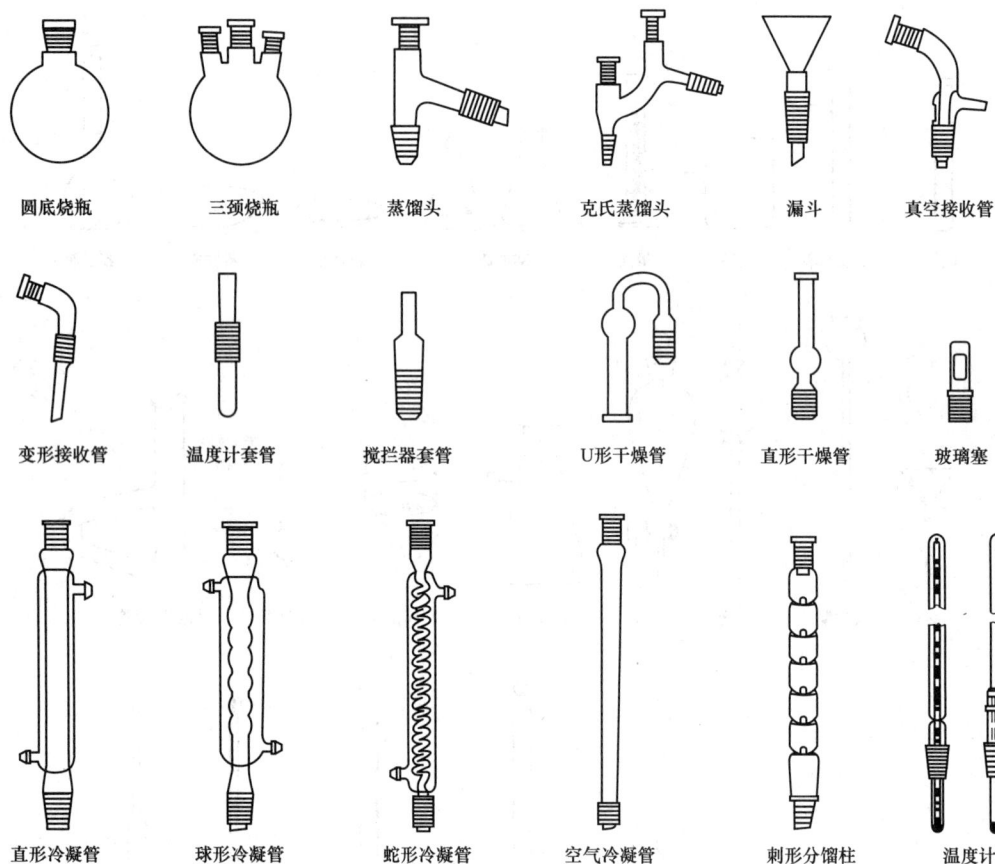

圆底烧瓶　　　三颈烧瓶　　　蒸馏头　　　克氏蒸馏头　　　漏斗　　　真空接收管

变形接收管　　温度计套管　　搅拌器套管　　U形干燥管　　直形干燥管　　玻璃塞

直形冷凝管　　球形冷凝管　　蛇形冷凝管　　空气冷凝管　　刺形分馏柱　　温度计

图 1 - 4　常用标准磨口玻璃仪器

　　使用标准磨口仪器可免去配塞子及钻孔等手续，又能避免反应物或产物被软木塞或橡皮塞所玷污，而且密封性能好。标准磨口仪器根据磨口口径分为 10、14、19、24、29、34、40、50 等型号。相同编号的子口与母口可以连接。当用不同编号的子口与母口连接时，中间可加一个大小口接头。学生使用的常量仪器一般是 19 号或 24 号的磨口仪器。

　　微型实验使用的仪器较常规实验仪器要小，大部分微型玻璃仪器和常量玻璃仪器形状相似，半微量实验中采用的是 14 号磨口仪器，微量实验中采用 10 号磨口仪器。

　　某些常用玻璃仪器主要用途及注意事项见表 1 - 5。

表 1 - 5　常用玻璃仪器的主要用途及注意事项

玻璃仪器名称	主要用途	注意事项
试管	用于少量试剂的反应，便于操作和观察	可直接用火加热，用试管夹夹住距试管口 1/3 处，加热后不能骤冷，否则容易破裂，加热时所盛液体不得超过试管容量的 1/2
烧杯	用于加热溶液，浓缩溶液及溶液混合和转移	加热时下垫石棉网，使受热均匀，所盛液体不得超过烧杯容量的 2/3

续表

玻璃仪器名称	主要用途	注意事项
量筒	量取液体	不能加热，不能用作反应容器，不能用作配制或稀释溶液的容器，不可量取热的溶液
锥形瓶	用于储存液体、混合溶液及加热小量溶液	加热时下垫石棉网或用电热套水浴加热，盛液不宜太多，以免振荡时溢出
圆底烧瓶	用于反应、回流加热及蒸馏	加热时下垫石棉网或用电热套加热
容量瓶	用于配制一定体积准确浓度的溶液	不能加热，使用前检验是否漏水
滴定管	准确量取一定体积的液体，中和滴定时计量溶液的体积	酸式滴定管不能盛放碱性试剂，碱式滴定管不能盛放酸性试剂和具有氧化性的试剂，滴定管使用前要检测是否漏水
冷凝管	用于蒸馏和回流	冷凝管中冷却水应从下端口进，上端口出
分液漏斗	用于溶液的萃取及分离	使用前要需检验是否漏水
布氏漏斗和抽滤瓶	两者配套使用，用于减压过滤	先抽气，后过滤，停止过滤时，要先放气，后关泵
干燥管	装干燥剂，用于无水反应的装置	球体与细管处一般要垫棉花球，防止细孔被堵塞

二、金属用具

实验室中常用的金属用具有：铁架台、铁夹、S扣、铁圈、三脚架、水浴锅、镊子、剪刀、三角锉刀、圆锉刀、打孔器、不锈钢刮刀、升降台等。要保持这些仪器的清洁，经常在活动部位加上一些润滑剂，以保证其活动灵活、不生锈。

三、电学仪器及小型机电设备

实验室有很多电器设备，使用时应注意安全，并保持这些设备的清洁，千万不要将药品洒到设备上。

1. 电吹风

实验室中使用的电吹风应可吹冷风和热风，供干燥玻璃仪器之用。宜放在干燥处，注意防潮、防腐蚀，定期加润滑油。

2. 干燥箱

实验室一般使用的是恒温鼓风干燥箱（图1-5），主要用于干燥玻璃仪器或无腐蚀性、热稳定好的药品。使用时应先调好温度（烘玻璃仪器一般控制在100~110℃）。刚洗好的仪器应将水倒尽后再放入烘箱中。烘仪器时，将烘热干燥的仪器放在上边，湿仪器放在下边，以防湿仪器上的水滴到热仪器上造成仪器炸裂。热仪器取出后，不要马上碰冷的物体如冷水、金属用具等。带旋塞或具塞的仪器，应取下塞子后再放入烘箱中烘干。

3. 气流烘干器

气流烘干器是一种用于快速烘干仪器的设备，见图1-6。使用时，将仪器洗干净后，甩掉多余的水分，然后将仪器套在烘干器的多孔金属管上。注意随时调节热空气的温度。气流烘干器不宜长时间加热，以免烧坏电机和电热丝。

图1-5　恒温鼓风干燥箱

4. 电热套

电热套是加热温度在100℃以上时的加热装置。它是用玻璃纤维丝与电热丝编织成半圆形的内套，外边加上金属外壳，中间填上保温材料，见图1-7。根据内套直径的大小分为50、100、150、200、250ml等规格，最大可到3000ml。此设备不用明火加热，使用较安全。由于它的结构是半圆形的，在加热时，烧瓶处于热气流中，因此，加热效率较高。使用时应注意，不要将药品洒在电热套中，以免加热时药品挥发污染环境，同时避免电热丝被腐蚀而断开。用完后放在干燥处，否则内部吸潮后会降低绝缘性能。

图1-6　气流烘干器　　　　　　　　　图1-7　电热套

5. 搅拌器

搅拌器一般用于反应时搅拌液体反应物，分为电动搅拌器和电磁搅拌器，如图1-8。

①使用电动搅拌器时，应先将搅拌棒与电动搅拌器连接好，再将搅拌棒用套管或塞子与反应瓶连接固定好，搅拌棒与套管的固定一般用乳胶管，乳胶管的长度不要太长也不要太短，以免由于摩擦而使搅拌棒转动不灵活或密封不严。在开动搅拌器前，应用手先空试搅拌器转动是否灵活，如不灵活应找出摩擦点，进行调整，直至转动灵活。如是电机问题，应向电机的加油孔中加一些机油，以保证电机转动灵活或更换新电机。

②电磁搅拌器能在完全密封的装置中进行搅拌。它由电机带动磁体旋转，磁体又带动反应器中的磁子旋转，从而达到搅拌的目的。电磁搅拌器一般都带有温度和速度控制旋转钮，使用后应将旋钮回零，使用时应注意防潮、防腐。

电动搅拌器　　　　　　　　电磁搅拌器

图 1 - 8　电动和电磁搅拌器

6. 旋转蒸发器

旋转蒸发器可用来回收、蒸发有机溶剂。由于它使用方便，近年来在有机实验室中被广泛使用。它利用一台电机带动可旋转的蒸发器（一般用圆底烧瓶）、冷凝管、接收瓶，如图 1 - 9 所示。此装置可在常压或减压下使用，可一次进料，也可分批进料。由于蒸发器在不断旋转，可免加沸石而不会暴沸。同时，液体附于壁上形成了一层液膜，加大了蒸发面积，使蒸发速度加快。使用时应注意以下两点。

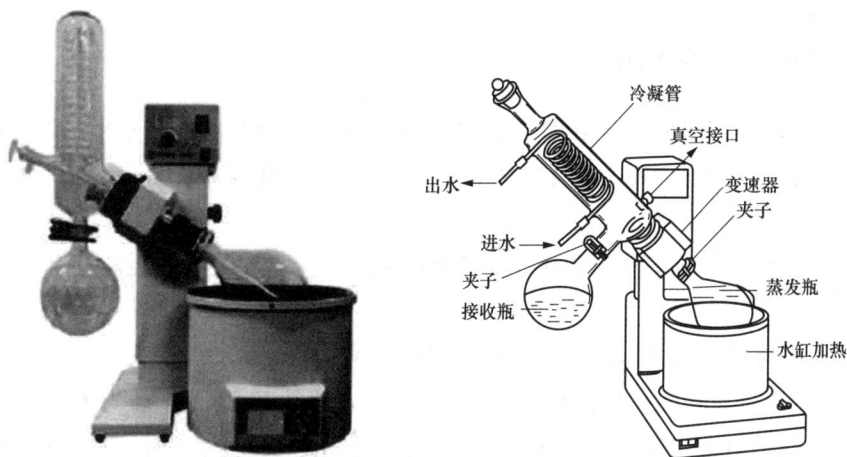

冷凝管
真空接口
出水
变速器
夹子
进水
蒸发瓶
夹子
接收瓶
水缸加热

图 1 - 9　旋转蒸发器

①减压蒸馏时，当温度高、真空度低时，瓶内液体可能会暴沸。此时，及时转动插管开关，通入冷空气降低真空度即可。对于不同的物料，应找出合适的温度与真空度，以平

稳地进行蒸馏。

②停止蒸发时，先停止加热，再切断电源，最后停止抽真空。若烧瓶取不下来，可趁热用木槌轻轻敲打，以便取下。

7. 循环水多用真空泵

循环水多用真空泵见图1-10，是以循环水作为流体，利用射流产生负压的原理而设计的一种新型多用真空泵，广泛用于蒸发、蒸馏、结晶、过滤、减压、升华等操作中。由于水可以循环使用，避免了直排水的现象，节水效果明显。因此，它是实验室理想的减压设备。水泵一般用于对真空度要求不高的减压体系中。使用时应注意以下几点。

（1）真空泵抽气口最好接一个缓冲瓶，以免停泵时，水被倒吸入反应瓶中，使反应失败。

（2）开泵前，应检查是否与体系接好，然后，打开缓冲瓶上的旋塞。开泵后，用旋塞调至所需要的真空度。关泵时，先打开缓冲瓶上的旋塞，拆掉与体系的接口，再关泵。切忌相反操作。

图1-10 循环水多用真空泵

（3）应经常补充和更换水泵中的水，以保持水泵的清洁和真空度。

第六节 数据的采集与处理

一、实验数据的采集

实验过程中的各种测量数据及有关现象，应及时、准确而清楚地记录下来，记录实验数据时，要有严谨的科学态度，要实事求是，切忌夹杂主观因素，决不能随意拼凑和伪造数据。

实验过程中涉及到的各种特殊仪器的型号和标准溶液浓度等，也应及时、准确地记录下来。

记录实验数据时，应注意其有效数字的位数。用分析天平称量时，要求记录至0.0001g；滴定管及移液管的读数，应记录至0.01ml；用分光光度计测量溶液的吸光度时，如吸光度在0.6以下，应记录至0.001的读数，大于0.6时，则要求记录至0.01的读数。

实验中的每一个数据，都是测量结果，所以，重复测量时，即使数据完全相同，也应记录下来。在实验过程中，如果发现数据算错、测错或读错而需要改动时，可将数据用一横线划去，并在其上方写上正确的数字。

在化学实验中，经常要根据实验测得的数据进行计算，但是在测定实验数据时，应该用几位数字？在计算时，计算的结果应该保留几位数字？这些都是需要首先解决的问题。为了解决这两个问题，需要了解有效数字的概念及其运算规则。

二、有效数字的概念及其位数的确定

所谓有效数字是指能测到的数字，应当根据分析方法和仪器准确度来决定保留有效数字的位数。有效数字中的最后一位是可疑的。具有实际意义的有效数字位数，是根据测量仪器和观察的精确程度来决定的。现举例说明之。

例如在测量液体的体积时，在最小刻度为 1ml 的量筒中测得该液体的弯月面最低处是在 25.3ml 的位置如图 1－11－a 所示。

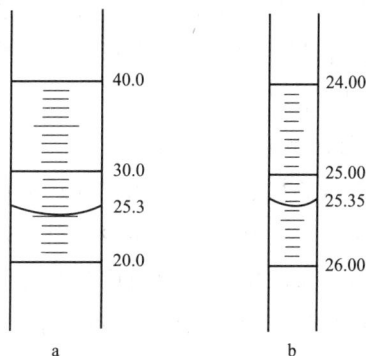

图 1－11　读数

其中 25 是直接由量筒的刻度读出时，是准确的，而 0.3ml 是由肉眼估计的，它可能有 ±0.1ml 的出入，是可疑的。该液体的液面在量筒中的读数 25.3ml 均为有效数字，故有效数字为三位。如果该液体在最小刻度为 0.1ml 的滴定管中测量时，它的弯月面最低处是在 25.35ml 的位置，如图 1－11－b 所示，其中 25.3ml 是直接从滴定管的刻度读出的，是准确的，而 0.05ml 是由肉眼估计的，它可能有 ±0.01ml 的出入，是可疑的。该液体的液面在滴定管中的读数 25.35ml 均为有效数字，故有效数字为四位。由于有效数字中的最后一位数字已经不是十分准确的，因此任何超过或低于仪器精确程度的有效位数的数字都是不恰当的。例如在台秤上读出的 5.6g，不能写作 5.6000g；在分析天平上读出的数值恰巧是 5.6009g，也不能写 5.6g，这是因为前者夸大了实验的精确度，后者缩小了实验的精确度。

移液管只有一根刻度，其精确度如何？例如 25ml 移液管其精确度规定为 ±0.01ml，即读数 25.00ml，不能读作 25ml。同样，容量瓶也只有一根刻度，如 50ml，容量瓶其精确度规定为 ±0.01ml，其读数为 50.00ml。

由上述可知，有效数字与数学上的数有着不同的含义，数学上的数仅表示大小，有效数字则不仅表示量的大小，而且还反映了所用仪器的精确度。各种仪器，由于测量的精确度不同，其有效数字表示的位数也不同。

我们经常需要知道别人报出的测量结果的有效数字的位数，现以下例推断说明。

例：某教师要求学生称量一金属块，在学生报告的质量记录中有下列数据。

20.03g；　　0.02003kg；　　20.0g；　　20g。

上述情况各是几位有效数字?

解：报告 20.03g 的学生显然相信，四位数字的每一位都是有意义的，他给出了四位有效数字。

报告 0.02003kg 的学生也给出四位有效数字。紧靠小数点两侧的"0"没有意义，它的存在，只不过是因为此处质量是用"kg"而不是用"g"表示罢了。

报告 20.0g 的学生给出了三位有效数字，他将"0"放在小数点之后，说明金属块称准至 0.1g。

我们无法确认"20g"所具有的有效数字。有可能这个学生将金属块称准至克并想表示两位有效数字，但也可能他想告诉我们他的天平只称到 17g。在这种情况下，"20g"中只有第一位数是有效的，为避免这种混淆，可用指数表示法给出质量，即：$2.0 \times 10^1 g$（两位有效数字）；$2 \times 10^1 g$（一位有效数字）。

采用指数表示法表示数量时，测量所得的有效数字位数就等于给出数字的位数。

可见"0"在数字中是否是有效数字与"0"在数字中的位置有关。

（1）"0"在数字前，仅起定位作用，"0"本身不是有效数字，如 0.0275 中，数字 2 前的两个"0"都不是有效数字，所以 0.0275 是三位有效数字。

（2）"0"在数字中，是有效数字，如 2.0065 中的两个"0"都是有效数字，2.0065 是五位有效数字。

（3）"0"在小数点的数字后，是有效数字，如 6.5000 中的三个"0"都是有效数字，6.5000 是五位有效数字。

问：0.0030 是几位有效数字?

（4）如 54000g 或 2500ml 等以"0"结尾的正整数中，就很难说"0"是有效数字或非有效数字，有效数字的位数不确定，如 54000 可能是二位、三位、四位甚至五位有效数字。这种数应根据有效数字情况用指数形式表示，以 10 的方次前面的数字代表有效数字。

如：二位有效数字则写成 5.4×10^4，三位有效数字则写成 5.40×10^4 等等。

此外，在计算中一些不需经过测量所得的数值，如倍数或分数等的有效数字位数，可认为无限制，即在计算中需要几位就可以写几位。

三、有效数字的运算规则

1. 加减法

在计算几个数字相加或相减时，所得的和或差的有效数字中小数的位数应与各加减数中小数的位数最少者相同。

例如：2.0114 + 31.25 + 0.357 = 33.62

$$2.0114$$
$$?$$
$$31.25$$
$$?$$
$$+　　0.357$$
$$?$$
$$\overline{33.6184? \rightarrow 33.62}$$
$$???$$

（可疑数以"?"标出）

可见小数位数最少的数是 31.25，其中的"5"已是可疑，相加后使得和 33.6184 中的"1"也可疑，因此再多保留几位已无意义，也不符合有效数字只保留一位可疑数字的原则，这样相加后，按"四舍五入"的规则处理，结果应是 33.62。一般情况，可先取舍后运算，即

$$2.0114 \rightarrow \quad 2.01$$
$$31.25 \quad \rightarrow 31.25$$
$$\underline{0.357 \quad \rightarrow +0.36}$$
$$33.62$$

2. 乘除法

在计算几个数相乘或相除时，其积或商的有效数字位数，应与各数值中有效数字位数最少者相同，而与小数点的位置无关。

例：$1.202 \times 21 = 25$

$$1.202$$
$$?$$
$$\times 21$$
$$?$$
$$\overline{1.202}$$
$$? \quad ???$$
$$24.04$$
$$?$$
$$\overline{25.242 \rightarrow 25}$$
$$? \quad ???$$

显然，由于 21 中的"1"是可疑的，使得积 25.242 中的"5"也可疑，所以保留二位即可，其余按"四舍五入"处理，结果是 25。

3. 对数

进行对数运算时，对数值的有效数字只由尾数部分的位数决定，首数部分为 10 的幂数，不是有效数字。

如：2345 为四位有效数字，其对数 $\lg 2345 = 3.3701$，尾数部分仍保留四位。

首数"3"不是有效数字，故不能记成 $\lg 2345 = 3.370$，这只有三位有效数字，就与原数 2345 的有效数字位数不一致了。

例如：pH 值的计算

若 $c(H^+) = 4.9 \times 10^{-11}$ mol·L^{-1}，是两位有效数字，所以 $pH = -\lg c(H^+) = 10.31$，

有效数字仍只两位；反之，由 pH = 10.31 计算氢离子浓度时，也只能记作 $c(H^+) = 4.9 \times 10^{-11}$，而不能记成 4.898×10^{-11}。

* [注]：现有根据"四舍六入五成双"来处理的。即凡末位有效数字后边的第一位数字大于 5，则在其前一位上增加 1；小于 5 则弃去不计；等于 5 时，如前一位为奇数，则增加 1，如前一位偶数，则弃去不计。例如对 21.0248 取四位有效数字时，结果为 21.02；取五位有效数字时，结果为 21.025；但将 21.025 与 21.035 取四位有效数字时，则分别为 21.02 与 21.04。

四、实验数据的处理

1. 列表

做完实验后，应该将获得的大量数据，尽可能整齐、有规律地列表表达出来，以便处理运算。

列表时应注意以下几点。

（1）每一个表都应有简明完备的名称；在表的每一行或每一列的第一栏，要详细地写出名称、单位等；

（2）在每一行中数字排列要整齐，位数和小数点要对齐，有效数字的位数要合理；

（3）原始数据可与处理的结果写在一张表上，在表下注明处理方法和选用的公式。

2. 数据的取舍

为了衡量分析结果的精密度，一般对单次测定的一组结果 X1、X2…Xn，计算出算术平均值后，应再用单次测定偏差（$d_i = X_i - \overline{X}$）、平均偏差（$\overline{d} = \dfrac{\sum\limits_{i=1}^{n} |d_i|}{n}$）、相对平均偏差（$d = \dfrac{\overline{d}}{X}$）、单次测定结果的相对偏差（$\dfrac{X_i - \overline{X}}{\overline{X}}$），如果测定次数较多，可用标准偏差 $s = \sqrt{\dfrac{\sum (x_i - \overline{x})^2}{n-1}}$ 和相对标准偏差（$\dfrac{s}{\overline{x}} \times 1000\%o$）等表示结果的精密度。

若某一数值偏差较大时，可以舍弃。

3. 作图

利用图形表达实验结果更直观，易显示出数据的特点，如极大值、极小值、转折点等，还可利用图形求面积、作切线、进行内插和外推等。常用的有以下几种方法。

（1）求外推值：例如强电解质无限稀释溶液的摩尔电导率 λ_0 的值不能由实验直接测定，但可作图外推至浓度为 0，即得无限稀释溶液的摩尔电导率。

（2）求转折点和极值：例如配合物分裂能的测定，双液系 T - x 成分图及最低恒沸点的测定等。

（3）求经验方程：例如依据反应速度常数 k 与活化能 Ea 的关系式（阿累尼乌斯公式）测不同温度 T 下的 k 值，以 lgk 对 $1/T$ 作图，则可得一条直线，由直线的斜率和截距可分别

求出活化能 Ea 和碰撞频率 Z 的数值。

在画图时应注意以下几点。

(1) 坐标纸和比例尺的选择：最常用的坐标纸是直角坐标纸，其他如对数坐标纸、半对数坐标纸和三角坐标纸有时也用到。在用直角坐标纸作图时，以自变数为横轴，因变数为纵轴，横轴与纵轴的读数不一定从 0 开始，要视具体情况而定。制图时选择比例尺是极为重要的，因为比例尺的改变，将会引起曲线外形的变化。特别是对于曲线的一些特殊性质，如极大值、极小值、转折点等，比例尺选择不当会使图形特点显示不清楚。

(2) 画坐标轴：选定比例尺后，画上坐标轴，注明该轴所代表变数的名称及单位。横轴读数自左至右，纵轴自下而上。

(3) 作代表点：将测得数值的各点绘于图上，实验点用铅笔以 ×、□、○、△ 等符号标出（符号的大小表示误差的范围）。若测量的精确度很高，这些符号应作得小些，反之就大些。在一张图纸上如有数组不同的测量值时，各组测量值代表点应用不同符号表示，以示区别。

(4) 连曲线：借助于曲线板或直尺把各点连成线，曲线应光滑均匀，细而清晰，曲线不必强求通过所有各点，实验点应该分布在曲线两边，曲线两边的点在数量上应近似于相等。代表点与曲线间的距离表示测量的误差，曲线与代表点间的距离应尽可能小。

选用合适的绘图工具。铅笔应该削尖，线条才能明晰清楚。画线时应该用直尺或曲线尺辅助，不能光凭手来描绘。选用的直尺或曲线板应该透明，才能全面地观察实验点的分布情况，画出较理想的图形。

(5) 写图标：写上清楚完备的图标（图的名称）及坐标轴的比例尺。比例尺的选择应遵循如下规则：首先，要能表示出全部有效数字，以便使作图法求出的物理量的精确度与测量的精确度相适应；其次，读数方便，图纸每小格所对应的数值应便于迅速简便地读数，便于计算；最后，要充分利用图纸的全部面积，使全图布局匀称合理。

第七节　实验预习和实验报告书写

基础化学实验课是一门综合性较强的理论联系实际的课程。它是培养学生独立工作能力的重要环节。完成一份正确、完整的实验报告，也是一个很好的训练过程。

一、实验预习

实验预习的内容包括：

(1) 实验目的：写出本次实验要达到的主要目的。

(2) 反应及操作原理：写出反应方程式，简单叙述操作原理。

(3) 画出反应及产品纯化过程的流程图。

(4) 按实验报告要求填写主要试剂及产物的物理和化学性质。

（5）画出主要反应装置图，并标明仪器名称。

（6）写出操作步骤。

预习时，应想清楚每一步操作的目的是什么，为什么这么做，要弄清楚本次实验的关键步骤和难点，实验中有哪些安全问题。预习是做好实验的关键，只有预习好了，实验时才能做到又快又好。

二、实验记录

实验记录是科学研究的第一手资料，是忠实的、原始实验的描述，实验记录的好坏直接影响对实验结果的分析。因此，学会做好实验记录也是培养学生科学作风及实事求是精神的一个重要环节。

作为一位科学工作者，必须对实验的全过程进行仔细观察。如反应液颜色的变化，有无沉淀及气体出现，固体的溶解情况，以及加热温度和加热后反应的变化等等，都应认真记录。同时还应记录加入原料的颜色和加入的量、产品的颜色和产品的量、产品的熔点或沸点等物化数据。记录时，要与操作步骤一一对应，内容要简明扼要，条理清楚。记录直接写在报告上，课后转抄在实验报告中。如记录发生笔误，可用笔勾去划掉，但不能涂改、擦去或撕掉，更不允许事后凭记忆或以零星纸条上的记载补写实验记录。

三、实验报告

这部分工作在课后完成，内容包括：

（1）对实验现象逐一作出正确的解释。能用反应式表示的尽量用反应式表示。

（2）计算产率。在计算理论产量时，应注意：①有多种原料参加反应时，以摩尔数最小的那种原料的量为准；②不能用催化剂或引发剂的量来计算；③有异构体存在时，以各种异构体理论产量之和进行计算，实际产量也是异构体实际产量之和。计算公式如下：

$$产率 = \frac{实际产量}{理论产量} \times 100\%$$

（3）填写物理常数测试表。分别填上产物的文献值和实测值，并注明测试条件，如温度、压力等。

（4）对实验进行讨论与总结：①对实验结果和产品进行分析；②写出做实验的体会；③分析实验中出现的问题和解决的办法；④对实验提出建设性的建议。通过讨论来总结、提高和巩固实验中所学到的理论知识和实验技术。

一份完整的实验报告可以充分体现学生对实验理解的深度、综合解决问题的能力及文字表达的能力。

基础化学实验报告的一般格式如下：

实验项目名称：

1. 实验目的：

2. 实验原理与操作原理：

3. 实验步骤、现场记录及实验现象解释：

4. 主要试剂、产物的物理化学常数：

5. 仪器装置图：

6. 产品产率的计算：

7. 物理常数测试：

8. 总结与讨论（可根据自己在实验过程中对本次实验的理解和体会进行总结和讨论）

例如：

（一）性质实验报告

实验序号、名称（如无机化学实验　第二节　电解质溶液）

一、实验目的（略）

二、实验原理（略）

三、实验内容

1. 强弱电解质比较

实验步骤	实验现象	解释及反应方程式	结论
HCl	pH =	$HCl = H^+ + Cl^-$	HCl 是强电解质
HAc	pH =	$HAc \longrightarrow H^+ + Ac^-$	HAc 是弱电解质
HCl + Zn	有大量气体产生	$2HCl + Zn == ZnCl_2 + H_2$	
HAc + Zn	有气体产生	$2HAc + Zn == ZnAc_2 + H_2$	

2. ……

四、讨论（略）

五、思考题（略）

实验成绩＿＿＿＿＿指导教师（签名）＿＿＿＿＿

（二）定量测定实验报告

实验序号、名称（如无机化学实验　第四节　醋酸电离度和电离平衡常数的测定）

一、实验目的（略）

二、实验方法原理（略）

三、实验内容

1. 配制不同浓度的 HAc 溶液

在三个 25ml 的容量瓶中，分别用吸量管准确移取 12.50、5.00、2.50ml 的 $0.1mol \cdot L^{-1}$ 的 HAc 溶液，加蒸馏水至刻度，摇匀备用。

2. 测定 HAc 的 pH 值

取四个干燥、洁净的小烧杯，将 1 中配制的溶液倒入其中。另一个烧杯取 $0.1mol \cdot L^{-1}$ HAc 溶液，用酸度计测定各溶液的 pH 值，将测得的数据填入下表中。

四、数据记录、处理与结果（可用数据列表、作图等方式）

HAc 溶液	c_{HAc}	pH	C_{H^+}	a	K_a^θ
c/20					
c/10					
c/2					
c					

实验平均值：K_a^θ：相对误差 $\dfrac{K_a^\theta - K_{a理}^\theta}{K_{a理}^\theta} \times 100\%$

五、误差与讨论（略）

六、思考题（略）

实验成绩＿＿＿＿＿＿＿＿指导教师（签名）＿＿＿＿＿＿＿

（三）合成制备实验报告

实验序号、名称（如无机化学实验　第五节　药用氯化钠的制备）

一、实验目的（略）

二、实验原理

粗食盐中含有有机物、一些不溶性杂质（如炭化物、泥沙等）和可溶性杂质（如 SO_4^{2-}、Ca^{2+}、Mg^{2+}、Fe^{3+}、K^+、Br^-、I^- 等离子）。通过爆炒炭化及溶解、过滤的方法可除去有机物及不溶性杂质。可溶性杂质 SO_4^{2-}、Ca^{2+}、Mg^{2+}、Fe^{3+} 等离子可通过化学方法除去，反应方程式如下：

$$Ba^{2+} + SO_4^{2-} = BaSO_4 \downarrow$$

$$Ca^{2+} + CO_3^{2-} = CaCO_3 \downarrow$$

$$2Mg^{2+} + CO_3^{2-} + 2OH^- = Mg_2(OH)_2CO_3 \downarrow$$

$$CO_3^{2-} + 2H^+ = H_2O + CO_2 \uparrow$$

三、实验步骤

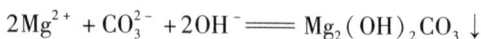

滤液……

产物的颜色形态：

称重：NaCl 重＿＿＿＿＿g

产率 $= \dfrac{实际产量}{理论产量} \times 100\%$

四、讨论（略）

五、思考题（略）

实验成绩＿＿＿＿＿＿＿＿指导教师（签名）＿＿＿＿＿＿＿

第二章 实验基本操作技能

第一节 常用玻璃仪器的洗涤与干燥

一、玻璃器皿的洗涤

实验用过的玻璃器皿必须立即洗涤，应该养成良好习惯。由于污垢的性质在当时是清楚的，用适当的方法进行洗涤是容易办到的，但日子久了，会增加洗涤的困难。

实验室中常用的玻璃仪器，如烧杯、试管、锥形瓶、量筒等，清洗的一般方法是先把仪器和毛刷淋湿，然后用毛刷蘸取去污粉刷洗仪器的内外壁，直至玻璃表面的污物除去为止，最后再用自来水冲洗干净即可。刷子是特制的，如瓶刷、烧杯刷、冷凝管刷等，但用腐蚀性洗液时则不用刷子。

移液管、吸量管、容量瓶、滴定管等具有精确刻度的量器内壁不宜用刷子刷洗，也不宜用强碱性洗涤液洗涤，以免损坏量器内壁，影响量器的准确性。通常将含 0.5% 左右合成洗涤剂的水溶液浸泡或倒入量器中摇动几分钟后弃去，再用自来水冲洗干净。如果用这种方法仍未将污垢洗净，可用重铬酸钾洗液浸泡量器，用过的洗液应倒回原瓶中，用自来水冲洗量器，第一次的废水应倒入废水缸中集中处理。

用于精制产品或供分析用的仪器，最后还须用蒸馏水摇洗，以除去自来水冲洗时带入的杂质。

常用洗液的配制和使用方法如下所述。

1. 重铬酸钾洗液

重铬酸钾洗液也称铬酸洗液，常用来洗涤不宜用毛刷刷洗的器皿，可洗油脂及还原性污垢。5% 的铬酸洗液的配制方法是称 25g 工业用重铬酸钾置于烧杯中，加水 50ml，加热溶解后，冷却至室温。在不断搅拌下缓慢地加入工业硫酸 450ml，溶液呈红褐色，冷却后放置棕色磨口瓶中密闭保存。新配制的洗液为红褐色，氧化能力很强，腐蚀性很强，易烫伤皮肤，烧坏衣服，所以使用时要注意安全。注意事项如下：①使用洗液前，必须先将玻璃仪器用自来水冲洗，沥干，以免洗液稀释，降低洗液的效率。②用过的洗液不能随意乱倒，应倒回原瓶，以备下次再用。残留在仪器中的少量洗液，先用少量的自来水洗一次，首次废水都倒入废液缸中。当洗液久用变为绿色时（$K_2Cr_2O_7$ 被还原成 Cr^{3+} 离子），则已无氧化洗涤的能力，应重新配制。而失效的洗液绝不能倒入下水道，应倒入废液缸内，另行处理，以免造成环境的污染。

2. 1%～2%硝酸钠浓硫酸溶液　取硝酸钠 1～2g，用少量水溶解后，加入浓硫酸 100ml 即得。本品用于玻璃垂熔漏斗等的洗涤用。

3. 高锰酸钾的氢氧化钠洗涤液　取高锰酸钾 4g 溶于少量水中，缓缓加入 10% 氢氧化钠溶液 100ml 即成。本液用于洗涤油腻或有机物。洗后在仪器上留有二氧化锰沉淀，可用盐酸或草酸溶液洗之。本液碱性较强，因此洗涤时间不宜过长。

4. 醇制氢氧化钾液　称量氢氧化钾 10g，溶于 5ml 水中，放冷后加工业酒精稀释成 100ml 即得。本液用于洗涤油腻或有机物，洗涤效果较好。

5. 碱性洗液　常用碳酸钠液、碳酸氢钠（5% 左右），对于那些有难洗油污的器皿也用氢氧化钠。用于洗涤油污的非容量玻璃仪器，一般采用长时间浸泡法或浸煮法。

6. 酸性洗液　如浓盐酸、浓硫酸、浓硝酸等，可根据器皿污垢的性质用酸浸泡或浸煮器皿，注意温度不宜太高。

7. 乙醇与浓硝酸的混合溶液（体积比为 3/4）　本液最适合于洗净滴定管用，在滴定管中先加 3ml 乙醇，然后慢慢加入 4ml 相对密度 1.4 的硝酸，盖住滴定管口，利用所产生的氧化氮洗净滴定管。此洗涤操作宜在通风柜进行。

8. 有机溶剂　如三氯甲烷、乙醚、乙醇、丙酮、二甲苯、甲苯、汽油等有机溶剂可用于油脂性污物较多的仪器。

反对盲目使用各种化学试剂和有机溶剂来清洗仪器，这样不仅造成浪费，而且还可能带来危险。

另外，也可以用超声波清洗器洗涤，超声波在液体中传播时的声压剧变使液体发生剧烈的空化和乳化现象，每秒钟产生数百万计的微小空化气泡。这些气泡在声压作用下急速大量产生，并不断剧烈爆破，产生强大的冲击力和负压吸力，使器皿上顽固的污垢剥离，并可将细菌、病毒杀死，具有清洗、提取、脱气、混匀、细胞破碎等用途。当用超声波清洗器洗涤玻璃器皿时，应将器皿中内容物倒掉，并用自来水初步清洗，然后浸没在超声波清洗液中清洗。玻璃器皿内应充满洗涤液体，避免局部"干超"致器皿破裂，洗后的仪器再用自来水冲洗干净即可。

器皿是否清洁的标志是：加水倒置，水顺着器壁流下，内壁被水均匀润湿有一层既薄又匀的水膜，不挂水珠。

二、玻璃仪器的干燥

化学实验通常要使用干燥的玻璃仪器，故在每次实验后要马上洗净玻璃仪器并将其倒置使之干燥，以便下次实验时使用。已经洗净的器皿，决不能用布或纸擦干；否则布或纸上的纤维将会附着在器皿上。干燥玻璃仪器的方法有下列几种。

1. 自然晾干

自然晾干是指把已洗净的仪器放在干燥架上自然晾干，这是常用且简单的方法。

2. 烘干

把玻璃仪器放入烘箱内烘干。放入前应先将水沥干，无水珠下滴时，将仪器口向上，放入烘箱内，并且是自上而下依次放入，以免残留的水滴流下使已烘热的玻璃仪器炸裂。带有磨口玻璃塞的仪器，必须取出活塞和玻塞再烘干。橡皮塞、橡皮筋、乳胶管不能进烘箱。具有挥发性、易燃性、腐蚀性的物质不能进烘箱。用乙醇、丙酮淋洗过的玻璃仪器不能进烘箱以免发生爆炸。取出玻璃仪器时，应用干布衬手，防止烫伤，或使烘箱温度降至室温后再取出。切不可让很热的玻璃仪器沾上冷水或放置于水泥、瓷砖等面上，以免破裂。

也可将玻璃仪器放在气流烘干器上进行干燥。

3. 吹干

急用的仪器可先用乙醇或丙酮淋洗一遍，倒干，再用电吹风把仪器吹干。吹时先通入冷风，当大部分溶剂挥发后，再吹入热风使之干燥（有机溶剂蒸汽易燃烧和爆炸，故不宜先吹热风），吹干后再吹冷风使仪器逐渐冷却。否则，被吹热的仪器在自然冷却过程中会在瓶壁上凝结一层水气。

化学实验所用各种玻璃仪器的性质是不同的，必须掌握它们的性能和保养、洗涤方法，才能正确使用。下面介绍几种常用的玻璃仪器的保养方法。

1. 温度计

温度计水银球部位的玻璃很薄，容易打破，使用时要特别小心，不能把温度计当搅拌棒使用，不能测定超过温度计最高刻度的温度，也不能把温度计长时间放在高温的溶剂中，否则，会使水银球变形，导致读数不准。

温度计用后要让它慢慢冷却，特别是在测量高温之后，且不可立即用冷水冲洗，否则会破裂或水银柱断开。应冷却至室温后再洗净抹干，放回盒内，盒底要垫一小块棉花。

温度计打碎后，应及时把硫黄粉洒在水银上，集中处理。不能将水银冲入下水道中或随便丢弃。

2. 冷凝管

冷凝管通水后较重，所以装冷凝管时应将夹子夹在冷凝管的重心处，以免翻倒。

洗刷冷凝管时要用长毛刷，如用洗涤液或有机溶液洗涤时，用橡皮塞塞住一端。不用时应直立放置，使之易干。

3. 分液漏斗

分液漏斗的活塞和玻塞都是磨砂口的，若非原配就会不严密，所以使用时应用橡皮筋和绳子将其与分液漏斗相连，以免丢失。各个分液漏斗之间也不能调换，用后须在活塞和玻塞的磨砂口间垫上纸片，以免日久难以打开。

第二节　温度计和试纸的使用

一、温度计的使用

实验室最常用的温度计有酒精温度计、水银温度计和贝克曼温度计三种。

酒精温度计和水银温度计的下端有一个玻璃球,与上面一根内径均匀的厚壁毛细管相连通。管外刻有温度刻度,分格值为1℃或2℃。这种温度计可估计到0.1℃或0.2℃的读数。分格值为1/10℃的温度计可估计到0.01℃读数。

每支温度计都有一定的测温范围。酒精温度计所测液体温度不能超过100℃,水银温度计最高测量温度可以为250℃、360℃等。

温度计下端的玻璃球很薄,容易破碎,使用时要轻拿轻放,不能当作搅拌棒使用。测量正在加热的液体的温度时,最好将温度计悬挂起来,并使水银球完全浸放在液体中,注意勿使水银球接触容器的底部或器壁。刚测量过高温的温度计不可立即用冷水冲洗,以免水银球炸裂。

温度计的水银球一旦被打碎,要立即用硫黄粉覆盖,避免有毒的汞蒸汽挥发。

贝克曼温度计是一种精密测量体系温度变化差值的水银温度计,由水银球、毛细管、贮汞槽、刻度尺和温度标尺构成。贮汞槽是用于调节水银球内水银量的;刻度尺一般只有5℃,读数精确到0.01℃,借助放大镜可估计到0.002℃。贝克曼温度计可用于测量介质温度在 -20℃ ~120℃ 范围内变化不超过5℃的温度差,不能用来准确测量温度的绝对值。

贝克曼温度计系精密仪器,放置时要小心轻放并切勿倒置。贝克曼温度计结构示意图见图2-1。

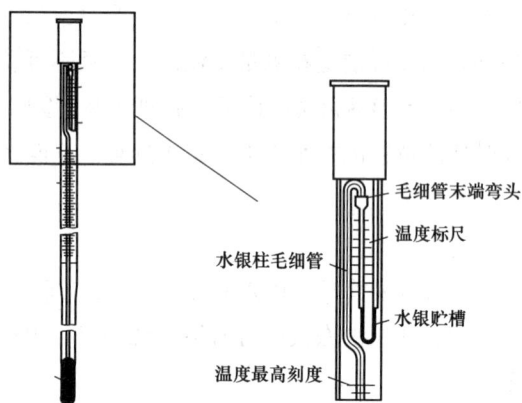

图 2 - 1　贝克曼温度计结构示意图

使用温度计测量液体的温度正确的方法如下:

(1) 手拿着温度计的上端,温度计的玻璃泡全部浸入被测的液体中,不要碰到容器底或容器壁。

(2) 温度计玻璃泡浸入被测液体后要稍等一会,待温度计的示数稳定后再读数。

(3) 读数时温度计的玻璃泡要继续留在液体中,视线要与温度计中液柱的上表面相平。

用手拿温度计的一端,可以避免手的温度影响计内液体的胀缩。如果温度计的玻璃泡碰到容器的底或壁,测定的便不是液体的温度。如果不等温度计内液柱停止升降就读数,或读数时拿出水面,所读的都不是液体的真正温度。

二、试纸的使用

实验室常用试纸来定性检验一些溶液的酸碱性，或判断某些物质是否存在。常用试纸有 pH 试纸、石蕊试纸、碘化钾 - 淀粉试纸、醋酸铅试纸等。

1. pH 试纸

用来检查溶液的 pH 值。

pH 试纸有两类：一类是广泛 pH 试纸，变色范围在 pH = 1 ~ 14，可粗略测量溶液的 pH 值；另一类是精密 pH 试纸，变色范围较小，如变色范围在 pH = 2.7 ~ 4.7，3.8 ~ 5.4，5.4 ~ 7.0，6.9 ~ 8.4，8.2 ~ 10.0，9.5 ~ 13.0 等。这类精密 pH 试纸可用来较精确地测定溶液的 pH 值。

使用方法如下：

（1）检验液体的酸碱度：使用时先取一小块试纸在表面皿或玻璃片上，用洁净的玻璃棒蘸取待测液点滴于试纸的中部，观察变化稳定后的颜色，与标准比色卡对比，确定溶液的 pH 值。

（2）检验气体的酸碱度：先用蒸馏水把试纸润湿，粘在玻璃棒的一端，再送到盛有待测气体的容器口附近，观察颜色的变化，判断气体的性质。

使用时需要注意：

（1）试纸不可直接伸入溶液，以免造成误差或污染溶液；

（2）试纸不可接触试管口、瓶口、导管口等；

（3）测定溶液的 pH 时，试纸不可事先用蒸馏水润湿，因为润湿试纸相当于稀释被检验的溶液，这会导致测量不准确；

（4）取出试纸后，应将盛放试纸的容器盖严，以免被实验室的一些气体玷污。

2. 石蕊试纸

用来检验溶液的酸碱性。石蕊试纸有两类：蓝色石蕊试纸和红色石蕊试纸。使用石蕊试纸的方法和 pH 试纸相同。

3. 碘化钾 - 淀粉试纸

用来定性检验氧化性气体，如 Cl_2、Br_2 等。试纸由滤纸浸入含有碘化钾 - 淀粉溶液中经晾干后而成。使用时用蒸馏水润湿，置于反应容器上方（勿与反应物接触）。若反应中产生氧化性气体，如 Cl_2、Br_2 等，则与试纸上的 KI 反应，生成 I_2，而 I_2 立即与试纸上的淀粉作用，使试纸变为蓝紫色。

4. 醋酸铅试纸

用来定性检验 H_2S 气体。试纸由将滤纸浸入醋酸铅溶液中经浸渍、干燥而得。使用时用蒸馏水润湿，置于反应容器上方（勿与反应物接触）。若有 H_2S 气体产生，则会与试纸上的醋酸铅反应，生成黑色的 PbS 沉淀，而使试纸显黑褐色且有金属光泽。

各种试纸都要密闭保存，并且用镊子取用。

第三节 固体、液体试剂的取用和估量

每一试剂瓶上都必须贴有标签，以表明试剂的名称、浓度和配制日期，取用试剂药品前，应看清标签。取用时，先打开瓶塞，将瓶塞反放在实验台上。若瓶塞上端不是平顶而是扁平的，可用示指和中指将瓶塞夹住，绝不可将它横置桌上以免玷污。应根据用量取用试剂，不要多取，这样既节约药品又能取得好的实验结果。取完试剂后一定要把瓶盖盖严，决不允许将瓶盖张冠李戴，把试剂瓶放回原处，以保持实验台整齐、干净。

一、固体试剂的取用

（1）要用干净、干燥的药勺取用。用过的药勺必须洗净和擦干后才能使用，以免玷污试剂。

（2）取用试剂后立即盖紧瓶盖，防止试剂与空气中的氧气等起反应。

（3）称量固体试剂时，必须注意不要取多，取多的固体试剂不能倒回原瓶。因为取出已经接触空气，有可能已经受到污染，再倒回去容易污染瓶里的试剂。

（4）一般的固体试剂可以放在干净的纸或表面皿上称量。具有腐蚀性、强氧化性或易潮解的固体试剂不能在纸上称量，应放在玻璃容器内称量。如氢氧化钠有腐蚀性，又易潮解，最好放在烧杯中称取，否则容易腐蚀天平。

（5）往试管（特别是湿试管）中加入固体试剂时，可用药匙或将取出的固体试剂放在对折的纸片上，伸进试管约2/3处。加入块状固体时，应将试管倾斜，使其沿管壁慢慢滑下，以免碰破管底，见图2-2。

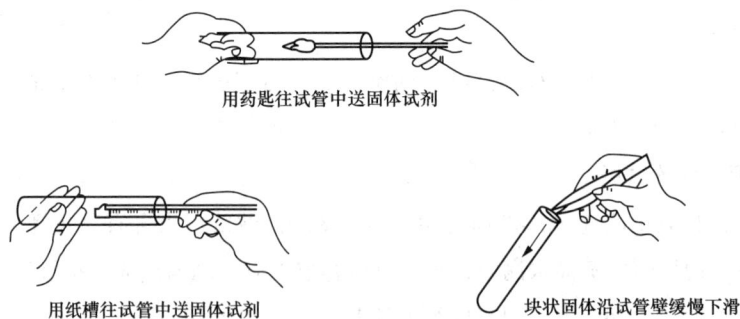

用药匙往试管中送固体试剂

用纸槽往试管中送固体试剂　　　　　块状固体沿试管壁缓慢下滑

图2-2　固体试剂的取用

（6）有毒的药品要在教师指导下取用，并做好防护措施，如戴好口罩、手套等。

二、液体试剂的取用和估量

（1）从滴瓶中取液体试剂时，要用滴瓶中的滴管，滴管绝不能伸入所用的容器中，以免接触器壁而玷污液体试剂。从试剂瓶中取少量液体试剂时，则需使用专用滴管。装有液体试剂的滴管不得横置或滴管口向上斜放，以免液体滴入滴管的胶皮帽中，腐蚀胶皮帽，再取用时试剂受到污染。

（2）从细口瓶中取出液体试剂时，用倾注法，见图2-3。先将瓶塞取下，反放在桌面上，手握住试剂瓶上贴标签的一面，逐渐倾斜瓶子，让试剂沿着洁净的管壁流入试管或沿着洁净的玻璃棒注入烧杯中。取出所需量后，将试剂瓶扣在容器上靠一下，再逐渐竖起瓶子，以免遗留在瓶口的液体滴流到瓶的外壁。

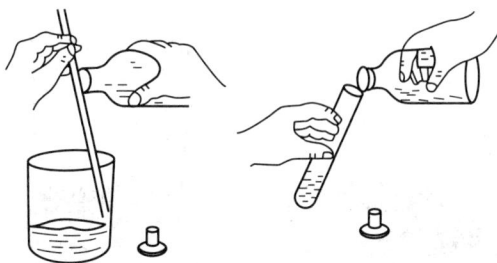

图2-3　倾注法

（3）在某些不需要准确体积的实验中，可以估计取出液体的量。例如用滴管取用液体时，1ml相当于15~20滴；3ml液体约占一个小试管的1/3；5ml液体约占一个小试管容量的1/2，一个大试管的1/4等。必须注意的是，倒入的溶液的量，一般不超过其容积的1/3。

（4）定量取用液体时，用量筒、吸量管或移液管取。量筒用于量度一定体积的液体，可根据需要选用不同量度的量筒，而取用准确的量时就必须使用吸量管或移液管。

（5）取用挥发性强的试剂时要在通风橱中进行，做好安全防护措施。

第四节　电子天平和称量操作

一、电子天平的分类

电子天平是最新一代的天平，是根据电磁力平衡原理，直接称量，全量程不需砝码。放上称量物后，在几秒钟内即达到平衡，显示读数，称量速度快，精度高。电子天平较机械天平具有使用寿命长、性能稳定、操作简便和灵敏度高的特点。此外，电子天平还具有自动校正、自动去皮、超载指示、故障报警以及质量电信号输出功能，且可与打印机、计算机联用，进一步扩展其功能，如统计称量的最大值、最小值、平均值及标准偏差等。由于电子天平具有机械天平无法比拟的优点，尽管其价格较贵，但也逐步取代了机械天平。目前电子天平是实验中用于称量物体质量的常用仪器。

根据电子天平的精度不同可分为以下几类。

1. 超微量电子天平　最大称量是2~5g，其标尺分度值小于（最大）称量的10^{-6}倍。

2. 微量电子天平 称量一般在 3 至 50g，其分度值小于（最大）称量的 10^{-5} 倍。

3. 半微量电子天平 称量一般在 20 至 100g，其分度值小于（最大）称量的 10^{-5} 倍。

4. 常量电子天平 最大称量一般在 100 至 200g，其分度值小于（最大）称量的 10^{-5} 倍。

5. 电子分析天平 是常量天平、半微量天平、微量天平和超微量天平的总称。

实验室常用电子天平如图 2 - 4 所示。

图 2 - 4 电子天平

二、电子天平的使用规则

（一）操作规程

（1）安装和调节水平：将天平放置在操作位置，调节水平旋钮，使天平水准仪中的水平泡恰至中央位置。

（2）接通电源：按电源开关键，预热 30 分钟。

（3）校准天平：准备好所需校准砝码，从秤盘上取走任何加载物，按"TARE"键，清零。等待天平稳定后，按"C"键，显示"["后，轻轻放上校准砝码至秤盘中心，关上玻璃门约 30 秒后，显示校准砝码值，并发出"嘟"声，取出校准砝码，天平校准完毕。

（4）简单称量：按"TARE"键清零，样品放在秤盘上，显示值即为物品的重量。待数字稳定后读取称量结果。

（5）去皮：将空容器放在天平秤盘上，显示其重量值，单击"TARE"键去皮，显示值恢复到 0.0000g，向空容器中加料，并显示净重值。

（6）取出样品，切勿将样品散落在天平内。

（7）关机：恢复零点平衡，按住电源开关键，关闭电源，盖好防尘罩。

（8）如实填写仪器设备运行记录。

（二）注意事项

（1）使用前仔细阅读说明书。

（2）称重前，应先用毛刷清理天平。

（3）必须在天平称重限度内使用天平，一般不超过最高载重的三分之二。

（4）天平内部不要进入水、金属片、粉末等物质；有腐蚀性、吸湿性和挥发性物质，必须放在密闭容器内进行称重。

（5）不要随意打开天平顶门。

（6）放置时，不要在样品盘上装载过量称量物。

（7）不要接近带磁性的物质。

（8）天平的接口不要连接指定以外的设备。

（9）使用过程中应保持天平室的清洁，勿使样品洒落入天平室内。

（10）使用完后立即擦拭净天平。

三、称量方式

常用的称量方法有直接称量法、固定质量称量法和递减称量法，现分别介绍如下。

1. 直接称量法

此法是将称量物直接放在电子天平盘上直接称量物体的质量。例如，称量小烧杯的质量，容量器皿校正中称量某容量瓶的质量，重量分析实验中称量某坩埚的质量等，都使用这种称量法。

2. 固定质量称量法

此法又称增量法，用于称量某一固定质量的试剂（如基准物质）或试样。这种方法的优点是称量计算简便，但是称量速度很慢。适于称量不易吸潮、在空气中能稳定存在的粉末状或小颗粒（最小颗粒应小于0.1mg，以便容易调节其质量）样品。

3. 递减称量法

此法又称减量法，用于称量一定质量范围的样品或试剂。在称量过程中样品易吸水、易氧化或易与 CO_2 等反应时，可选择此法。由于称取试样的质量是由两次称量之差求得，故也称差减法。

图2-5　从称量瓶中敲出试样示意图

称量步骤如下：先在称量瓶中装适量试样（如果试样曾经烘干，应放在干燥器中冷却到室温），用洁净的小纸条或塑料薄膜套，套在称量瓶上，先在台秤上称其重量，再将称量瓶放在分析天平上精确称出其质量，设为 W_1g。将称量瓶取出，用称量瓶盖轻轻地敲瓶口的上部，使试样慢慢落入容器中，见图2-5；然后慢慢地将瓶竖起，用瓶盖敲瓶口上部，使粘在瓶中的试样落入瓶中，盖好瓶盖。再将称量瓶放回天平盘上称量，如此重复操作，直到倾出的试样质量达到要求为止。设倒出第一份试样后称量瓶与试样质量为 W_2g，则第一份试样质量为 $W_1 - W_2$（g）。同上操作，逐次称量，即可称出多份试样。

第五节　常用玻璃量器的使用

玻璃量器是指对溶液体积进行计量的玻璃器皿，可分为量入容器（容量瓶、量筒、量杯等）和量出容器（滴定管、吸量管、移液管等）两类，前者液面的对应刻度为量器内的容积，后者液面的相应刻度为已放出的溶液体积。

量器按准确度和流出时间分成 A、A2、B 三种等级。A 级的准确度比 B 级一般高一倍。A2 级的准确度界于 A、B 之间，但流出时间与 A 级相同。量器的级别标志，用"一等""二等"，"Ⅰ""Ⅱ"或"＜1＞""＜2＞"等表示。无上述字样符号的量器，则表示无级别的，如量筒、量杯等。

一、量筒及其使用

量筒是用来量取液体的一种玻璃仪器，一般有 5～2000ml 等十余种规格。其使用方法及注意事项如下所述。

（1）量筒越大，管径越粗，其准确度越小，实验时应根据所取溶液的体积，尽量选用能一次量取的最小规格的量筒，如量取 80ml 液体，应选用 100ml 的量筒。

（2）读取所取液体体积时，量筒应放在平整的桌面上，视线与量筒内液体凹液面的最低面水平，读取弯液面最低刻度值，视线偏高或偏低均会产生误差。

（3）量筒不能加热，也不能用作实验（如溶解、稀释等）容器，不允许量热的液体，以防止量筒破裂。

二、容量瓶及其使用

容量瓶是一种细颈梨形的平底瓶，具有磨口玻璃塞或塑料塞，瓶颈上刻有标线，标有其容量和标定时的温度，见图 2－6。大多数容量瓶只有一条标线，当液体充满至标线时，瓶内所装液体的体积和瓶上标示的容积相同。常用的容量瓶有 10ml、50ml、100ml、250ml、500ml、1000ml 等多种规格。容量瓶主要用于把精密称量的物质配成准确浓度的溶液或将准确浓度的浓溶液稀释成准确浓度的稀溶液。

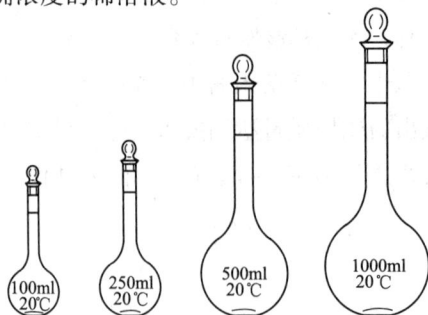

图 2－6　容量瓶

1. 容量瓶的使用

（1）检查是否漏水：使用前检查瓶塞处是否漏水。具体操作方法是：在容量瓶内装入半瓶水，塞紧瓶塞，用右手示指顶住瓶塞，另一只手五指托住容量瓶底，将其倒立（瓶口朝下），观察容量瓶是否漏水。若不漏水，将瓶正立且将瓶塞旋转180°后，再次倒立，检查是否漏水，若两次操作，容量瓶瓶塞周围皆无水漏出，即表明容量瓶不漏水。经检查不漏水的容量瓶才能使用。

（2）洗涤：容量瓶使用前要清洗，先用自来水冲洗，再用蒸馏水荡洗三次备用。容量瓶内壁不挂水珠则洗涤干净，若用水洗不干净，可用铬酸洗液洗涤。

（3）配制溶液：若由固体物质配制准确浓度的溶液，通常将准确称量的固体放入烧杯中，加入少量蒸馏水（或适当溶剂），搅拌使其溶解，然后将烧杯中的溶液转移到容量瓶中。转移时用玻璃棒引流，玻璃棒下端要紧靠在瓶颈内壁，使溶液沿瓶壁流下，见图2－7。溶液流尽后，将烧杯轻轻顺玻璃棒上提，使附在玻棒、烧杯嘴之间的溶液流到烧杯中。

为保证烧杯中的溶液全部转移到容量瓶中，要用溶剂少量多次洗涤烧杯，洗涤液同样全部转移到容量瓶中。

向容量瓶中加溶剂至容量瓶容积的2/3处时，摇动容量瓶，使溶液混合均匀（注意：不能加盖瓶塞，更不能倒转容量瓶）。继续

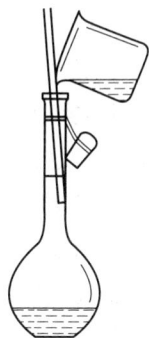

图2－7　转移溶液

向容量瓶内加入溶剂直到液面离标线大约1厘米左右时，改用滴管逐滴滴加，至弯液面最低点恰好与标线相切。若加水超过刻度线，则需重新配制。盖紧瓶塞，一手示指压住瓶塞，另一手的大、中、示三个指头托住瓶底，倒转容量瓶，摇动数次，再倒过来，如此反复倒转摇动十多次，使瓶内溶液充分混合均匀。静置后如果发现液面低于刻度线，这是因为容量瓶内极少量溶液在瓶颈处润湿所损耗，所以并不影响所配制溶液的浓度，故不要在瓶内添水，否则，将使所配制的溶液浓度降低。

2. 注意事项

（1）容量瓶的容积是特定的，刻度不连续，所以一种型号的容量瓶只能配制同一体积的溶液。在配制溶液前，要先弄清楚需要配制的溶液的体积，然后再选用相同规格的容量瓶。

（2）易溶解且不发热的物质可直接用漏斗倒入容量瓶中溶解，其他物质基本不能在容量瓶里进行溶质的溶解，应将溶质在烧杯中溶解后转移到容量瓶里。

（3）用于洗涤烧杯的溶剂总量不能超过容量瓶的标线。

（4）容量瓶不能进行加热。如果溶质在溶解过程中放热，要待溶液冷却后再进行转移，因为一般的容量瓶是在20℃的温度下标定的，若将温度较高或较低的溶液注入容量瓶，容量瓶则会热胀冷缩，所量体积就会不准确，导致所配制的溶液浓度不准确。

（5）容量瓶只能用于配制溶液，不能储存溶液，因为溶液可能会对瓶体进行腐蚀，从而使容量瓶的精度受到影响。

（6）容量瓶用毕应及时洗涤干净，塞上瓶塞，并在塞子与瓶口之间夹一条纸条，防止瓶塞与瓶口粘连。

三、滴定管及其使用

1. 滴定管的种类

滴定管是由具有准确刻度的细长玻璃管及开关组成，是用来准确测量自管内流出溶液体积的容器。常量分析最常用的滴定管容积为 50ml 或 25ml，其最小刻度是 0.1ml，可估计到 0.01ml，因此读数可达小数后第二位，一般读数误差为 ±0.02ml。另外，还有容积为 10ml、5ml、2ml 和 1ml 的微量滴定管。

滴定管一般分为两种：酸式滴定管和碱式滴定管，见图 2-8。

酸式滴定管是具塞滴定管，它的下端有玻璃旋塞开关，可用来装酸性、中性及氧化性溶液，不适于装碱性溶液，因为碱性溶液能腐蚀玻璃，时间长一些，旋塞便不能转动。

碱式滴定管是无塞滴定管，它的下端连接一橡皮管或乳胶管，橡皮管内装有一个玻璃珠，可用来控制溶液的流速，橡皮管或乳胶管下面接一尖嘴玻璃管。碱式滴定管用来装碱性试剂或无氧化性溶液，凡是能与橡皮起反应的溶液，如高锰酸钾、碘和硝酸银等溶液，都不能装入碱式滴定管。

滴定管有无色和棕色，棕色滴定管用以装需避光的滴定液，如硝酸银标准溶液、硫代硫酸钠标准溶液等。

现有一种新型滴定管，见图 2-9，外形与酸式滴定管一样，但其旋塞用聚四氟乙烯材料制作，可用于酸、碱、氧化性等溶液的滴定。由于聚四氟乙烯旋塞有弹性，通过调节旋塞尾部的螺帽，可调节旋塞与旋塞套间的紧密度，此类通用滴定管无须涂凡士林。

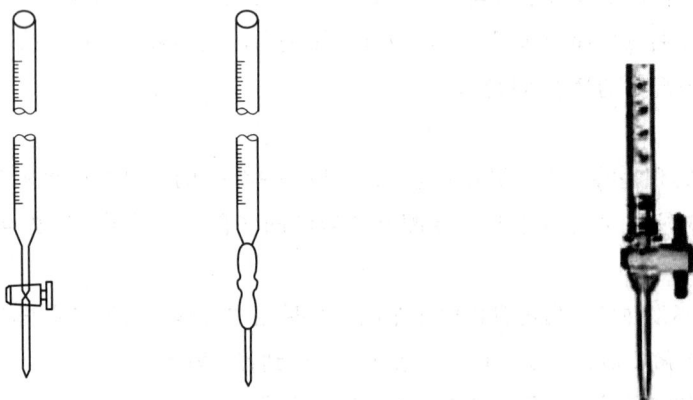

酸式滴定管　　　碱式滴定管

图 2-8　滴定管

图 2-9　通用滴定管

2. 滴定管的使用

（1）检查试漏

酸式滴定管使用前应先检查玻璃活塞是否旋转自如，是否有漏水现象。关闭活塞，用自来水充满滴定管，将其放在滴定管架上直立静置约 2 分钟，观察活塞周围和尖嘴处有无水滴滴下或活塞缝隙中是否有水渗出。然后将旋塞旋转 180 度，再如前检查。若有漏水现象，通常是取出活塞，将活塞及活塞套擦干，在活塞大头和活塞套小口内侧分别涂抹一薄层凡士林，也可在活塞两头涂一薄层凡士林，把活塞插入活塞套内，向同一方向旋转活塞，直到凡士林分布均匀，即在外观察时呈透明即可。在活塞末端套一橡皮圈，防止使用时将活塞顶出。再按前法检测滴定管是否漏水，没有漏水现象即可应用。

碱式滴定管使用前应先检查乳胶管是否老化，以及玻璃珠大小是否适当。若胶管已老化，玻璃珠过大（不宜操作）或过小（漏水），应予更换。

（2）洗涤

酸式滴定管洗涤：无明显油污、不太脏的滴定管，可直接用自来水冲洗。洗涤时，双手持滴定管管身两端无刻度处，边转动边倾斜滴定管，使水布满全管并轻轻振荡。然后直立，打开旋塞将水放掉，同时冲洗出口管。也可将大部分水从管口倒出，再将其余的水从出口管放出。每次放掉水时应尽量不使水残留在管内。若有油污不易洗净时，可用铬酸洗液洗涤，加入 5～10ml 洗液，边转动边将滴定管放平，并将滴定管口对着洗液瓶口，以防洗液流出。洗净后将一部分洗液从管口放回原瓶，最后打开旋塞，将剩余的洗液从出口管放回原瓶，必要时可加满洗液进行浸泡。洗液放出后，先用自来水冲洗，再用蒸馏水淋洗 3～4 次，每次约 10ml，洗净的滴定管内壁应不挂水珠。

碱式滴定管的洗涤方法与酸式滴定管基本相同。应注意铬酸洗液不能直接接触胶管，在需要用洗液洗涤时，可将胶管连同尖嘴部分除去，用塑料乳头塞套在碱式滴定管下口进行洗涤。如必须用洗液浸泡，可将碱式滴定管倒夹在滴定管架上，管口插入洗液瓶中，乳胶管处连接抽气泵，用手捏玻璃珠处的乳胶管，吸取洗液，直到充满全管，然后放手，任其浸泡。浸泡完毕后，轻轻捏乳胶管，将洗液缓慢放回原瓶中。在用自来水冲洗或用蒸馏水淋洗时，应特别注意玻璃珠下方死角处的清洗。在捏乳胶管时应不断改变方位，使玻璃珠的四周都被清洗到。

（3）润洗

将试剂瓶中的标准溶液摇匀，使凝结在内壁上的水珠混入溶液，将混匀后的标准溶液直接倒入滴定管中，不得用其他容器（如烧杯、漏斗等）来转移。操作时左手前三指持滴定管上部无刻度处，并可稍微倾斜，右手拿住细口瓶往滴定管中倒溶液。小瓶可以手握瓶身（瓶签向手心），大瓶则放在桌上，手拿瓶颈慢慢倾斜，让溶液慢慢沿滴定管内壁流下。

为了确保标准溶液浓度不变，除去滴定管内残留的水分，滴定管在使用前必须用标准溶液润洗三次，每次约 10ml。其方法是注入标准溶液后，将滴定管横过来，慢慢转动，使溶液流遍全管，然后将溶液从下端放出，润洗液弃去。

（4）装液排气泡

润洗后，将混匀的标准溶液注入滴定管 "0" 刻线以上，观察滴定管下端是否有气泡，若有气泡，必须排除，否则将造成误差。如为酸式滴定管，可转动活塞，使溶液极速下流排除气泡；如为碱式滴定管，则可将橡皮管向上弯曲，挤压玻璃珠，使溶液从尖嘴喷出，以排除气泡，如图 2 - 10 所示。注意应在橡皮管放直后，再松开手指，否则出口处仍有气泡。

补加溶液至略高于"0"刻度处，排液至准确的"0"刻度。

（5）读数

放出溶液后（装满或滴定完后）需等待 1～2 分钟后方可读数。读数时，滴定管可以夹在滴定管架上，也可以用手拿滴定管上部无刻度处，但不管用哪一种方法读数，滴定管必须保持垂直。读数时，视线应与溶液弯液面最低点刻度水平线相切，否则会引起误差，如图 2 - 11 所示。读数时应估计到 0.01ml。

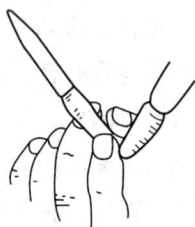

图 2 - 10　碱式滴定管排气泡的方法

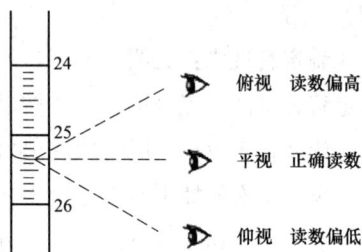

图 2 - 11　滴定管读数

（6）滴定操作

进行滴定时，应将滴定管垂直地夹在滴定管架上。滴定最好在锥形瓶中进行，滴定操作是左手进行滴定，右手摇动锥形瓶。

使用酸性滴定管时，左手控制旋塞，拇指在前，示指、中指在后，无名指和小指弯曲在滴定管和旋塞下方之间的直角中。转动旋塞时，手指弯曲，轻轻向内扣住，手掌要空，不要顶住活塞细头一端，见图 2 - 12a。

使用碱式滴定管时，左手无名指及小指夹住出口管，以左手握住滴定管，用拇指和示指捏住玻璃珠所在部位，向前挤压胶管，使玻璃珠偏向手心，溶液就可以从空隙中流出，见图 2 - 12b。注意：①不要用力捏玻璃珠，也不能使玻璃珠上下移动；②不要捏到玻璃珠下部的乳胶管；③停止加液时，应先松开拇指和示指，最后再松开无名指与小指。

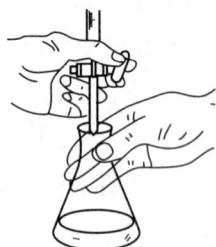

a 酸式滴定管

b 碱式滴定管

图 2 - 12　滴定管的操作

在锥形瓶中进行滴加时，右手三指拿住锥形瓶瓶颈，瓶底离台约 2~3cm，滴定管下端深入瓶口约1cm。左手按前述方法滴加溶液，右手手腕用力使瓶底沿同一方向画圆。边滴边摇，使滴下的溶液混合均匀。

滴定操作中应注意以下几点。

（1）摇瓶时应使溶液向同一方向做圆周运动（左、右旋均可），使溶液在锥瓶内均匀旋转，但勿使瓶口接触滴定管，溶液也不得溅出。

（2）滴定时，左手不能离开旋塞任其自流。

（3）注意观察液滴落点周围溶液颜色的变化。

（4）开始时，应边摇边滴，滴定速度可稍快，但不要使溶液流成"水线"。接近终点时，应改为加一滴，摇几下。最后，每加半滴，即摇动锥形瓶，直至溶液出现明显的颜色变化。加半滴溶液的方法如下：微微转动旋塞，使溶液悬挂在出口管嘴上，形成半滴，用锥形瓶内壁将其沾落，再用洗瓶以少量蒸馏水吹洗瓶壁。用碱管滴加半滴溶液时，应先松开示指和拇指，将悬挂的半滴溶液粘在锥形瓶内壁上，再放开无名指和小指。这样可以避免出口管尖出现气泡。

（5）同一实验每次滴定都应从0.00开始（或从0附近的某一固定刻度开始），这样可减少由于刻度不均匀引起的误差。

在烧杯中进行滴定时，将烧杯放在白瓷板上，调节滴定管的高度，使滴定管下端伸入烧杯内1cm左右。滴定管下端应在烧杯中心的左后方处，但不要靠壁过近。右手持搅拌棒在右前方搅拌溶液。在左手滴加溶液（在烧杯中进行滴定）的同时，搅拌棒应作圆周搅动，但不得接触烧杯壁和烧杯底。

当加半滴溶液时，用搅拌棒下端承接悬挂的半滴溶液，放入溶液中搅拌。注意，搅拌棒只能接触液滴，不要接触滴定管尖。其他注意点同上。

滴定结束后，滴定管内剩余的溶液应弃去，不得将其倒入原瓶，以免玷污整瓶操作溶液。随即洗净滴定管，并用蒸馏水充满全管，垂直夹在滴定管架上，备用。

四、移液管及使用

移液管属于量出式仪器，用于准确移取一定体积的溶液。通常所说的移液管是一根中腰膨大的细长玻璃管，上端刻有环形标线，膨大部分标有其容积和标定时的温度，如图2-13a所示。常用的移液管有5ml、10ml、20ml、25ml、50ml等规格。在标定温度下，使液体的弯月面与移液管标线相切，让液体自由流出，则流出的体积与移液管上标明的体积相同。

具有分刻度的直型玻璃管称为吸量管，如图2-13b所示。常用的吸量管有1ml、2ml、5ml、10ml等规格，适用于量取小体积的溶液。将溶液吸入，读取与液面相切的刻度（一般在零），然后将溶液放出至适当刻度，两刻度之差即为放出溶液的体积。吸量管量取溶液的准确度不如移液管。

移液管在使用前必须进行洗涤，方法如下：将移液管插入洗液中，用洗耳球将洗液慢慢吸至管容积1/3处，用示指按住管口，把管横过来转动移液管，使洗液流遍全管内壁，然后将洗液放入原瓶。如果内壁严重污染，则应把移液管放入盛有洗液的大量筒或高型玻璃缸中，浸泡15分钟到数小时，取出后用自来水及纯水冲洗，然后用纸擦干外壁。

移液管使用方法：先将移液管用欲移取的溶液洗涤2～3次，以保证转移的溶液浓度不变。吸取溶液然后把管口插入溶液中，右手大拇指和中指拿住管颈上方，左手拿洗耳球，先将球中的空气压出，再将洗耳球的尖端插进管口，缓慢松开左手，使液体吸入管内，如图2-14a所示。当溶液吸至稍高于刻度处，迅速用右手示指堵住管口。取出移液管，用拇指和中指轻轻转动移液管，并减轻示指的压力，将多余溶液慢慢放出，直至溶液的弯月面与刻度线相切时，立即用示指压紧管口。排液时，将移液管插入承接容器中，管的末端紧贴容器内壁，承接容器倾斜45°，保持移液管竖直，松开示指，让管内溶液自由流出，如图2-14b所示。一般管内溶液流完后，再等15秒，即可移取移液管，残留于管尖部的液体不能吹进承接容器。因为在校正移液管时，该部分液体体积未计算在内。若移液管上刻有"吹"字，则应该将管尖部余液吹出。

移液管使用完后，应洗净，放在移液管架上。

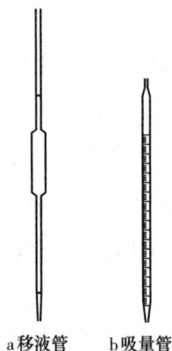

图2-13　移液管和吸量管

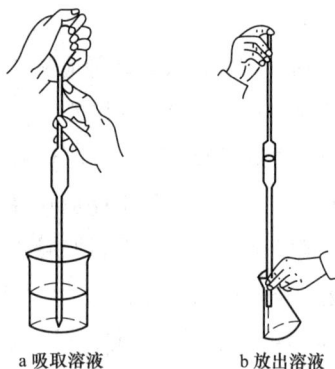

图2-14　移液管的操作

第六节　固体的溶解和沉淀的分离与洗涤

一、固体的溶解

溶解固体试样，溶剂的选择原则：首先，试剂和试样不发生化学反应，其次，试剂对固体试样和杂质的溶解度应有显著差别，且溶解度随温度变化有较大的差异，以利于有效的分离。

用溶剂溶解固体样品时，加入溶剂时应先把烧杯倾斜，把量筒嘴靠近烧杯壁，让溶剂顺着杯壁缓慢流入；或用玻璃棒引流，使溶剂沿玻璃棒缓慢流入，以防止杯内溶液溅出而损失。加入溶剂后，用玻璃棒搅拌，促使固体试样全部溶解。

对于溶解时会产生气体的粉末状试样，应先用少量水将其润湿成糊状，用表面皿将烧杯盖好，再用滴管将溶剂自烧杯嘴逐滴加入，以防止生成的气体将粉末状试样带出。对于需要加热溶解的试样，加热时同样要盖上表面皿，以防止溶液距离沸腾时崩溅。加热后要用蒸馏水冲洗表面皿和烧杯内壁，冲洗液也应顺杯壁流下。

二、沉淀的分离与洗涤

分离溶液与沉淀常用方法有过滤法、倾析法和离心分离法三种。

1. 过滤法

过滤法是固 – 液分离常用方法之一，溶液和沉淀的化合物通过过滤器时，沉淀留在滤纸上，溶液则通过过滤器，过滤后所得到的溶液叫滤液。常用的过滤方法有常压过滤、减压过滤和热过滤三种，具体内容见本章第七节过滤部分。

2. 倾析法

当沉淀的比重较大或结晶的颗粒较大时，静置后沉淀能很快沉降至容器的底部，此时可用倾析法进行沉淀的分离和洗涤。倾析法就是将沉淀上部的清溶液倾入另一容器中而使沉淀与溶液分离。

操作方法：

（1）倾倒溶液时，要用玻璃棒紧贴烧杯（试管）口，让玻璃棒将溶液引入承受容器中，如图 2 – 15 所示。

（2）洗涤沉淀时，向盛沉淀的容器内加入少量洗涤液，将沉淀与洗涤液充分搅拌均匀，待沉淀沉降到容器底部后，再用上述方法倾去溶液。如此反复洗涤 3 遍以上，即可洗净沉淀。

3. 离心分离法

离心分离法是借助于离心力，使不同的物质进行分离的方法。由于离心机等设备可产生相当高的角速度，使得离心力远

图 2 – 15　倾析法

远大于重力，可使物质便于沉淀析出。又由于不同比重的物质所受到的离心力不同，导致物质沉降速度不同，从而使得比重不同的物质达到分离。对于两相密度差较小、黏度较大、颗粒粒度较细的悬浊液，在重力场中分离需要很长的时间，甚至不能完全分离。若改用离心分离，只需要较短的时间就能够达到重力沉降的效果。

当被分离的沉淀量很少（半微量分析）或沉淀物难以用过滤方法分离时，可使用离心分离。实验室常用电动离心机，电动离心机的使用方法及注意事项详见本章第九节。

第七节　蒸发、结晶和过滤

一、蒸发

蒸发通常是指通过加热使溶液中一部分溶剂汽化，以提高溶液中非挥发性组分的浓度

（浓缩）或使溶质从溶液中析出结晶的过程。通常，温度越高、液面暴露面积越大，蒸发速率越快；溶液表面的压强越低，蒸发速率越快。蒸发可分为常压蒸发和减压蒸发，当被浓缩的物质对热不稳定，常压下易氧化、分解，或溶剂为高沸点的有机溶剂，或溶剂有毒时可采用减压蒸馏的方式进行浓缩。本节主要介绍常压蒸发。常压蒸发装置简单，一般溶液的蒸发浓缩是在蒸发皿中进行，少数情况也可在烧杯中进行蒸发浓缩。用烧杯进行蒸发操作，若采用明火加热，烧杯须放于石棉网上先用小火预热均匀，然后再用大火加热。

使用蒸发皿进行蒸发浓缩时，应注意以下几点。

（1）蒸发皿中所加入溶液的量不得超过其容积的2/3；

（2）蒸发溶液应缓慢进行，不能加热至沸；

（3）蒸发过程中须用玻璃棒不断搅拌，以防止局部温度过高而使液体飞溅；

（4）当需蒸发至干时，有大量固体出现时，应停止加热，利用余热自行蒸干，避免固体溅出，也可防止物质分解；

（5）不能把热的蒸发皿直接放在实验台上，应垫上石棉网；

（6）蒸发皿加热后应用坩埚钳移动；

（7）溶剂若为有机溶剂，不可用明火加热，要用水浴或使用电热套加热，并在通风厨中进行。

如果溶液蒸干后，留下的固体需强热灼烧，则溶液的蒸发应在坩埚中进行。坩埚底部很小，一般需要放在泥三脚架上加热。坩埚强热后不可立即置于实验台上，可在泥三脚架上自然冷却，或者放在石棉网上令其慢慢冷却。

二、结晶

晶体从过饱和溶液中析出的过程称为结晶。常用的结晶方法有两种，即蒸发结晶和降温结晶。一般溶解度曲线较平稳的物质，即温度对溶解度影响不大的物质，采用蒸发结晶，即通过蒸发，使溶剂减少，使溶液中的溶质析出。溶解度受温度影响较大的物质，一般采用降温结晶，即通过热的饱和溶液冷却析出结晶。

结晶过程分为晶核生成和晶体生长。晶核是过饱和溶液中新生成的微小晶体粒子，是晶体生长过程的核心。成核方式可分为初级成核和二次成核两类。初级成核是指在没有晶体存在的条件下自发产生晶核的过程；在已有晶体的条件下产生晶核的过程为二次成核。晶体生长是指在过饱和溶液中已有晶体形成后，以过饱和度为推动力，溶质质点会继续一层层地在晶体表面有序排列，进而使晶体长大的过程。

（一）重结晶

将晶体溶于溶剂或熔融以后，又重新从溶液或熔体中结晶的过程。重结晶可用于固体化合物的提纯。重结晶的一般过程为：选择溶剂、溶解固体、趁热过滤去除杂质、晶体析出。

1. 溶剂的选择

选择溶剂时，必须考虑到被溶物质的成分与结构。极性物质较易溶于极性溶剂，而难溶于非极性溶剂中。

理想的溶剂必须具备下列条件。

（1）不与被提纯物质起化学反应；

（2）在较高温度时能溶解多量的被提纯物质；而在室温或更低温度时，只能溶解很少量的该种物质；

（3）对杂质溶解非常大或者非常小（前一种情况是使杂质留在母液中不随被提纯物晶体一同析出；后一种情况是使杂质在热过滤的时候被滤去）；

（4）容易挥发（溶剂的沸点较低），易与结晶分离除去；

（5）能结出较好的晶体；

（6）无毒或毒性很小，便于操作；

（7）价廉易得。

溶剂的选择可通过以下方法决定：取 0.1g 待结晶的固体粉末于一小试管中，用胶头滴管逐滴加入溶剂，并不断振荡。若加入的溶剂量达 1ml 仍未见全溶，可小心加热混合物至沸腾（必须严防溶剂着火）。若此物质在 1ml 冷的或温热的溶剂中已全溶，则此溶剂不适用。如果该物质不溶于 1ml 沸腾溶剂中，继续加热，并分批加入溶剂，每次加入 0.5ml 并加热至沸。若加入溶剂量达到 4ml，而物质仍然不能溶解，则必须寻求其他溶剂。如果该物质能溶解在 1~4ml 的沸腾的溶剂中，则将试管进行冷却，观察结晶析出情况，如果结晶不能自行析出，可用玻璃棒摩擦溶液液面下的试管壁，或再辅以冰水冷却，以使结晶析出。若结晶仍不能析出，则此溶剂也不适用。如果结晶能正常析出，要注意析出的量，在几个溶剂用同法比较后可以选用结晶回收率最好的溶剂来进行重结晶。

2. 固体物质的溶解

在溶剂的沸腾温度下溶解混合物，并使之饱和。将要重结晶的混合物置于烧瓶中，滴加溶剂，加热到沸腾，然后不断滴加溶剂并保持微沸，直到混合物恰好溶解。为防止在热过滤过程中因冷却而在漏斗中出现结晶，引起目标物的损失，应多加 20% 甚至更多的溶剂。

3. 杂质的除去

热溶液中若还含有不溶物，应在热水漏斗中使用短而粗的玻璃漏斗趁热过滤。溶液若有不应出现的颜色，待溶液稍冷后加入活性炭，煮沸 5 分钟左右脱色，然后趁热过滤。活性炭的用量一般为固体粗产物的 1%~5%。

4. 晶体的析出

将收集的热滤液静置缓缓冷却（一般要几小时后才能完全），不要着急冷却滤液，这样形成的结晶会很细、表面积大、吸附的杂质多。如果溶液冷却后晶体仍不析出，可用玻璃棒摩擦液面下的容器壁，或加入少量该溶质的结晶，引入晶核，还可以进一步降低溶液温度，用冰水或其他冷冻溶液冷却。

如果溶液冷却后不析出晶体而得到油状物时，可重新加热，至形成澄清的热溶液后，任其自行冷却。若仍有油状物开始析出，应立即剧烈搅拌使油滴分散。

重结晶往往需要进行多次，才能获得较好的纯化效果。

重结晶注意事项：

（1）用活性炭脱色时，不要把活性炭加入正在沸腾的溶液中。

（2）滤纸不应大于布氏漏斗的底面。

（3）在热过滤时，整个操作过程要迅速，否则漏斗一凉，结晶在滤纸上和漏斗颈部析出，操作将无法进行。

（4）洗涤用的溶剂量应尽量少，以避免晶体大量溶解损失。

（5）停止抽滤时先将抽滤瓶与抽滤泵间连接的橡皮管拆开，或者将安全瓶上的活塞打开与大气相通，再关闭泵，防止水倒流入抽滤瓶内。

（二）过滤

过滤是用来分离固液常用的一种方法，常用的过滤方法有常压过滤、减压过滤和热过滤三种。

1. 常压过滤

常压过滤所需使用的仪器有漏斗、滤纸、漏斗架或带有铁圈的铁架台、烧杯和玻璃棒，操作步骤如下所述。

（1）过滤器的准备

实验室常用过滤器是玻璃漏斗并配有滤纸或滤膜。取一张圆形滤纸先折成半圆，再折成四等份，然后打开成圆锥形，如图 2-16 所示。把圆锥形的滤纸尖端向下，放入漏斗里（注意滤纸的边缘应比漏斗口稍低），把滤纸按在漏斗内壁上，用水润湿滤纸，使其紧贴在漏斗内壁上中间无气泡。

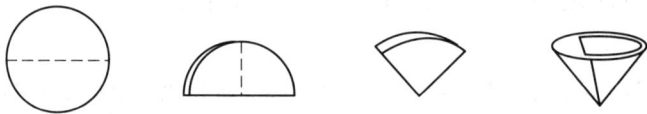

图 2-16　滤纸的折叠方法

（2）过滤

沉淀过滤一般采用倾注法，即把准备好的漏斗放在铁架台的铁圈（或漏斗架）上，漏斗颈下端长的一边要靠在接受容器的壁上，用玻璃棒引流转移上层清液，玻璃棒末端要轻轻地斜靠在有三层滤纸的一边，如图 2-17 所示。

在过滤过程中要控制倾倒溶液的速度，漏斗里的液体的液面不能超过滤纸容量的 2/3，以免溶液从滤纸和漏斗壁之间流下，使固体混入滤液。如果出现过滤速度太慢的现象，原因可能是：①过滤器组装得不好，滤纸与漏斗壁之间有空隙；②过滤时漏斗颈部有气泡；③漏斗颈部下端没有贴靠在接收滤液容器的内壁上。排除了这些因素，就可以加快过滤速度。

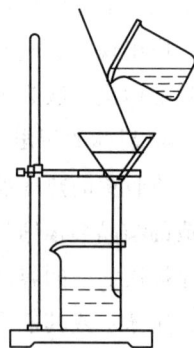

图 2-17　过滤操作

（3）沉淀的初洗

转移完上层清液后，将烧杯内沉淀用少量洗涤液搅拌洗涤，然后静置沉淀，按上述方法将上层清液倾入漏斗。如此重复2~3次，即可把沉淀洗干净，洗涤时要遵循少量多次的原则。

（4）沉淀的转移

向烧杯中倒入少量洗涤液，用玻璃棒搅拌，将悬浮液转移到漏斗中，重复操作3~4次，尽可能地将沉淀转移到滤纸上。最后用蒸馏水淋洗烧杯内壁和玻璃棒，将残存的沉淀转入漏斗中。

2. 减压过滤

减压过滤也称吸滤或抽滤，可得到比较干燥的结晶和沉淀，而且过滤速度快，但不适用于胶状沉淀或颗粒很细的沉淀。减压抽滤常用到的仪器主要有真空泵、吸滤瓶、布氏漏斗和安全瓶。减压过滤装置如图2-18所示。

操作时注意事项：

（1）布氏漏斗插入吸滤瓶时，漏斗下端的斜面要对着滤瓶侧面的支管。

图2-18　减压过滤装置

（2）滤纸的大小应剪成比布氏漏斗内径略小，以全部覆盖漏斗小孔为准。先用水润湿滤纸，开启水泵，使滤纸紧吸在漏斗底部。

（3）过滤时，先将上部清液采用倾注法转移到漏斗中，再将沉淀转移至漏斗进行吸滤。未完全转移的固体应用母液冲洗再转移至漏斗中。

（4）漏斗中加入溶液的量不能超过漏斗总容量的2/3，吸滤瓶中滤液要在其支管以下，否则滤液将被抽出。

（5）抽滤过程中，不得突然关闭水泵，需要停止抽滤时，应先将吸滤瓶支管上的橡皮管拔下，再关闭水泵，否则水将倒吸。

（6）在漏斗内洗涤结晶时，应先拔下吸滤瓶上的橡皮管，关闭水泵，用少量洗涤液洗涤沉淀后再进行抽滤。

（7）过滤结束后，应先将橡胶管拔下，关闭真空泵，取下漏斗倒扣在清洁的滤纸或表面皿上，轻敲漏斗或用洗耳球吹漏斗下口，使滤饼脱离漏斗。

3. 热过滤

如果溶液中的溶质在温度降低时易析出，为防止过滤过程析出晶体需要将溶液趁热过滤。热过滤可用预热的漏斗或热漏斗进行。当欲过滤的溶液较少时，可使用预热漏斗进行过滤，漏斗预先放在烘箱或热水中预热。

热漏斗的夹套内可装入热水，以减少散热，维持溶液的温度。过滤时将玻璃漏斗放在热漏斗中，将溶液趁热过滤。

第八节　pH 计的使用

pH 计，又称作 pH 酸度计或者酸度计，是用来测定溶液 pH 值的一种仪器，利用溶液的电化学性质，以确定溶液酸碱度的传感器。溶液中的氢离子浓度的负对数称为 pH 值，即：

$$pH = -\lg \left[H^+ \right]$$

实验室常用的 pH 计如图 2 – 19 所示，由电计和电极两个部分组成。在实际测量中，电极浸入待测溶液中，将溶液中的氢离子浓度转换成毫伏级电压讯号，送入电计。电计将该信号放大，并经过对数转换为 pH 值，然后由毫伏级显示仪表显示出 pH 值。

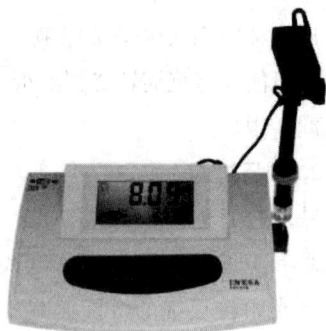

图 2 – 19　pH 计示意图

一、pH 计的原理

pH 计所使用的 pH 指示电极是玻璃电极和参比电极组合在一起的塑壳可充式复合电极。它的端部是玻璃膜小球，管内充填有含饱和 AgCl 的 $3mol \cdot L^{-1}$ 的 KCl 参比溶液，pH 为 7。存在于玻璃膜两面的反映 pH 的电位差用 Ag/AgCl 传导系统导出。因此玻璃电极是 pH 测量电极，它可产生正比于溶液 pH 值的 mV 电势，pH = 7 时，此电势为 0mV，+ mV 对应酸性 pH，– mV 对应碱性 pH，测量范围在 0 ~ 14。

注意事项：pH 电极存放时应将复合电极的玻璃探头部分套在盛有 $3mol \cdot L^{-1}$ 氯化钾溶液的塑料套内。玻璃电极的玻璃球泡玻璃膜极薄，容易破碎，切忌与硬物相接触。

二、方法和步骤

1. 开机前准备

（1）取下复合电极套。

（2）用蒸馏水清洗电极，用滤纸吸干。

2. 开机

按下电源开关，预热 30 分钟。（短时间测量时，一般预热不短于 5 分钟；长时间测量时，最好预热在 20 分钟以上，以便使其有较好的稳定性）。

3. 标定

（1）拔下电路插头，接上复合电极。

（2）把选择开关旋钮调到 pH 档。

（3）调节温度补偿旋钮白线对准溶液温度值。

（4）将斜率调节旋钮顺时针旋到底。

（5）把清洗过的电极插入 pH 缓冲液中。

（6）调节定位调节旋钮，使仪器读数与该缓冲溶液当时温度下的 pH 值相一致。

4. 测定溶液的 pH 值

（1）先用蒸馏水清洗电极，再用被测溶液清洗一次。

（2）用玻璃棒搅拌溶液，使溶液均匀，把电极浸入被测溶液中，读出其 pH 值。

5. 结束

（1）用蒸馏水清洗电极，用滤纸吸干。

（2）套上复合电极套，套内应放少量补充液。

（3）拔下复合电极，接上短接线，以防止灰尘进入，影响测量的准确性。

（4）关机。

第九节　离心机的使用

离心机是实验室用于分离液体与固体颗粒或液体与液体混合物各组分的仪器，根据待分离组分的密度、质量、沉降系数等的不同，应用强大的离心力达到分离、浓缩和提纯的目的。可用于将悬浮液中的固体颗粒与液体分开；或将乳浊液中两种密度不同，又互不相溶的液体分开（例如从牛奶中分离出奶油）；也可用于排除湿固体中的液体（例如用洗衣机甩干湿衣服）；特殊的超速管式分离机还可分离不同密度的气体混合物；有的沉降离心机还可利用不同密度或粒度的固体颗粒在液体中沉降速度不同，将固体颗粒按密度或粒度进行分级。目前离心机大量应用于化工、石油、食品、制药、选矿、煤炭、水处理和船舶等部门。

一、离心机的工作原理

离心分离机的作用原理有离心过滤和离心沉降两种。离心过滤是使悬浮液在离心力场下产生的离心压力作用在过滤介质上，使液体通过过滤介质成为滤液，而固体颗粒被截留在过滤介质表面，从而实现液 – 固分离；离心沉降是利用悬浮液（或乳浊液）密度不同的各组分在离心力场中迅速沉降分层的原理，实现液 – 固（或液 – 液）分离。

具体选用哪种类型的离心机，需根据悬浮液（或乳浊液）中固体颗粒的大小和浓度、固体与液体（或两种液体）的密度差、液体黏度、滤渣（或沉渣）的特性，以及分离的要求等进行综合分析，满足对滤渣（沉渣）含湿量和滤液（分离液）澄清度的要求，随后按处理量和对操作的自动化要求，确定离心机的类型和规格，最后经实际试验验证。通常，对于含有粒度大于 0.01 毫米颗粒的悬浮液，可选用过滤离心机；对于悬浮液中颗粒细小或可压缩变形的，则宜选用沉降离心机；对于悬浮液含固体量低、颗粒微小和对液体澄清度要求高时，应选用目前实验用的分离离心机。

二、实验室常用离心机

离心机是利用旋转转头产生的离心力，使悬浮液或乳浊液中不同密度、不同颗粒大小的物质分离开来，或在分离的同时进行分析的仪器。常用的电动离心机有低速、高速离心机和低速、高速冷冻离心机，以及超速分析、制备两用冷冻离心机等多种型号。其中以低速（包括大容量）离心机应用最为广泛。

低速离心机是实验室中用于离心沉淀的常规仪器，转速一般不超过4000rpm，最大容量为2~4L，结构较简单，可分小型台式和落地式两类，配有驱动电机、调速器、定时器等装置，具有性能稳定、使用灵活、可靠性高、操作方便、维护简便等优点，广泛应用于临床医学、生物化学、免疫学、血站等领域。

离心机主要由机体部分、转动部分、减震系统、控制系统等组成，见图2-20。

图2-20　离心机

三、操作规程

（1）台式高速离心机的工作台应平整、坚固，工作间应整齐、清洁、干燥并通风良好。

（2）检查低速离心机调速旋钮是否处在零位，外套管是否完整无损和垫有橡皮垫。

（3）开启离心盖，将内腔及转头擦拭干净。

（4）将离心的物质转移入合适的离心管中，其量以距离心管口1~2cm为宜，以免在离心时甩出。

（5）将待离心的离心管放在台秤上平衡，将平衡好的试管放在离心机十字转头的对称位置上。

（6）合上盖板、接通电源。

（7）设定定时。

（8）选择离心速度，离心机自行停止转动后，打开机盖，取出离心样品。

四、注意事项

离心机转动速度快，要注意安全，特别要防止离心机在运转期间，因不平衡或试管垫老化，而使离心机边工作边移动，直至从实验台上掉下来；或因盖子未盖，离心管因振动而破裂后，玻璃碎片旋转飞出，造成事故。因此使用离心机时，必须注意以下操作。

（1）离心机套管底部要垫棉花或试管垫；经常检查转头及实验用的离心管是否有裂纹、老化等现象，如有应及时更换。

（2）电动离心机如有噪音或机身振动时，应立即切断电源，及时排除故障。

（3）离心管必须对称放入套管中，防止机身振动；若只有一支样品管，另外一支要用等质量的水代替。

（4）不得使用伪劣的离心管，不得用老化、变形、有裂纹的离心管。

（5）启动离心机时，应盖上离心机顶盖后，方可慢慢启动（禁止高速直接起动，必须由低速至高速慢慢启动）。

（6）启动时严禁手或其他物体进入转鼓。

（7）离心头在高速运转时，请不要随意打开上盖。分离结束后，先关闭离心机，在离心机停止转动后，方可打开离心机盖，取出样品，不可用外力强制其停止运动。

（8）在离心过程中，操作人员不得离开离心机室去做别的事，一旦发生异常情况操作人员不能关电源（POWER），要按"STOP"停止键。

五、维护保养

（1）离心机盖上不要放置任何物质，每次使用完毕，务必清理内腔和转头。

（2）台式高速离心机如较长时间未使用，在使用前应将离心机盖开启一段时间，干燥内腔。

（3）离心机经长期使用，磨损属正常现象。

（4）离心管使用完后及时取出。

第十节　722 型可见分光光度计使用说明

一、原理

分光光度计是实验室中使用比较广泛的一种分析仪器，其基本工作原理是利用物质对光的选择性吸收特性，以较纯的单色光作为入射光，测定物质对光的吸收，从而确定溶液中物质的含量。物质对于入射光的吸收程度即吸光度，用符号 A 表示，A 与该物质的浓度 c、摩尔吸光系数 ε 及溶液厚度 b 有关，服从朗伯－比尔定律，即

$$A = \varepsilon bc$$

722 可见分光光度计能在近紫外、可见光谱区域对样品物质作定性和定量分析。

二、使用方法

（1）接通电源，打开仪器电源开关，开启比色室的盖子，预热 30 分钟。

（2）将盛有参比溶液与被测溶液的比色皿放在比色皿架上，并转入比色室。

（3）调节波长旋钮，选择合适的波长。将"模式"按钮转为"透光率"。

（4）拉动比色皿架拉杆，将参比溶液对准光路。开启比色室盖，用"0"旋钮调节显示器上透光率为 0；关闭比色室盖，用"100"旋钮调节显示器上透光率为 100。在选择"模式"转为"吸光度"，则显示器上显示值为 0.000。

（5）拉动比色皿拉架杆，将被测溶液对准光路，显示器指示的数字就是被测溶液的吸

光度。

（6）测定完毕后，取出比色皿洗净，晾干后放入比色皿盒中，关闭仪器电源后，盖上防尘罩。

三、注意事项

（1）比色皿架和比色皿要保持清洁，不能用手直接接触透光玻璃面，防止影响吸光度的测定。

（2）仪器连续使用时间不宜超过 2 小时。若需要长时间使用，应每连续使用 2 小时后，关闭仪器电源 30 分钟再工作。

第三章　无机化学实验

第一节　仪器的认领和基本操作训练

【实验目的】

1. 认领常用的仪器，了解其主要用途及使用注意事项。

2. 练习清洗仪器。

3. 通过粗食盐的提纯，熟悉固体的取用、称量、加热、溶解等以及量筒的使用、常压过滤、减压过滤、蒸发、结晶等基本操作。

【仪器、试剂及其他】

1. 仪器

电子天平，量筒（50ml、100ml），滴管，玻璃棒，药匙，烧杯（100ml），研钵，洗瓶，酒精灯（或煤气灯），铁圈，石棉网，玻璃漏斗，铁架台，蒸发皿，表面皿，布氏漏斗，抽滤瓶，铁夹，移液管，洗耳球，容量瓶，滴定管，锥形瓶，水浴锅，电热套，试管及试管夹，试管架，离心试管，试管刷，坩埚及泥三角，点滴板（黑、白）。

2. 试剂

粗食盐，蒸馏水，洗液，酒精。

3. 其他

滤纸，火柴。

【实验内容】

一、认领仪器

认领无机化学常用仪器,并且清点,检查有无破损。

二、清洗仪器

1. 对试管、烧杯、量筒等普通玻璃仪器，可先用自来水冲洗一下，然后选用大小合适的刷子蘸取肥皂、合成洗涤剂或去污粉进行刷洗；再用大量自来水冲洗；最后再用蒸馏水润洗 2~3 次。

如果用水冲洗玻璃仪器内壁，仪器能均匀地被水润湿而不沾附水珠，证实仪器洗涤干净。如果有水珠沾附容器内壁，说明仍有油脂或其他垢迹污染，应重新洗涤。最后再用蒸馏水冲洗 2~3 次。

2. 若仪器内壁粘有不易清除的污物时，要根据污物的性质，采用不同的洗液进行洗涤。

把洗净的仪器倒置片刻，整齐地放在实验柜内，柜内铺上白纸，洗净的烧杯、蒸发皿、漏斗等倒置在纸上，试管、离心试管、小量筒等倒置在试管架上晾干。

三、粗食盐的提纯

在电子天平的托盘上放上称量纸，按去皮键使天平回零。然后用药匙取粗食盐置于称量纸上，天平显示器上的读数即为称量食盐的质量。将已称取的约 5 克粗食盐放在研钵中研磨成均匀的粉末，倾入烧杯中，用量筒取 20ml 蒸馏水，用玻璃棒搅拌溶解（为了加速溶解常用加热的办法）。一般在铁圈上面放石棉网，然后将烧杯置于石棉网上，在网下用酒精灯加热，边搅拌边加热，直到沸腾为止。移去酒精灯，将烧杯连同石棉网置于实验台上，加盖表面皿，静置澄清。对澄清过的食盐溶液和不溶物进行过滤。将不溶物用少量蒸馏水洗涤 2~3 次弃去，留滤液备用。将滤液倾入干燥、洁净的蒸发皿内，滤液不能超过蒸发皿容积的 2/3，以免溶液沸腾时向外飞溅。将此蒸发皿移置于装有石棉网的铁圈上，下面用酒精灯加热，当浓缩到蒸发皿底部出现结晶时，立即用玻璃棒搅拌，当快要蒸干时，应用干燥清洁的玻璃漏斗盖住，并撤去酒精灯，稍冷后减压过滤，得到纯净、干燥的食盐晶体；然后用药匙取出晶体用天平（精确到 0.1g）称重，计算产率。

减压过滤所用仪器是吸滤瓶和布氏漏斗，把食盐晶体与浓缩液转移至布氏漏斗中进行抽滤。抽滤完毕，应先把连接吸滤瓶和真空泵的橡皮管拔下，然后关闭水龙头（或停真空泵），以防倒吸。

【实验注意事项】

1. 洗液有强腐蚀性，使用时要小心，最初的洗液因有酸，应倒入废物缸，不要倒进水槽。

2. 使用酒精灯时应注意以下几点。

（1）装酒精必须在熄灯时用漏斗倒入，而且酒精量不超过灯身容积的 3/4。

（2）点燃酒精灯时，必须用火柴点，严禁用酒精灯点燃酒精灯，以免发生火灾或其他事故。

（3）不用时或用完后，要随时盖上灯罩，以免酒精挥发。具体操作是盖熄后再打开片刻，然后盖上。熄灯时，不可用嘴吹。

（4）调节火焰，应先熄灯，用镊子夹住灯芯进行调节，灯芯不能塞得太紧，发现灯口破裂即不能使用，以免发生火灾、爆炸。

（5）在浓缩结晶时，不能把母液蒸干。蒸发溶液一般应在水浴锅上进行。

（6）减压过滤完毕后应先把连接吸滤瓶的橡皮管拔下，然后关闭水龙头（或真空泵），以防倒吸。

【预习要求】

1. 认真阅读实验室工作规则、实验要求。

2. 实验常用仪器洗涤与干燥。

3. 天平的使用和称量操作。

4. 固体的溶解和沉淀的分离操作。

【思考题】

1. 洗液如何配制？怎样洗涤玻璃量器？使用洗液要注意什么？

2. 在减压过滤装置中，安全瓶的作用是什么？

第二节　电解质溶液

【实验目的】

1. 验证强弱电解质电离的差别及同离子效应。

2. 学习配制缓冲溶液并验证其性质。

3. 了解盐类的水解反应及抑制水解的方法。

4. 难溶电解质的沉淀溶解平衡及溶度积原理的应用。

5. 学习离心分离和 pH 试纸的使用等基本操作。

【实验原理】

一、弱电解质的电离平衡及同离子效应

若 AB 为弱酸或弱碱,则在水溶液中存在下列平衡:

$$AB \rightleftharpoons A^- + B^+$$

达到平衡时，各物质浓度关系满足 $K^\theta = [A^+][B^-] / [AB]$，$K^\theta$ 为电离平衡常数。

在此平衡体系中，如加入含有相同离子的强电解质，则增加 A 或 B 离子的浓度，则平衡向生成 AB 分子的方向移动，使弱电解质的电离度降低，这种效应叫做同离子效应。

二、缓冲溶液

弱酸及其盐（例如 HAc 和 NaAc）或弱碱及其盐（例如 $NH_3 \cdot H_2O$ 和 NH_4Cl 的混合溶液）能在一定程度上对少量外来的强酸或强碱起缓冲作用，即当外加少量酸、碱或少量稀释时，此混合溶液的 pH 值变化不大，这种溶液叫做缓冲溶液。

三、盐类的水解反应

盐类的水解反应是由组成盐的离子和水电离出来的 H^+ 和 OH^- 作用生成弱酸或弱碱的反应过程。水解反应往往使水溶液显酸性或碱性。例如：①弱酸强碱所形成的盐（如 NaAc）水解时溶液显碱性；②强酸弱碱所生成的盐（如 NH_4Cl）水解时溶液显酸性；③对于弱酸弱碱所生成的盐的水解，则视生成的弱酸与弱碱的相对强弱而定。例如 NH_4Ac 溶液几乎为中性，而 $(NH_4)_2S$ 溶液呈碱性。

通常水解后生成的酸或碱越弱，则盐的水解度越大。水解是吸热反应，加热能促进水解作用。通常浓度及溶液 pH 值的变化也会影响水解。

四、沉淀平衡、溶度积规则

1. 溶度积　在难溶电解质的饱和溶液中，未溶解的固体及溶解的离子间存在着多相平衡，即沉淀平衡。如：

$$PbI \rightleftharpoons Pb^{2+} + 2I^-$$

$$K^{\theta}_{sp,PbI_2} = [Pb^{2+}][I^-]^2$$

K^{θ}_{sp} 表示在难溶电解质的饱和溶液中难溶电解质的离子浓度（以其系数为指数）的乘积，叫做溶度积常数，简称溶度积。

根据溶度积规则，可以判断沉淀的生成和溶解，例如：

$[Pb^{2+}][I^-]^2 > K^{\theta}_{sp,PbI_2}$，有沉淀析出或溶液过饱和；

$[Pb^{2+}][I^-]^2 = K^{\theta}_{sp,PbI_2}$，溶液恰好饱和或称达到沉淀平衡；

$[Pb^{2+}][I^-]^2 < K^{\theta}_{sp,PbI_2}$，无沉淀析出或沉淀溶解。

2. 分步沉淀　有两种或两种以上的离子都能与加入的某种试剂（沉淀剂）反应生成难溶电解质时，沉淀的先后顺序决定于所需沉淀剂离子浓度的大小。需要沉淀剂离子浓度较小的先沉淀，需要沉淀剂离子浓度较大的后沉淀。这种先后沉淀的现象叫做分步沉淀。例如，往含有 Cu^{2+} 和 Cd^{2+} 的混合液中（若 Cu^{2+}、Cd^{2+} 离子浓度相差不太大）加入少量沉淀剂 Na_2S，由于 $K^{\theta}_{sp,CuS} < K^{\theta}_{sp,CdS}$，$Cu^{2+}$ 与 S^{2-} 的离子浓度乘积将先达到 CuS 的溶度积 $K^{\theta}_{sp,CuS}$，黑色 CuS 先沉淀析出，继续加入 Na_2S，当 $[Cd^{2+}][S^{2-}]^2 > K^{\theta}_{sp,CdS}$ 时，黄色 CdS 才沉淀析出。

3. 沉淀的转化　使一种难溶电解质转化为另一种难溶电解质，即把一种沉淀转化为另一种沉淀的过程，叫做沉淀的转化。一般来说，溶解度较大的难溶电解质容易转化为溶解度较小的难溶电解质。

【仪器、试剂及其他】

1. 仪器

试管，试管架，试管夹，离心试管，小烧杯（100ml 或 50ml），量筒（10ml），洗瓶，点滴板，玻璃棒，酒精灯（或水浴锅），离心机（公用）。

2. 试剂

酸：HAc（$0.1mol \cdot L^{-1}$、$1.0mol \cdot L^{-1}$、$2mol \cdot L^{-1}$），HCl（$0.1mol \cdot L^{-1}$、$2mol \cdot L^{-1}$、$6mol \cdot L^{-1}$）

碱：氨水（$2mol \cdot L^{-1}$），NaOH（$0.1mol \cdot L^{-1}$）。

盐：$AgNO_3$（$0.1mol \cdot L^{-1}$），$Al_2(SO_4)_3$（$0.1mol \cdot L^{-1}$、$1mol \cdot L^{-1}$），$K_2Cr_2O_4$（$0.1mol \cdot L^{-1}$），KI（$0.1mol \cdot L^{-1}$、$0.001mol \cdot L^{-1}$），$MgCl_2$（$0.1mol \cdot L^{-1}$），NaAc（$0.5mol \cdot L^{-1}$、$1.0mol \cdot L^{-1}$），NaCl（$0.1mol \cdot L^{-1}$、$1.0mol \cdot L^{-1}$），Na_2CO_3（$0.1mol \cdot L^{-1}$、$1.0mol \cdot L^{-1}$），$Pb(NO_3)_2$（$0.001mol \cdot L^{-1}$、$0.1mol \cdot L^{-1}$），NH_4Cl（饱和溶液，固体），Na_3PO_4（$0.1mol \cdot L^{-1}$），Na_2HPO_4（$0.1mol \cdot L^{-1}$），NaH_2PO_4（$0.1mol \cdot L^{-1}$），$SbCl_3$（固体）。

3. 其他

锌粒，甲基橙（0.1%），酚酞（1%），pH 试纸。

【实验内容】

一、强弱电解质溶液的比较

1. 在两只试管中分别加入少量 $0.1mol \cdot L^{-1}$ HCl 和 $0.1mol \cdot L^{-1}$ HAc，用 pH 试纸测定两溶液的 pH 值，并与计算值相比较。

2. 在两只试管中分别加入 1ml $0.1mol \cdot L^{-1}$ HCl 和 $0.1mol \cdot L^{-1}$ HAc 溶液，再分别加入一小颗锌粒（可用砂纸擦去表面的氧化层），并用酒精灯（或水浴）加热试管，观察哪只试管中产生氢气的反应比较剧烈。

由实验结果比较 HCl 和 HAc 的酸性有何不同？为什么？

二、同离子效应

1. 取两只试管，各加入 1ml 蒸馏水，2 滴 $2mol \cdot L^{-1}$ 氨水溶液，再滴入一滴酚酞溶液，振荡均匀，观察溶液显什么颜色。在其中一只试管中加入 1/4 小勺固体 NH_4Cl，摇荡使之溶解，观察溶液的颜色，并与另一只试管中的溶液比较。

根据以上实验指出同离子效应对电离度的影响。

2. 取两只小试管，各加入 5 滴 $0.1mol \cdot L^{-1}$ 的 $MgCl_2$ 溶液，其中一只试管中再加入 5 滴饱和 NH_4Cl 溶液，然后分别在两支试管中加入 5 滴 $2mol \cdot L^{-1}$ 氨水，观察两支试管中发生的现象有何不同？写出有关反应式并说明原因。

三、缓冲溶液的配制和性质

1. 两支试管中各加入 3ml 蒸馏水，用 pH 试纸测定其 pH 值，再分别加入 5 滴 $0.1mol \cdot L^{-1}$ 的 HCl、$0.1mol \cdot L^{-1}$ 的 NaOH 溶液，测定它们的 pH 值。

2. 在一个小烧杯中，加入 $1mol \cdot L^{-1}$ HAc 和 $1mol \cdot L^{-1}$ NaAc 溶液各 5ml（用量筒尽可

能准确量取），用玻璃棒搅匀，配制成 HAc – NaAc 缓冲溶液。用 pH 试纸测定该溶液的 pH 值并与计算值比较。

3. 取 3 支试管，各加入此缓冲溶液 3ml，然后分别加入 5 滴 $0.1mol \cdot L^{-1}$ 的 HCl、$0.1mol \cdot L^{-1}$ NaOH 溶液及 5 滴蒸馏水，再用 pH 试纸分别测定其 pH 值。与原来缓冲溶液的 pH 值比较，pH 值有何变化？

分析实验现象，并总结出缓冲溶液的性质。

四、盐类的水解和影响盐类水解的因素

1. 盐的水解与溶液的酸碱性

在 3 支试管中分别加入少量 $1mol \cdot L^{-1}$ Na_2CO_3、NaCl、$Al_2（SO_4）_3$ 溶液，用 pH 试纸试验它们的酸碱性。写出水解的离子方程式。并解释之。

在 3 支试管中分别加入少量 $0.1mol \cdot L^{-1}$ Na_3PO_4、Na_2HPO_4、NaH_2PO_4 溶液，用 pH 试纸试验它们的酸碱性。酸式盐是否都呈酸性，为什么？

2. 影响盐类水解的因素

①温度对水解的影响：在两支试管中分别加入 1ml $0.5mol \cdot L^{-1}$ 的 NaAc 溶液，并各加入 3 滴酚酞溶液，将其中 1 支试管用酒精灯（或水浴）加热，观察颜色的变化。冷却后颜色有何变化？为什么？

②酸度的影响：将少量 $PbCl_3$ 固体加到盛有 1ml 蒸馏水的小试管中，有何现象产生？用 pH 试纸试验其酸碱性。加入少量 $6mol \cdot L^{-1}$ HCl 溶液，观察沉淀是否溶解，最后将所得溶液稀释，又有什么变化？解释上述现象并写出有关反应方程式。

③相互水解：取两支试管，分别加入 3ml $0.1mol \cdot L^{-1}$ 的 Na_2CO_3 及 2ml $0.1mol \cdot L^{-1}$ 的 $Al_2（SO_4）_3$ 溶液，先用 pH 试纸分别测其 pH 值，然后混合。观察有何现象？写出反应的离子方程式。

五、溶解积原理的应用

1. 沉淀的生成

在一支试管中加入 1ml $0.1mol \cdot L^{-1}$ 的 $Pb（NO_3）_2$ 溶液，再逐滴加入 1ml $0.1mol \cdot L^{-1}$ KI 溶液，观察沉淀的生成和沉淀的颜色。在另一支试管中加入 1ml $0.001mol \cdot L^{-1}$ 的 $Pb（NO_3）_2$ 溶液，再逐滴加入 1ml $0.001mol \cdot L^{-1}$ 的 KI 溶液，观察有无沉淀生成。

试以溶度积原理解释以上现象。

2. 分步沉淀

在离心试管中加入 3 滴 $0.1mol \cdot L^{-1}$ NaCl 溶液和 1 滴 $0.1mol \cdot L^{-1}$ K_2CrO_4 溶液，稀释至 1ml，摇匀后逐滴加入数滴（1~5 滴以内）$0.1mol \cdot L^{-1}$ $AgNO_3$ 溶液（边振摇边滴加）。当滴入 $AgNO_3$ 后，振摇使砖红色沉淀转化为白色沉淀时，离心沉淀，观察生成的沉淀的颜色（注意沉淀和溶液颜色的差别）。再往清液中滴加数滴 $0.1mol \cdot L^{-1}$ $AgNO_3$ 溶液，会出现什么颜色的沉淀？试根据沉淀颜色的变化（并通过有关溶度积的计算），判断哪一种难溶电解

质先沉淀。

3. 沉淀的溶解

在试管中加入 2ml 0.1mol·L^{-1}MgCl$_2$ 溶液，并滴入数滴 2mol·L^{-1}氨水溶液，观察沉淀的生成。再向此溶液中加入少量 NH$_4$Cl 固体，摇荡，观察原有沉淀是否溶解，用离子平衡移动的观点解释上述现象。

4. 沉淀的转化

在离心试管中加入 0.1mol·L^{-1}的 Pb（NO$_3$）$_2$ 和 1.0mol·L^{-1}的 NaCl 溶液各 10 滴。离心分离，弃去上层清液，向沉淀中滴加 0.1mol·L^{-1}的 KI 溶液并搅拌，观察沉淀的颜色变化。说明原因并写出有关反应方程式。

【实验注意事项】

（1）用 pH 试纸测量溶液的 pH 值时，方法是将一小片试纸放在干净的点滴板（或表面皿）上，用洗净的玻璃棒蘸取少量待测溶液，滴在试纸上，观察其颜色的变化。注意：不要把试纸浸入被测试液中测试。

（2）取用液体试剂时，严禁将滴瓶中的滴管伸入试管内，或用试验者的滴管到试剂瓶中吸取试剂，以免污染试剂。取用试剂后，必须把滴管放回试剂瓶中，不可置于实验台上，以免弄混及交叉污染试剂。

（3）用试管盛液体加热时液体量不能过多，一般以不超过试管体积的1/3 为宜。试管夹应夹在距管口 1~2 厘米处，然后斜持试管，从液体的上部开始加热，再过渡到试管下部，并不断地晃动试管，以免由于局部过热，液体喷出或受热不均使试管炸裂。加热时，应注意试管口不能朝向自己或别人。

（4）正确使用离心机，注意保持平衡，发现异常立即拔掉电源。

（5）操作时注意试剂的用量及加入试剂的顺序，否则观察不到现象。

（6）使用酒精灯时应注意安全。

（7）锌粒回收至指定容器中。

【预习要求】

1. 复习电离平衡、同离子效应、缓冲原理及缓冲溶液的配制、盐类的水解及沉淀的生成和溶解等基本概念和原理。

2. 预习固体、液体试剂的取用、试管实验操作、试纸的使用、沉淀的分离与洗涤、离心机的使用等内容，掌握操作要点。

【思考题】

1. 试解释为什么 Na$_2$HPO$_4$、NaH$_2$PO$_4$ 均属酸式盐，但前者的溶液呈弱碱性，后者却呈弱酸性？

2. 同离子效应对弱电解质的电离度和难溶电解质的电离度各有什么影响？

3. 使用离心机应注意些什么？

4. 沉淀的溶解和转化的条件是什么？

第三节　碳酸钠溶液的配制和浓度标定的训练

【实验目的】

1. 了解配制一定浓度溶液的方法。

2. 了解用滴定法测定溶液浓度的原理和操作方法。

3. 学习滴定管的使用。

【实验原理】

配制一定浓度溶液的方法有多种，一般是根据溶质的性质而定。某些易于提纯且性质稳定的物质（如 Na_2CO_3 等），可以精确称取其纯固体，并通过容量瓶等仪器直接配制成所需的一定体积的准确浓度的溶液。某些不易提纯的或性质不稳定的物质（如 NaOH、HCl 等），可先配制成近似浓度的溶液，然后用已知浓度的标准溶液通过滴定法来测定其准确浓度。

溶液浓度的滴定：用移液管或滴定管准确量取一定体积的待测溶液，然后由滴定管放出已知准确浓度的标准溶液，使它们相互作用达到反应的计量点，并由此计算出待测溶液的浓度，这种操作称为滴定。

反应终点通常是利用指示剂来确定的，指示剂应能在反应计量点附近有明显的颜色变化。本实验是用 HCl 滴定 Na_2CO_3，可用甲基橙作指示剂，甲基橙在碱性溶液中是黄色，在酸性溶液中是红色。刚开始滴定时由于 Na_2CO_3 水解后显碱性，甲基橙在 Na_2CO_3 溶液中呈黄色；当全部 Na_2CO_3 与 HCl 作用完毕时，只要有一滴过量的 HCl 溶液，溶液就变酸性，甲基橙即由黄色变为橙色，表明此时该反应已达到化学计量点。该滴定反应的反应式为：

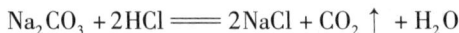

$$Na_2CO_3 + 2HCl = 2NaCl + CO_2 \uparrow + H_2O$$

由于 HCl 的浓度、体积及 Na_2CO_3 的体积都是已知的，则 Na_2CO_3 溶液的浓度可由下式计算求出：

$$c_{Na_2CO_3} = \frac{1}{2} \times \frac{c_{HCl} V_{HCl}}{V_{Na_2CO_3}}$$

【仪器、试剂及其他】

1. 仪器

量筒（250ml），酸式滴定管（50ml），移液管（25ml），洗耳球，洗瓶，滴定台（或铁架台），电子天平（公用），滴定管夹（蝴蝶夹），烧杯（400ml），玻璃棒，锥形瓶

（250ml）。

2. 试剂

分析纯无水 Na_2CO_3，甲基橙指示剂，HCl 标准溶液（$0.1000mol \cdot L^{-1}$ 左右）。

【实验内容】

一、Na_2CO_3 溶液的配制

本溶液只配成近似浓度，用电子天平称约 $1.3 \sim 1.4g$ Na_2CO_3（称准至小数点后第一位），置于 400ml 烧杯中，用 250ml 量筒量取蒸馏水 250ml，沿玻璃棒倒入烧杯，用玻璃棒搅拌使 Na_2CO_3 溶解并混合均匀，备用。

二、酸式滴定管的准备

先将滴定管用自来水冲洗，并检查是否漏液，旋塞转动是否灵活，如漏液，应卸下旋塞，洗净，擦干，重新涂上凡士林，直至检查不漏液为止；再将酸式滴定管用蒸馏水洗净，并以 HCl 标准溶液荡洗 3 次，注意旋塞及旋塞下部也应洗净。加入 HCl 标准溶液，调整液面凹处在滴定管"零"刻度线作为起点读数。

三、Na_2CO_3 溶液浓度标定

取一只洁净的 25ml 移液管，先用蒸馏水荡洗 3 次，再用移液管吸取少量所配的 Na_2CO_3 溶液荡洗 3 次。用洗净的移液管，准确移取 25.00ml Na_2CO_3 溶液至锥形瓶中，加入一滴甲基橙指示剂，边摇动锥形瓶，边滴加盐酸标准溶液，至溶液由黄色变为橙色，反应到达终点，停止滴加 HCl 标准溶液（临近终点前应使用洗瓶以少量蒸馏水冲洗瓶壁以保证 Na_2CO_3 滴定准确），并记下此时滴定管中 HCl 标准溶液的液面凹处位置（此数值减去起点读数即为本次滴定所用 HCl 标准溶液的体积）。

再重复滴定两次，每次从"零"刻度线开始，3 次滴定所用 HCl 标准溶液的体积相差不超过 0.1ml（超过应重新滴定），取平均值记为 HCl 标准溶液的体积。

【实验注意事项】

注意滴定时一定要逐滴加入 HCl 标准溶液，并且要边摇动锥形瓶边滴加 HCl 标准溶液，以免 HCl 溶液局部浓度过高，或加入 HCl 过量，造成"滴过"。

【预习要求】

1. 预习玻璃量器和天平的使用。

2. 预习酸碱滴定的基本原理。

3. 预习实验的大概步骤及注意事项。

【思考题】

怎样洗涤滴定管、移液管？为什么要在使用前用标准溶液荡洗？锥形瓶是否也应如此操作？

第四节　醋酸电离度和电离平衡常数的测定

【实验目的】

1. 测定醋酸的电离度和电离平衡常数。
2. 学习使用 pH 计。
3. 掌握容量瓶、移液管、滴定管的基本操作。

【实验原理】

HAc 是弱电解质，在溶液中存在下列平衡：

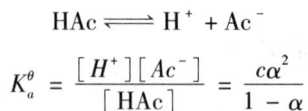

$$HAc \Longrightarrow H^+ + Ac^-$$

$$K_a^\theta = \frac{[H^+][Ac^-]}{[HAc]} = \frac{c\alpha^2}{1-\alpha}$$

式中，$[H^+]$、$[Ac^-]$、$[HAc]$ 分别是 H^+、Ac^-、HAc 的平衡浓度；c 为醋酸的起始浓度；K_a^θ 为醋酸的电离平衡常数。通过对已知浓度的醋酸的 pH 值的测定，按 $pH = -\lg[H^+]$ 换算成 $[H^+]$，根据电离度 $\alpha = [H^+]/c$，计算出电离度，再代入上式，即可求得电离平衡常数。

【仪器、试剂及其他】

1. 仪器

移液管（25ml），吸量管（5ml），容量瓶（50ml），烧杯（400ml，50ml），锥形瓶（250ml），碱式滴定管（50ml），铁架，滴定管夹，吸气橡皮球，pH 计。

2. 试剂

HAc（$0.1 mol \cdot L^{-1}$），标准缓冲溶液（pH = 6.86，pH = 4.00），酚酞指示剂，标准 NaOH（$0.1 mol \cdot L^{-1}$）溶液。

【实验内容】

一、醋酸溶液的配制

取 $6 mol \cdot L^{-1}$ HAc 溶液 3.3ml，加水稀释到 200ml，即得。

二、醋酸溶液浓度的标定

用移液管吸取 25ml 0.1mol·L⁻¹ 的 HAc 溶液 3 份，分别置于 3 个 250ml 锥形瓶中，各加两滴酚酞指示剂，分别用标准 NaOH 溶液滴定至溶液呈现微红色，半分钟不褪色为止，记下所用 NaOH 溶液的体积，从而求得 HAc 溶液的精确浓度（四位有效数字）。

三、配制不同浓度的醋酸溶液

用移液管和吸量管分别取 25ml、5ml、2.5ml 已标定过浓度的 HAc 溶液于 3 个 50ml 容量瓶中，用蒸馏水稀释到所需刻度，摇匀，并求出各份稀释后的醋酸溶液精确浓度的值（四位有效数字）。

四、测定醋酸溶液的 pH 值

用四个干燥的 50ml 烧杯，分别取 30～40ml 上述 3 种浓度的醋酸溶液及未经稀释的 HAc 溶液，由稀到浓分别用 pH 计测定它们的 pH 值（三位有效数字），并记录室温。

五、计算电离度与电离平衡常数

根据四种醋酸的浓度和 pH 值计算电离度和电离平衡常数。

【数据记录和结果】

1. 醋酸溶液浓度的标定

表 3－4－1　醋酸溶液浓度的标定数据记录表

滴定序号	1	2	3
标准 NaOH 溶液浓度（mol·L⁻¹）			
所取 HAc 溶液的量（ml）			
标准 NaOH 溶液的用量（ml）			
HAc 浓度（测定值）			
溶液精确浓度（平均值）			

2. 醋酸溶液的 pH 值测定及 K_a^{θ}、α 的计算

表 3－4－2　醋酸溶液的 pH 值测定的数据记录表

t = ＿＿℃

醋酸溶液编号	$c_{HAc}/mol·L^{-1}$	pH	$c_{H^+}/mol·L^{-1}$	α（%）	K_a^{θ}
1（c/20）					
2（c/10）					
3（c/2）					
4（c）					

【预习要求】

1. 认真预习电离平衡常数与电离度的计算方法，以及影响弱酸电离平衡常数与电离度的因素。

2. pH 计的型号不同，使用方法也略有区别，使用前应认真预习，熟悉实验所用型号的 pH 计的使用方法。

【思考题】

1. 标定醋酸浓度时，可否用甲基橙作指示剂？为什么？

2. 当醋酸溶液浓度变小时，$[H^+]$、α、如何变化？K_a^θ 值是否随醋酸溶液浓度变化而变化？

3. 如果改变所测溶液的温度，则电离度和电离常数有无变化？

第五节　药用 NaCl 的制备

【实验目的】

1. 掌握药用 NaCl 的制备方法。
2. 继续练习和巩固称量、溶解、沉淀、过滤、蒸发浓缩等基本操作。

【实验原理】

粗盐为海水或盐井、盐池、盐泉中的盐水经煎晒而成的结晶，即天然盐，是未经加工的大粒盐，主要成分为氯化钠。粗盐中除了含有泥沙等不溶性杂质外，还含有 K^+、Ca^{2+}、Mg^{2+}、SO_4^{2-} 等相应盐类的可溶性杂质。不溶性的杂质可以用过滤的方法除去，K^+、Ca^{2+}、Mg^{2+} 和 SO_4^{2-} 离子则要用化学方法处理才能除去。由于氯化钠的溶解度随温度的变化不大，不能用重结晶的方法进行提纯。

化学方法是先加入稍过量的 $BaCl_2$ 溶液，使之转化为难溶的 $BaSO_4$ 沉淀而除去。

$$Ba^{2+} + SO_4^{2-} \longrightarrow BaSO_4$$

再向除去沉淀后的溶液中加入 NaOH 和 Na_2CO_3 的混合溶液，Ca^{2+}、Mg^{2+} 及过量的 Ba^{2+} 离子都生成沉淀。

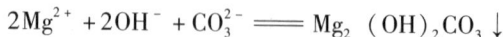

$$Ba^{2+} + CO_3^{2-} =\!=\!= BaCO_3 \downarrow$$

$$Ca^{2+} + CO_3^{2-} =\!=\!= CaCO_3 \downarrow$$

$$2Mg^{2+} + 2OH^- + CO_3^{2-} =\!=\!= Mg_2(OH)_2CO_3 \downarrow$$

过滤后，原溶液中的 Ca^{2+}、Mg^{2+} 和 Ba^{2+} 离子都已除去，但又引进了过量的 CO_3^{2-} 和 OH^- 离子，最后加入纯盐酸将溶液调至弱酸性，除去 CO_3^{2-} 和 OH^- 离子。

$$CO_3^{2-} + 2H^+ == CO_2 + H_2O$$

$$H^+ + OH^- == H_2O$$

对于存在的少量 KCl 等杂质，由于它们的含量少，而溶解度又很大，故在最后的浓缩结晶中会仍留在母液中，而与 NaCl 分离。

【仪器、试剂及其他】

1. 仪器

电子天平，烧杯，量筒，布氏漏斗，吸滤瓶，蒸发皿，电炉，石棉网，玻璃棒等。

2. 试剂

酸：饱和 H_2S 溶液，HCl（$0.1mol \cdot L^{-1}$、$2mol \cdot L^{-1}$），H_2SO_4（$2mol \cdot L^{-1}$）。

碱：NaOH（$0.1mol \cdot L^{-1}$）。

盐：粗食盐，25% $BaCl_2$ 溶液，饱和 Na_2CO_3 溶液。

【实验内容】

称取粗食盐50g，置蒸发皿中，在电炉上炒至无爆裂声（或由实验室炒好粗盐备用）。转移至烧杯中，加水100ml搅拌，继续加水50ml左右至粗盐完全溶解，趁热用倾滤法滤过，滤渣弃去。将所得滤液加热近沸，滴加25% $BaCl_2$ 溶液，边加边搅拌，直至不再有沉淀生成为止（大约需10ml）。加热至沸，为了检验 SO_4^{2-} 是否沉淀完全，将烧杯从石棉网上取下，停止搅拌，待沉淀沉降后，沿烧杯内壁滴加数滴 $BaCl_2$ 溶液，应无沉淀生成。待沉淀完全后，继续加热煮沸数分钟，过滤，弃去沉淀。

将所得滤液，转移至另一干净的烧杯中，加入饱和 H_2S 溶液数滴，若无沉淀，不必再多加 H_2S 溶液；可逐滴加入 NaOH 和饱和 Na_2CO_3 溶液所组成的混合溶液（其体积比为1:1），将溶液的 pH 值调至11左右，加热至沸，使反应完全，减压过滤，弃去沉淀。

将滤液转移至蒸发皿中，滴加 $2mol \cdot L^{-1}$ HCl，调溶液的 pH 值为4~5，缓慢加热蒸发，将滤液蒸发浓缩至糊状稠液为止（蒸发过程中要注意搅拌，以免发生飞溅造成产品损失）。冷却至室温后，用布氏漏斗抽滤。

将所得晶体转移至蒸发皿中，慢慢烘干。冷却后观察产品状态并称重、计算产率。

【思考题】

1. 为什么不能用重结晶法提纯 NaCl？为什么最后的 NaCl 溶液不能蒸干？

2. 除去 Ca^{2+}、Mg^{2+}、SO_4^{2-} 离子的先后顺序是否可以倒置过来？如先除 Ca^{2+}、Mg^{2+}，再除 SO_4^{2-} 有何不同？

3. 除去 SO_4^{2-} 时能不能用 $Ba(NO_3)_2$ 溶液代替 $BaCl_2$ 溶液？如何判断 $BaCl_2$ 过量？

4. 粗盐中不溶性杂质和可溶性杂质如何除去？

第六节　药用氯化钠的性质及杂质限度的检查

【实验目的】

初步了解药典对药用氯化钠的鉴别、检查方法。

【实验原理】

鉴别实验是以药物的化学结构及其物理性质为依据,通过化学反应来鉴别药物真伪的。对无机药物是根据其组成离子的特征反应,即鉴别氯化钠的组成离子 Na^+ 和 Cl^- 的特征试验。

钡盐、钾盐、钙盐、镁盐及硫酸盐的限度检验是根据沉淀反应的原理,样品管和标准管在相同条件下进行比浊试验,样品管不得比标准管更深。

重金属系 Pb、Bi、Cu、Hg、Sb、Sn、Co、Zn 等金属离子,它们在一定条件下能与 H_2S 或 Na_2S 作用而显色。中华人民共和国药典的规定是在弱酸(用稀醋酸调节)条件下进行。实验证明,在 pH = 3 时,PbS 沉淀最完全。

重金属的检查,是在相同条件下进行比色试验。

【仪器、试剂及其他】

1. 仪器

蒸发皿,烧杯,漏斗,抽滤瓶,奈氏比色管,离心机。

2. 试剂

酸:饱和 H_2S 溶液,HCl($0.1mol \cdot L^{-1}$,$2mol \cdot L^{-1}$),H_2SO_4($0.5mol \cdot L^{-1}$),HAc($0.1mol \cdot L^{-1}$,$3mol \cdot L^{-1}$),HNO_3(分析纯)。

碱:氨试液。

盐:粗食盐,25% $BaCl_2$,饱和 Na_2CO_3 溶液,$AgNO_3$($0.1mol \cdot L^{-1}$),$KMnO_4$($0.1mol \cdot L^{-1}$),KI($0.1mol \cdot L^{-1}$),KBr($0.1mol \cdot L^{-1}$),氯水,$(NH_4)_2S_2O_8$($0.1mol \cdot L^{-1}$),NH_4SCN($0.1mol \cdot L^{-1}$),四苯硼钠溶液($0.1mol \cdot L^{-1}$),Na_2HPO_4($0.1mol \cdot L^{-1}$),$(NH_4)_2C_2O_4$ 试液,$CaCl_2$($0.1mol \cdot L^{-1}$),$MgCl_2$($0.1mol \cdot L^{-1}$),标准硫酸钾溶液,标准铁盐溶液,标准铅盐溶液。

3. 其他

三氯甲烷,pH 试纸,KI 淀粉试纸。

【实验内容】

一、氯化物的鉴别反应

生成氯化银沉淀:取本品少许溶解,加 $0.1mol \cdot L^{-1}$ $AgNO_3$ 溶液,即生成白色凝乳状沉淀,沉淀滴加氨试液,观察现象,然后再加稀硝酸溶液,观察现象并作出解释。

$$Cl^- + Ag^+ \longrightarrow AgCl$$

还原性实验:取本品少许,加水溶解后,加 $KMnO_4$(或 MnO_2)与稀 H_2SO_4 缓慢加热,即产生氯气,遇湿润的淀粉试纸即显蓝色。

$$10Cl^- + 2MnO_4^- + 16H^+ === 5Cl_2 + 2Mn^{2+} + 8H_2O$$

二、碘化物和溴化物

取本品2g,加蒸馏水6ml,溶解后加入三氯甲烷1ml,并加入用等量蒸馏水稀释的氯水溶液,边加边振摇,三氯甲烷层不得显示紫红色、黄色或橙色。

对照试验:分别取碘化物和溴化物溶液各1ml,分别置于两只试管内,各加三氯甲烷0.5ml,并滴加氯水溶液,振摇。两试管中三氯甲烷层分别显示紫红色、黄色或红棕色。

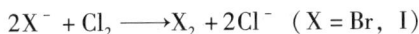

$$2X^- + Cl_2 \longrightarrow X_2 + 2Cl^- \quad (X = Br, I)$$

三、钡盐

取本品4g,用蒸馏水20ml溶解,过滤,滤液分为两等份,一份加稀 H_2SO_4 2ml,另一份加水2ml,静置2小时,两液应同样澄清。

四、钾盐

取本品5.0g,加水20ml溶解后,加稀醋酸两滴,加四苯硼钠溶液(取四苯硼钠1.5g,至乳钵中,加水10ml研磨后,再加水40ml,研匀后用质密的滤纸滤过,即得)2ml,加水使之成50ml,如显浑浊,与标准硫酸钾溶液12.3ml用同一方法制成的对照液比较,不得更浓(0.02%),反应式为

$$K^+ + B(C_6H_5)_4^- \longrightarrow KB(C_6H_5)_4$$

标准硫酸钾溶液的制备:精密称取在105℃干燥至恒重的硫酸钾0.181g,至1000ml量瓶中,加水适量,使溶解,并稀释至刻度,摇匀,即得(每1ml相当于81.1μg钾)。

五、硫酸盐

取50ml奈氏比色管两支,甲管中加标准硫酸钾溶液1ml,加蒸馏水稀释至约25ml,加 $0.1mol \cdot L^{-1}$ 的HCl 2ml,置30~35℃水浴中,保温10分钟,加25% $BaCl_2$ 溶液5ml,加蒸馏水使之成50ml,摇匀,放置10分钟。

取本品5克置乙管中,加水溶解至约25ml,溶液应透明,如不透明可过滤,于滤液中

加 $0.1mol \cdot L^{-1}$ 的 HCl 2ml，置 30～35℃水浴中，保温 10 分钟。加 25% $BaCl_2$ 溶液 5ml，用蒸馏水稀释，使之成 50ml，摇匀，放置 10 分钟。

甲乙两管放置 10 分钟后，置比色架上，在光线明亮处双眼由上而下透视，比较两管的浑浊度，乙管浑浊度不得高于甲管（0.002%）。

标准硫酸钾溶液的制备：称取硫酸钾 0.181g，置 1000ml 容量瓶中，加水适量使溶解并定容，摇匀，即得（每 1ml 相当于 100μg SO_4^{2-}）。

六、钙盐与镁盐

取本品 4g，加水 20ml 溶解后，加氨试液 2ml 摇匀，分成两等份。一份加草酸铵试液 1ml，另一份加磷酸氢二钠试液 1ml，5 分钟内均不得发生浑浊。

对照试验：

（1）取钙盐溶液 1ml，加草酸氨试液 1ml，滴加氨试液至显弱碱性，溶液有白色结晶析出，反应式为：

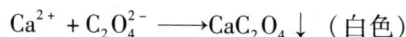

$$Ca^{2+} + C_2O_4^{2-} \longrightarrow CaC_2O_4 \downarrow （白色）$$

（2）取镁盐溶液 1ml，加磷酸氢二钠 1ml，加氨试液 10 滴，有白色结晶析出，反应式为：

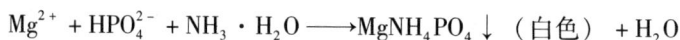

$$Mg^{2+} + HPO_4^{2-} + NH_3 \cdot H_2O \longrightarrow MgNH_4PO_4 \downarrow （白色） + H_2O$$

七、铁盐

取本品 5g，置于 50ml 奈氏比色管中，加蒸馏水 35ml 溶解，加 $0.1mol \cdot L^{-1}$ 的 HCl 4ml，新配 $0.1 mol \cdot L^{-1}$ 过硫酸铵溶液几滴，再加硫氢化铵试液 3ml，加适量蒸馏水稀释至 50ml，摇匀。如显色，与标准铁盐溶液 1.5ml，用同法处理后制得的标准管颜色比较，不得更深（0.0003%）。反应式为：

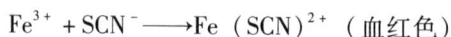

$$Fe^{3+} + SCN^- \longrightarrow Fe（SCN）^{2+} （血红色）$$

标准铁盐溶液的制备：精确称取未风化的硫酸铁铵 0.8630g，溶解后转入 1000ml 容量瓶中，加硫酸 2.5ml，加水稀释至刻度，摇匀。临用时精确量取 10ml，置于 100ml 量瓶中，加水稀释至刻度，摇匀即得（每 1ml 相当于 10μg Fe）。

八、重金属

取 50ml 比色管两支，于第一支比色管中加入标准铅溶液（10μgPb/ml）1ml，加 NaOH 溶液 5ml，加水稀释至 25ml。于第二支比色管中加样品 5g，加水 20ml 溶解后，加 NaOH 溶液 5ml，并加水适量使成 25ml。两管中分别加 Na_2S 试液各 5 滴，摇匀，在暗处放置 10 分钟，同置白纸上，自上面透视，第二管中显出的颜色与第一管比较，不得更深（含重金属不得超过百万分之二）。

（1）铅储备液的制备：精确称取在 105℃干燥至恒重的硝酸铅 0.1599g，置于 1000ml 容量瓶中，加硝酸 5ml，蒸馏水 50ml 溶解后，继续加水使成 1000ml，摇匀，即得（每 1ml 相

当于 $8100\mu g$ Pb）。

（2）标准铅溶液的制备：精确量取铅储备液 $10ml$，置于 $100ml$ 容量瓶中，加水稀释至刻度，摇匀，即得（每 $1ml$ 相当于 $10\mu g$ 的 Pb）。

标准铅溶液应新鲜配制，配制与贮存的玻璃容器均不得含有铅。

【思考题】

1. 本实验中鉴别反应的原理是什么？

2. 何种离子的检验可选用比色试验？何种分析方法称为限量分析？

第七节 氧化还原反应与电极电势

【实验目的】

1. 掌握电极电势对氧化还原反应的影响。

2. 定性观察浓度、酸度对电极电势的影响。

3. 定性观察浓度、酸度、催化剂对氧化还原反应的方向、产物、速度的影响。

4. 了解原电池装置。

【实验原理】

氧化剂和还原剂的氧化、还原能力强弱，可根据它们的电极电势的相对大小来衡量。电极电势的值越大，则氧化型的氧化能力越强，其氧化型物质是较强的氧化剂。电极电势的值越小，则还原型的还原能力越强，其还原型物质是较强的还原剂。只有较强的氧化剂才能和较强的还原剂发生反应，即 E（氧化剂）－E（还原剂）＞0 时，氧化还原反应才可以正向进行。故根据电极电势可以判断氧化还原反应的方向。

利用氧化还原反应产生电流的装置，称原电池。原电池的电动势等于正负两个电极电势之差：

$$E_{MF} = E_{(+)} - E_{(-)}$$

根据能斯特方程：$E_i = E_i^\theta + \dfrac{RT}{nF}\ln\dfrac{c(\text{氧化型})}{c(\text{还原型})}$

式中 c（氧化型）/c（还原型）表示氧化型一边各物质浓度幂次方的乘积与还原型一边各物质浓度幂次方的乘积之比。所以当氧化型或还原型一边各物质的浓度、酸度改变时，则电极电势 E 值必定发生改变，从而引起电动势 E_{MF} 也将发生改变。准确测定电动势是用对消法在电位计上进行的。本实验只是为了定性比较，所以采用伏特计。

浓度或酸度的改变可能会导致氧化还原反应方向的改变，也可以影响氧化还原反应的产物。

【仪器、试剂及其他】

1. 仪器

小烧杯（5ml），点滴板，试管（5ml），电压表（伏特计），玻璃棒。

2. 试剂

酸：H_2SO_4（$1mol \cdot L^{-1}$），$H_2C_2O_4$（$0.1mol \cdot L^{-1}$），HCl（$2mol \cdot L^{-1}$），HAc（$3mol \cdot L^{-1}$），HNO_3（$1mol \cdot L^{-1}$）。

碱：NaOH（$6mol \cdot L^{-1}$、40%），浓氨水。

盐：$CuSO_4$（$0.5mol \cdot L^{-1}$），$ZnSO_4$（$0.5mol \cdot L^{-1}$），$AgNO_3$（$0.1mol \cdot L^{-1}$），NH_4SCN（$0.1mol \cdot L^{-1}$），KI（$0.1mol \cdot L^{-1}$），$FeCl_3$（$0.1mol \cdot L^{-1}$），KBr（$0.1mol \cdot L^{-1}$），$FeSO_4$（$0.1mol \cdot L^{-1}$、$0.5mol \cdot L^{-1}$），$Fe_2(SO_4)_3$（$0.1mol \cdot L^{-1}$），$KMnO_4$（$0.001mol \cdot L^{-1}$），Na_2SO_3（$0.1mol \cdot L^{-1}$），$MnSO_4$（$0.1mol \cdot L^{-1}$），Na_3AsO_3（$0.1mol \cdot L^{-1}$），NH_4F（固体）。

3. 其他

CCl_4，Br_2，碘水，淀粉溶液，Zn 片，Cu 片，Zn 粒，琼脂，导线，盐桥。

【实验内容】

一、电极电势和氧化还原反应

（1）在 5ml 的小试管中，滴加 5 滴 $0.1mol \cdot L^{-1}$ 的 KI 溶液和两滴 $0.1mol \cdot L^{-1}$ 的 $FeCl_3$ 溶液，摇匀，再滴加 3 滴 CCl_4 溶液，充分振荡，观察、记录 CCl_4 层颜色变化。若 CCl_4 层颜色看不清楚，可向小试管中补加 1ml 蒸馏水稀释后再滴加 1 滴 $0.5mol \cdot L^{-1}$ 的 $K_3[Fe(CN)_6]$ 溶液，若出现蓝色沉淀，说明有 Fe^{2+} 离子生成。

（2）用 $0.1mol \cdot L^{-1}$ 的 KBr 溶液代替 $0.1mol \cdot L^{-1}$ 的 KI 溶液进行同一实验，观察变化。

（3）在两支 5ml 的小试管中，分别滴加 5 滴溴水，两滴 $0.1mol \cdot L^{-1}$ 的 $FeSO_4$ 溶液，摇匀，充分振荡，观察、记录颜色变化。再滴加 1 滴 $0.1mol \cdot L^{-1}$ 的 NH_4SCN 溶液，又有何现象？

定性比较电对 I_2/I^-、Br_2/Br^-、Fe^{3+}/Fe^{2+} 的电极电势相对大小，判断氧化剂、还原剂相对强弱。

二、浓度和酸度对电极电势的影响

1. 在甲乙两只 10ml 小烧杯中，分别加入 $0.5mol \cdot L^{-1}$ 的 $CuSO_4$ 溶液和 $0.5mol \cdot L^{-1}$ 的 $ZnSO_4$ 溶液各 5ml，在 $CuSO_4$ 溶液中插入 Cu 片，在 $ZnSO_4$ 溶液中插入 Zn 片，再用盐桥将两只烧杯连接。并用导线和伏特计相连。记录伏特计读数。

取出盐桥，在甲杯中逐滴加入浓氨水，边加边搅拌至生成的沉淀溶解生成深蓝色的溶液，放入盐桥，记录伏特计变化。

取出盐桥，在乙杯中逐滴加入浓氨水，边加边搅拌至生成的沉淀成无色溶液，放入盐桥，记录伏特计变化。

用能斯特方程式解释上述各实验现象。

2. 在两只 10ml 烧杯中分别加入 $0.5mol \cdot L^{-1}$ 的 $ZnSO_4$ 溶液和 $0.4mol \cdot L^{-1}$ 的 $K_2Cr_2O_7$ 溶液各 5ml，分别插入铁片和碳棒，然后再通过导线分别与伏特计负极、正极相连，两烧杯溶液用盐桥连通，测量两极间的电压。

往 $K_2Cr_2O_7$ 溶液中加两滴 $1mol \cdot L^{-1}$ 的 H_2SO_4 溶液，观察电压有何变化？再向其中加两滴 $6mol \cdot L^{-1}$ 的 $NaOH$ 溶液，电压又如何变化？

用能斯特方程式解释上述各实验现象。

三、浓度对氧化还原反应的影响

1. 在甲乙两只小试管中，分别加入 5 滴 $0.1mol \cdot L^{-1}$ 的 KI 溶液和 $0.1mol \cdot L^{-1}$ 的 $FeCl_3$ 溶液，在甲杯中加入少许 NH_4F 固体，搅拌后观察并记录两管颜色。

2. 在 5ml 的小试管中，滴加 10 滴 $0.1mol \cdot L^{-1}$ 的 KI 溶液和两滴 $0.5mol \cdot L^{-1}$ 的 $K_3[Fe(CN)_6]$ 溶液，摇匀，再滴加两滴 CCl_4 溶液，充分振荡，观察、记录 CCl_4 层颜色变化。再滴加 3 滴 $0.5mol \cdot L^{-1}$ 的 $ZnSO_4$ 溶液，摇匀，记录现象。用电极电势解释。

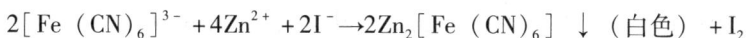

$$2[Fe(CN)_6]^{3-} + 4Zn^{2+} + 2I^- \rightarrow 2Zn_2[Fe(CN)_6] \downarrow （白色） + I_2$$

四、浓度和酸度对氧化还原反应产物的影响

1. 浓度对氧化还原反应产物的影响

在放有锌粒的两试管中分别加入 1ml 浓 HNO_3 和 $0.1mol \cdot L^{-1}$ 的 HNO_3，观察现象，写出有关反应方程式。浓 HNO_3 被还原后主要产物可通过观察生成气体的颜色来判断。稀 HNO_3 的还原产物可用检验溶液中是否有 NH_4^+ 离子生成来判断。

气室法检验 NH_4^+ 离子：将 5 滴被检溶液滴入一个表面皿中，再加 3 滴 40% $NaOH$ 溶液。在另一块较小的表面皿中黏附一小块湿润的红色石蕊试纸，把它盖在大块表面皿上做成气室。将气室放在水浴上微热，若石蕊试纸变蓝，则表示有 NH_4^+ 离子存在。

2. 酸度对氧化还原反应产物的影响

在点滴板的 3 个凹槽中各滴加 5 滴 $0.01mol \cdot L^{-1}$ 的 $KMnO_4$ 溶液后，分别向其中加两滴 $0.2mol \cdot L^{-1}$ 的 H_2SO_4 溶液，2 滴蒸馏水，2 滴 $6mol \cdot L^{-1}$ 的 $NaOH$ 溶液，用玻璃棒搅匀。再分别向其中加 5 滴 $0.1mol \cdot L^{-1}$ 的 Na_2SO_3 溶液，观察反应产物有何不同？写出有关反应式。

五、浓度和酸度对氧化还原反应方向的影响

1. 在一支试管中加入 1ml H_2O、1ml CCl_4 和 1ml $0.1mol \cdot L^{-1}$ 的 $Fe_2(SO_4)_3$ 溶液，另一支试管中加入 1ml CCl_4、1ml $0.1mol \cdot L^{-1}$ 的 $FeSO_4$ 和 1ml $0.1mol \cdot L^{-1}$ 的 $Fe_2(SO_4)_3$ 溶液，

摇匀，再分别加入 1ml 0.1mol·L^{-1} 的 KI 溶液，振荡后观察 CCl$_4$ 层的颜色，比较两试管颜色是否相同。

在上述实验中加入 NH$_4$F 固体少许，用力振荡，观察 CCl$_4$ 层的颜色有何不同。

解释以上现象，说明浓度对氧化还原反应方向的影响。

2. 在小试管中滴加 5 滴碘水后，再滴加 6mol·L^{-1} 的 NaOH 溶液，充分振摇至颜色刚好褪去。再向其中加 0.2mol·L^{-1} 的硫酸溶液，又如何变化（可滴 1 滴淀粉溶液）？用标准电极电势解释原因，说明酸度对氧化还原反应方向的影响。

六、催化剂对氧化还原反应速度的影响

在 3 只 5ml 的小试管中均滴加 0.2mol·L^{-1} 的 H$_2$SO$_4$ 溶液、0.2mol·L^{-1} 的 H$_2$C$_2$O$_4$ 溶液各 5 滴后，在第一只小试管中继续滴加 1 滴 0.2mol·L^{-1} 的 MnSO$_4$ 溶液，在第二只小试管中继续滴加 1 滴 1mol·L^{-1} 的 NH$_4$F 溶液，然后再向三只小试管中分别滴加 0.01mol·L^{-1} 的 KMnO$_4$ 溶液，比较三只小试管中紫红色褪去的快慢。

$$Mn^{2+} + 6F^- \longrightarrow \left[MnF_6 \right]^{4-}$$

（1）FeSO$_4$ 和 Na$_2$SO$_3$ 溶液不稳定，要现用现配。

（2）在点滴板做实验时，用玻璃棒搅拌，现象更明显。试剂用量较少时要充分振摇使反应完全。

（3）盐桥的做法：将 1g 琼脂加入 100ml 饱和 KCl 溶液中浸泡一会儿，加热煮成糊状，趁热倒入 U 型玻璃管中（注意不能有气泡），冷却即成，在水中保存。

【思考题】

1. 总结浓度和酸度对电极电势的影响。

2. 总结浓度和酸度对氧化还原反应方向和产物的影响。

第八节　配合物的生成、性质及应用

【实验目的】

1. 掌握配合物的生成和组成，比较配离子的稳定性。

2. 了解配位平衡的条件和浓度、酸度对配位平衡的影响。

3. 了解螯合剂的特性及其在金属离子鉴定方面的应用。

4. 了解配合物医药应用及其在抗癌新药开发方面的应用前景。

5. 学习微实验仪器操作，树立环保意识。

【实验原理】

由中心离子（或原子）和一定数目的中性分子或阴离子通过形成配位共价键相结合而

成的复杂结构单位称配合单元，凡是由配合单元组成的化合物称配位化合物（简称配合物）。在配合物中，中心离子已体现不出其游离存在时的性质。而在简单化合物或复盐的溶液中，各种离子都能体现出游离离子的性质。由此，可以区分出有否配合物存在。

配合物在水溶液中存在配合平衡。

配合物的稳定性可用平衡常数来衡量。根据化学平衡的知识可知，增加配体或金属离子浓度有利于配合物的形成，而降低配体或金属离子的浓度则有利于配合物的解离。因此，弱酸或弱碱作为配体时，溶液酸碱性的改变会导致配合物的解离。若有沉淀能与中心离子形成沉淀反应，则会减少中心离子的浓度，使配合平衡朝离解方向移动，最终导致配合物的解离。若另加入一种配体，能与中心离子形成稳定性更好的配合物，则又可能使沉淀溶解。总之，配合平衡与沉淀平衡的关系是朝着生成更难解离或更难溶解的方向移动。

中心离子与配体结合形成配合物后，由于中心离子的浓度发生了改变，因此电极电势值也改变，从而改变了中心离子的氧化还原能力。

中心离子与多基配体反应可生成具有环状结构的稳定性很好的螯合物。很多金属螯合物具有特征颜色，且难溶于水而易溶于有机溶剂。特征反应常用来作为金属离子鉴定反应。

【仪器、试剂及其他】

1. 仪器

小烧杯（规格 5ml、10ml），点滴板，试管（规格 5ml、10ml），多用滴管，玻璃棒，离心机，离心试管。

2. 试剂

1:1 硫酸，$H_2C_2O_4$（$0.1mol \cdot L^{-1}$），浓盐酸；$NaOH$（$0.1mol \cdot L^{-1}$、$6mol \cdot L^{-1}$），浓氨水；$CuSO_4$（$1mol \cdot L^{-1}$、$0.1mol \cdot L^{-1}$），$BaCl_2$（$0.1mol \cdot L^{-1}$），NH_4F（$1mol \cdot L^{-1}$），$HgCl_2$（$0.1mol \cdot L^{-1}$），$SnCl_2$（$0.1mol \cdot L^{-1}$），$KSCN$（$0.1mol \cdot L^{-1}$、$1mol \cdot L^{-1}$），$NaCl$（$0.1mol \cdot L^{-1}$），KI（$0.1mol \cdot L^{-1}$），$FeCl_3$（$0.1mol \cdot L^{-1}$），KBr（$0.1mol \cdot L^{-1}$），Na_2S（$0.1mol \cdot L^{-1}$），Na_2CO_3（$0.1mol \cdot L^{-1}$），$Pb（NO_3）_2$（$0.1mol \cdot L^{-1}$），$NiSO_4$（$0.1mol \cdot L^{-1}$），0.1% 二乙酰二肟溶液，0.25% 邻菲罗啉溶液，$CoCl_2$（$0.1mol \cdot L^{-1}$、$0.2mol \cdot L^{-1}$），$K_3 [Fe（CN）_6]$（$0.1mol \cdot L^{-1}$、$0.5mol \cdot L^{-1}$），$Na_2S_2O_3$（$0.5mol \cdot L^{-1}$），$FeSO_4$（$0.5mol \cdot L^{-1}$），$KMnO_4$（$0.01mol \cdot L^{-1}$），Na_2SO_3（$0.5mol \cdot L^{-1}$），$K_2Cr_2O_7$（$0.2mol \cdot L^{-1}$），$MnSO_4$（$0.2mol \cdot L^{-1}$），NH_4F（10%、$2mol \cdot L^{-1}$），饱和草酸铵溶液。

3. 其他

CCl_4 溶液，戊醇。

【实验内容】

一、配合物的组成和生成

1. 在 5ml 的 1# 小试管中，滴加 1 滴 $0.1mol \cdot L^{-1}$ 的 $HgCl_2$ 溶液和 1 滴 $0.1mol \cdot L^{-1}$ 的 KI

溶液，摇匀，有何变化？继续滴加 KI 溶液，观察现象，得到什么产物？写出方程式。

2. 在 5ml 的 $2^{\#}$、$3^{\#}$ 小试管中，分别滴加两滴 $0.1mol \cdot L^{-1}$ 的 $CuSO_4$ 溶液，然后在 $2^{\#}$ 小试管中加入 3 滴 $0.1mol \cdot L^{-1}$ 的 $BaCl_2$ 溶液，$3^{\#}$ 小试管中加 3 滴 $0.1mol \cdot L^{-1}$ 的 NaOH 溶液，摇匀，观察现象，得到什么产物？写出方程式。

3. 在 10ml 的小烧杯中，滴加 1ml $1mol \cdot L^{-1}$ 的 $CuSO_4$ 溶液，逐滴加入浓氨水，边加边摇匀，有无沉淀生成，继续滴加过量氨水，充分振荡，观察、记录颜色变化。

将上述蓝色溶液分成三份于 $4^{\#}$、$5^{\#}$、$6^{\#}$（离心）小试管中，再在 $4^{\#}$ 小试管中滴加 $0.1mol \cdot L^{-1}$ 的 $BaCl_2$ 溶液；在 $5^{\#}$ 小试管中滴加 $0.1mol \cdot L^{-1}$ 的 $FeCl_3$ 溶液，10 滴 $0.1mol \cdot L^{-1}$ 的 KSCN 溶液，观察现象。然后加饱和草酸铵溶液 3 滴，观察现象。再加入 $6mol \cdot L^{-1}$ 的 NaOH 溶液，观察有无沉淀生成。分别解释上述现象。

另取一只 10ml 小烧杯滴加两滴 $0.1mol \cdot L^{-1}$ 的 $K_3[Fe(CN)_6]$ 溶液，再加入 $6mol \cdot L^{-1}$ 的 NaOH 溶液有无沉淀生成？

从实验现象判断配离子稳定性大小。

二、配离子的转化和掩蔽作用

在 5ml 小试管中加入 5 滴 $0.2mol \cdot L^{-1}$ 的 $CoCl_2$ 溶液、10 滴戊醇、10 滴 $1mol \cdot L^{-1}$ 的 KSCN 溶液，充分震荡，记录戊醇层颜色变化（此为 Co^{2+} 鉴定方法）。再向其中加 1 滴 $0.1mol \cdot L^{-1}$ 的 $FeCl_3$ 溶液，又如何变化（Fe^{3+} 对 Co^{2+} 鉴定起什么作用），然后一边振荡，一边向试管内加 10% NH_4F 溶液数滴（以血红色刚好褪去为宜），充分振摇后，观察现象。分析原因。

三、配合平衡的移动

1. 配合平衡与沉淀平衡

在甲乙两支小烧杯中，分别加入 1 滴 $0.1mol \cdot L^{-1}$ 的 Na_2S 溶液和 $0.1mol \cdot L^{-1}$ 草酸溶液，然后各加入 1 滴 $1mol \cdot L^{-1}$ 的 $CuSO_4$ 溶液，观察并记录现象，再分别滴入浓氨水，有何现象？用平衡移动理论解释。

另取一只 10ml 小烧杯滴加 1 滴 $0.1mol \cdot L^{-1}$ 的 $AgNO_3$ 溶液和 1 滴 $0.1mol \cdot L^{-1}$ 的 NaCl 溶液，观察有无沉淀生成。滴入浓氨水，观察现象。再滴入 1 滴 $0.1mol \cdot L^{-1}$ 的 KBr 溶液，观察现象，然后再加入 3 滴 $0.5mol \cdot L^{-1}$ 的 $Na_2S_2O_3$ 溶液，观察现象。

根据溶度积规则和配合平衡理论解释，写出方程式。

2. 配合平衡与氧化还原平衡

在甲乙两只 5ml 的小试管中，甲管滴加 1 滴 $0.1mol \cdot L^{-1}$ 的 $HgCl_2$ 溶液，再滴加 $0.1mol \cdot L^{-1}$ 的 $SnCl_2$ 溶液，充分振荡，观察记录现象，写出方程式。

在乙管中加入 5 滴 $0.1mol \cdot L^{-1}$ 的 $FeCl_3$ 溶液及 10 滴 CCl_4 后，再滴加 $2mol \cdot L^{-1}$ 的 NH_4F 溶液，充分振荡，观察 CCl_4 层的颜色，记录现象，写出方程式。

3. 配合平衡与酸碱平衡

在两只 5ml 的小试管中，各滴加两滴 $0.5mol \cdot L^{-1}$ 的 $CoCl_2$ 溶液，再滴加浓盐酸，充分振荡，观察记录现象，再逐滴加水稀释，观察现象。反复操作，解释现象，写出方程式。

四、配合物和螯合物的应用

（1）在 5ml 的小试管中，滴加两滴 $0.1mol \cdot L^{-1}$ 的 $NiSO_4$ 溶液，再滴加 1 滴氨水和两滴 0.1% 二乙酰二肟溶液，充分振荡，观察记录现象，此为 Ni^{2+} 鉴别反应。

（2）在 5ml 的小试管中，滴加两滴 $0.1mol \cdot L^{-1}$ 的 $FeSO_4$ 溶液，再滴加 3 滴 0.25% 邻菲罗啉溶液，充分振荡，观察记录现象，此为 Fe^{2+} 鉴别反应。

（3）在 5ml 的小试管中，滴加两滴 $0.1mol \cdot L^{-1}$ 的 $CaCl_2$ 溶液，再滴加两滴 $0.1mol \cdot L^{-1}$ 的 Na_2CO_3 溶液，有无沉淀生成？继续滴加 $0.1mol \cdot L^{-1}$ 的 EDTA 溶液，边加边摇，有何现象？继续加入 $0.1mol \cdot L^{-1}$ 的 $Pb(NO_3)_2$ 溶液两滴，充分振荡后，再逐滴加入 $0.1mol \cdot L^{-1}$ 的 Na_2CO_3 溶液，有无沉淀生成，观察记录现象（此为人体排铅原理）。

【思考题】

1. 配合物在溶液中如何解离？与复盐有何区别？
2. 根据实验结果归纳影响配合平衡的因素有哪些。
3. 配合物和螯合物有哪些医药应用？

第九节　硫酸亚铁铵的制备

【实验目的】

1. 了解硫酸亚铁铵的制备方法。

2. 练习各种仪器的使用，包括加热（水浴加热）、溶解，过滤（减压蒸发）、蒸发、浓缩、结晶、干燥等基本操作。

【实验原理】

铁溶于稀硫酸后生成硫酸亚铁。

$$Fe + H_2SO_4 =\!=\!= FeSO_4 + H_2 \uparrow$$

若在硫酸亚铁溶液中加入等物质的量的硫酸铵，能生成硫酸亚铁铵，其溶解度较硫酸亚铁小，蒸发浓缩所得溶液，可制得浅绿色硫酸亚铁铵晶体（莫尔盐）。

$$FeSO_4 + (NH_4)_2SO_4 + 6H_2O =\!=\!= (NH_4)_2SO_4 \cdot FeSO_4 \cdot 6H_2O$$

一般亚铁盐在空气中易被氧化，但形成复盐硫酸亚铁铵后却比较稳定，在空气中不易被氧化。因此在定量分析中常用来配制亚铁离子的标准溶液。

【仪器、试剂及其他】

1. 仪器

锥形瓶（150ml），烧杯（500ml、800ml 各一只），酒精灯，石棉网，量筒（10ml），漏斗，漏斗架，玻璃棒，布氏漏斗，吸滤瓶，温度计，蒸发皿，电子天平，滤纸，水浴锅。

2. 试剂

酸：$3mol \cdot L^{-1}$ 的 H_2SO_4。

碱：30% NaOH。

盐：$(NH_4)_2SO_4$（固体）。

3. 其他

铁屑，95% 乙醇，滤纸。

【实验内容】

1. 铁屑的预处理

用台秤称取 2g 碎铁屑，放入 50ml 锥形瓶中，加入 30% NaOH 溶液 10ml，放在电热套中加热沸腾约 10 分钟，边煮边振摇。用倾析法倾去碱液，用蒸馏水把碎铁屑洗至中性（避免使用锈蚀程度过大的铁屑，因其表面 Fe_2O_3 过多无法被铁和 NaOH 溶液完全反应，会导致 Fe^{3+} 留在溶液中而影响产品的质量）。

2. 硫酸亚铁的制备

将处理过的铁屑，放入 100ml 蒸馏烧瓶中，再加入 15ml $3mol \cdot L^{-1}$ 的 H_2SO_4 溶液，水浴加热（温度低于 80℃）至不再有气体冒出为止（将尾气通入 30% NaOH 溶液中）。反应过程中要适当补充些水，以保持原体积。趁热过滤，滤液滤在清洁的蒸发皿中，用数毫升（约 2~3ml）热水洗涤锥形瓶及漏斗上的残渣。

3. 硫酸亚铁铵的制备

根据加入 H_2SO_4 溶液的量，计算所需的 $(NH_4)_2SO_4$ 的量，称取，并参照下表中其在不同温度下的溶解度将其配成饱和溶液，将此溶液倒入上面制得的溶液中，并保持混合溶液呈微酸性。在水浴上蒸发、浓缩至溶液表面刚有结晶膜出现，静置，放冷，即有硫酸亚铁铵晶体析出。用布氏漏斗减压过滤，尽可能使母液与晶体分离完全；再用少量无水乙醇洗去晶体表面的水分。将晶体取出，摊在两张干净的滤纸之间，并轻压吸干母液。观察晶体的颜色和形状。称重，计算产率。

表 2－9－1 不同温度时硫酸铵的溶解度

温度（℃）	溶解度	温度（℃）	溶解度
10	70.6	50	81.0
20	73.0	60	88.0
30	75.4	70	95.3
40	78.0	80	103.3

【实验注意事项】

（1）铁屑颗粒不宜太细，否则与酸反应时容易被反应产生的泡沫冲浮在液面上或粘在烧瓶壁上而脱离溶液。

（2）铁屑与稀硫酸在水浴下反应时，产生大量的气泡，故水浴温度不要高于80℃，否则大量的气泡会从瓶口冲出影响产率，此时应注意一旦有泡沫冲出要补充少量水。

（3）铁与硫酸反应生成的气体中，大量的是氢气，还有少量有毒的 H_2S、PH_3 等气体，所以将尾气通入 $NaOH$ 溶液中吸收。

【思考题】

1. 在反应过程中，铁和硫酸哪一种反应物过量，为什么？反应为什么必须通风？

2. 混合溶液为什么要呈微酸性？

3. 浓硫酸的浓度是多少？用浓硫酸配制溶液时，应如何配制？在配制过程中应注意些什么？

第十节　硫代硫酸钠的制备

【实验目的】

1. 了解硫代硫酸钠的制备方法。

2. 学习硫酸亚铁铵的基本性质和检验方法。

3. 熟悉各种仪器的使用以及加热（水浴）、溶解、过滤、结晶、干燥的基本操作方法。

【实验原理】

硫代硫酸钠是最重要的硫代硫酸盐，俗称"海波"，又名"大苏打"，是无色透明单斜晶体。易溶于水，不溶于乙醇，具有较强的还原性和配位能力，是冲洗照相底片的定影剂、棉织物漂白后的脱氯剂、定量分析中的还原剂。有关反应如下：

$$2S_2O_3^{2-} + AgBr =\!=\!=\!= [Ag(S_2O_3)_2]^{3-} + Br^-$$

$$2Ag^+ + S_2O_3^{2-} =\!=\!=\!= Ag_2S_2O_3$$

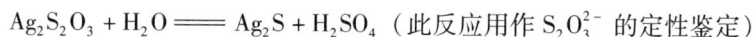
$$Ag_2S_2O_3 + H_2O =\!=\!=\!= Ag_2S + H_2SO_4 \quad （此反应用作 S_2O_3^{2-} 的定性鉴定）$$

$$2Na_2S_2O_3 + I_2 =\!=\!=\!= Na_2S_4O_6 + 2NaI$$

$Na_2S_2O_3 \cdot 5H_2O$ 的制备方法有多种，其中亚硫酸钠法是工业和实验室中的主要方法：

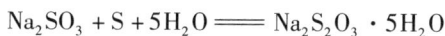
$$Na_2SO_3 + S + 5H_2O =\!=\!=\!= Na_2S_2O_3 \cdot 5H_2O$$

反应液经脱色、过滤、浓缩结晶、过滤、干燥即得产品。$Na_2S_2O_3 \cdot 5H_2O$ 于 $40 \sim 45$℃熔化，48℃分解，因此，在浓缩过程中要注意不能蒸发过度。

【实验仪器、试剂及其他】

1. 仪器

蒸发皿（60ml），锥形瓶（50ml），量筒（10ml），烧杯（10ml、50ml、100ml、250ml），试管（5ml、10ml），漏斗，布氏漏斗，抽滤瓶，抽滤机，胶皮管，玻璃棒，水浴锅，电热套，滤纸，pH试纸，台秤，鳄鱼夹。

2. 试剂

HCl（$2mol \cdot L^{-1}$），$AgNO_3$（$0.1mol \cdot L^{-1}$），Na_2SO_3（固体）。

3. 其他

硫粉，无水乙醇（酒精），温度计，蒸馏水，碘水，活性炭，玻璃棉。

【实验内容】

一、硫代硫酸钠的制备

用电子天平称取1g Na_2SO_3，放入50ml烧杯中，加入10ml蒸馏水，加入1ml无水乙醇，再加入0.3g硫粉（加少许玻璃棉），将烧杯放在电热套中加热煮沸约30分钟，边煮边振摇，大部分硫粉溶解，（为防止挥发，可在烧杯上盖盛满冷水的蒸发皿，定期更换冷水）加0.2g活性炭脱色，趁热过滤，保留滤液。

将滤液转移至蒸发皿中，蒸发、浓缩至晶体出现。放于冷水浴中冷却结晶出大量晶体，抽滤，即得产品。

用无水乙醇洗涤晶体，抽干，称重。计算产率。

二、$Na_2S_2O_3$ 的性质

（1）取少许 $Na_2S_2O_3$ 加入小试管中，加1ml蒸馏水，再滴加 $2mol \cdot L^{-1}$ 的 HCl 溶液10滴，观察现象。

$$Na_2S_2O_3 + 2HCl \longrightarrow 2NaCl + S\downarrow + SO_2\uparrow + H_2O$$

（2）取少许 $Na_2S_2O_3$ 加入小试管中，加1ml蒸馏水，再滴加2滴 $0.1mol \cdot L^{-1}$ 的 $AgNO_3$ 溶液，观察现象。

$$Na_2S_2O_3 + 2AgNO_3 \longrightarrow Ag_2S_2O_3\downarrow + NaNO_3$$

取少许 Na_2SO_3 于试管中，按上述同一方法操作，观察现象。

$$Na_2SO_3 + 2AgNO_3 \longrightarrow Ag_2SO_3\downarrow + 2NaNO_3$$

（3）取少许 $Na_2S_2O_3$ 加入小试管中，加1ml蒸馏水，再滴加5滴碘水，观察现象。

$$2Na_2S_2O_3 + I_2 \longrightarrow Na_2S_4O_6 + 2NaI$$

【注意事项】

（1）加入硫粉后应充分搅拌，因为硫粉较轻，易浮于溶液表面，不易溶解。

（2）蒸发浓缩速度太快时，产品易结块；速度太慢又不容易结晶（蒸发温度不易过高，否则易造成产品融化而导致结块）。

（3）硫粉应过量。

（4）浓缩液终点不易观察，有晶体出现即可。

【思考题】

1. 硫粉为什么要过量？

2. 为什么加入乙醇？目的何在？为什么加入活性炭？

3. 蒸发、浓缩（$Na_2S_2O_3$ 溶液）时，为什么不能蒸发的太浓？干燥硫代硫酸钠晶体时温度为什么控制在40℃？

第十一节 元素及其化合物性质

【实验目的】

1. 了解重金属及其硫化物的性质。

2. 熟悉铬、锰、铁的性质。

3. 熟悉铜、银、汞及其化合物的性质。

4. 了解砷化物的性质，熟悉砷的鉴别；会制备硼酸并了解硼酸及其化合物的性质。

5. 培养学生灵活运用掌握的理论知识和实验技能，会查阅相关资料，自行设计实验，提高分析和解决问题的能力。

【实验原理】

一、重金属及其化合物的性质及鉴别

1. 铬化合物的性质

$Cr(OH)_3$ 灰绿色，两性；$Mn(OH)_2$ 白色，碱性；$Fe(OH)_2$ 白色，碱性；$Fe(OH)_3$ 棕色，两性极弱；$Mn(OH)_2$ 和 $Fe(OH)_2$ 极易在空气中氧化为棕黑色的 $MnO(OH)_2$ 和棕色的 $Fe(OH)_3$。

$Cr(Ⅲ)$ 氧化成 $Cr(Ⅵ)$ 在碱性介质中：

$$2CrO_2^- + 3H_2O_2 + 2OH^- \Longrightarrow 2CrO_4^{2-} + 4H_2O$$

$Cr(Ⅵ)$ 还原成 $Cr(Ⅲ)$ 在酸性介质中：

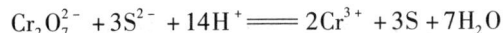
$$Cr_2O_7^{2-} + 3S^{2-} + 14H^+ \Longrightarrow 2Cr^{3+} + 3S + 7H_2O$$

铬酸盐和重铬酸盐在溶液中存在下列平衡：

$$2CrO_4^{2-} + 2H^+ \Longrightarrow Cr_2O_7^{2-} + H_2O$$

加酸或加碱可使平衡移动。一般多酸盐较单酸盐大，故在 K_2CrO_4 溶液中加 Pb^{2+}，实际生成 $PbCrO_4$ 黄色沉淀。

2. 锰（Ⅱ）、（Ⅶ）的化合物

绿色的 K_2MnO_4 溶液易歧化：

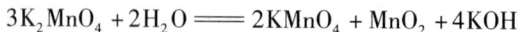

$$3K_2MnO_4 + 2H_2O \Longrightarrow 2KMnO_4 + MnO_2 + 4KOH$$

$KMnO_4$ 是强氧化剂，它的还原产物在酸性介质中为 Mn^{2+}；在中性介质中为 MnO_2；在碱性介质中为 MnO_4^{2-}。

3. 铁（Ⅱ）、（Ⅲ）化合物及其配合物

Fe^{2+} 和 Fe^{3+} 均易于和 CN^- 生成配合物，Fe^{3+} 与 $[Fe(CN)_6]^{4-}$ 反应，Fe^{2+} 与 $[Fe(CN)_6]^{3-}$ 反应，产物均为蓝色沉淀 $[KFe(CN)_6Fe]$。

4. 铜、银、汞的化合物

铜、银、汞的化合物中，Ag 一般为 +1，Cu 和 Hg 有 +1、+2 两种，Cu^+ 可自发歧化，Hg_2^{2+} 在加入 Hg^{2+} 配位剂或沉淀剂时才歧化。

Cu（Ⅱ）的氢氧化物成两性偏碱，Ag（Ⅰ）、Hg（Ⅱ）氧化物呈碱性，Hg_2^{2+} 在加入碱时立即歧化为 HgO 和 Hg（黑色）。

CuS、Ag_2S、HgS 均为黑色，不溶于水和酸，CuS、Ag_2S 溶于硝酸，HgS 溶于王水，但 HgS 溶于过量的 Na_2S 溶液中，生成 HgS_2^{2-} 配离子。

Hg^{2+} 与氨水在一般条件下生成白色 $HgNH_2Cl$（s），而 Hg_2^{2+} 与氨水则歧化为白色 Hg-NH_2Cl（s）和 Hg（黑色）。

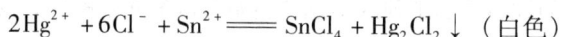

$$2Hg^{2+} + 6Cl^- + Sn^{2+} \Longrightarrow SnCl_4 + Hg_2Cl_2\downarrow \text{（白色）}$$

$$HgCl_2 + 2Cl^- + Sn^{2+} \Longrightarrow SnCl_4 + 2Hg\downarrow \text{（黑色）}$$

AgI（s）（黄色）和 HgI（s）（红色）在过量的 KI 溶液中，分别转化为 $[AgI_2]^-$（无色）和 $[HgI_4]^{2-}$（无色）；Hg_2I_2（s）（草绿色）在过量的 KI 溶液中歧化为 $[HgI_4]^{2-}$（无色）和 Hg；Cu^{2+} 可将 I^- 氧化为 I_2，本身还原为 CuI（s）（白色），CuI 在过量的 KI 溶液中也可生成 $[CuI_2]^-$。

Cu^{2+}、Ag^+、Hg^{2+}、Hg_2^{2+} 都有氧化性。铜氨溶液可以和葡萄糖（醛基化合物）发生菲林反应，生成红色的 Cu_2O（s），银氨溶液可以和葡萄糖（醛基化合物）发生银镜反应，生成银单质。

二、砷化物的性质及鉴别；硼酸及其化合物的性质

As_2O_3（砒霜）为两性化合物，偏酸性，亚砷酸盐在中性溶液中加硝酸银可生成不同颜色产物。可鉴定 AsO_3^{3-}、AsO_4^{3-}。

硼酸是弱酸，难溶于冷水，易溶于热水。硼砂易水解而显碱性，硼砂在铂丝小圈上加热时，先失去结晶水，然后熔融成"硼砂珠"，此熔体能溶解各种金属化合物，生成颜色不同的偏硼酸复盐，故用来鉴别某些金属。

【仪器、试剂及其他】

1. 仪器

离心机，小试管，离心试管，量筒（10ml），烧杯（10ml、50ml、100ml、200ml、250ml），胶皮管，玻璃棒，水浴锅，电热套，滤纸，pH 试纸，台秤，酒精灯。

2. 试剂

H_2SO_4（$2mol \cdot L^{-1}$，$6mol \cdot L^{-1}$），HCl（$6mol \cdot L^{-1}$），NaOH（$2mol \cdot L^{-1}$，$6mol \cdot L^{-1}$），氨水（$2mol \cdot L^{-1}$），Na_2S（$0.001mol \cdot L^{-1}$），$KMnO_4$（$0.01mol \cdot L^{-1}$），$KCr-(SO_4)_2$（$0.1mol \cdot L^{-1}$），K_2CrO_4（$0.1mol \cdot L^{-1}$），$K_2Cr_2O_7$（$0.1mol \cdot L^{-1}$），$MnSO_4$（$0.1mol \cdot L^{-1}$），$Pb(CrO_3)_2$（$0.1mol \cdot L^{-1}$），$FeCl_3$（$0.1mol \cdot L^{-1}$），KI（$0.1mol \cdot L^{-1}$），硫酸亚铁铵（$0.1mol \cdot L^{-1}$），KSCN（$0.1mol \cdot L^{-1}$），$CuSO_4$（$0.1mol \cdot L^{-1}$），$AgNO_3$（$0.1mol \cdot L^{-1}$），$Hg(NO_3)_2$（$0.1mol \cdot L^{-1}$），$Hg_2(NO_3)_2$（$0.1mol \cdot L^{-1}$），葡萄糖（$0.1mol \cdot L^{-1}$），NaCl（$0.1mol \cdot L^{-1}$），$SnCl_2$（$0.1mol \cdot L^{-1}$），PbO_2（固体），硼砂（$Na_2B_4O_7 \cdot 10H_2O$），CoO（固体），Cr_2O_3（固体），H_3BO_3（固体），Na_2SO_3（固体）。

3. 其他

铁屑，甲基橙指示剂，淀粉溶液，95% 乙醇（酒精），3% H_2O_2，甘油，温度计，冰水，铂丝。

【实验内容】

一、重金属及其化合物的性质及鉴别

1. 铬（Ⅲ）、（Ⅵ）化合物

（1）$Cr(OH)_3$ 的生成及两性

取甲、乙两只小试管，分别加入 $0.1mol \cdot L^{-1}$ 的 $KCr(SO_4)_2$ 数滴和 $2mol \cdot L^{-1}$ 的 NaOH 两滴，观察灰绿色 $Cr(OH)_3$ 的生成；再向甲管中加 $6mol \cdot L^{-1}$ 的硫酸，乙管中加 $6mol \cdot L^{-1}$ 的 NaOH，观察颜色有何变化？

（2）取甲、乙两只小试管，在甲管滴入 5 滴 $0.1mol \cdot L^{-1}$ 的 K_2CrO_4，用 $2mol \cdot L^{-1}$ 硫酸酸化，观察颜色变化，再加入 2mol/L 的 NaOH，有何变化？在乙管滴加 5 滴 $0.1mol \cdot L^{-1}$ 的 $K_2Cr_2O_7$ 溶液，再滴加两滴 $0.1mol \cdot L^{-1}$ 的 $Pb(CrO_3)_2$，观察 $PbCrO_4$ 沉淀的生成。

2. 锰（Ⅱ）、（Ⅶ）的化合物

（1）在试管中加入少许 PbO_2（固体）、10ml 的 $6mol \cdot L^{-1}$ 的硫酸及 1 滴 $0.1mol \cdot L^{-1}$ $MnSO_4$，加热小试管，小心振荡，静置两分钟溶液转为紫红色。

（2）取三只小试管，各加入两滴 $0.01mol \cdot L^{-1}$ 的 $KMnO_4$ 溶液，再分别加入几滴 $2mol \cdot L^{-1}$ 硫酸、水、$6mol \cdot L^{-1}$ 的 NaOH，然后分别加入少许 Na_2SO_3 晶体。观察现象，写出方程式，并作出介质对 $KMnO_4$ 还原产物的影响结论。

3. 铁（Ⅱ）、（Ⅲ）化合物及其配合物

（1）向试管中加入 2ml 蒸馏水，滴加两滴 $2mol \cdot L^{-1}$ 的硫酸酸化，在另一支试管中加入硫酸亚铁铵晶体少许；再另取一支试管加入 1ml $2mol \cdot L^{-1}$ 的 NaOH 后煮沸，迅速加入到硫酸亚铁铵溶液中（不要摇匀），观察现象。然后振摇，静置片刻，观察现象。解释原因和现象。

（2）取甲、乙两只试管，分别向其中加入 $0.1mol \cdot L^{-1}$ 的 $FeCl_3$ 溶液各 3 滴后，在甲管中滴加 $2mol \cdot L^{-1}$ 的 NaOH；在乙管中滴加 $0.1mol \cdot L^{-1}$ 的 KI 溶液。观察两试管现象并写出方程式。

（3）在小试管中加入 3 滴 $0.1mol \cdot L^{-1}$ 的硫酸亚铁铵溶液，加入 1 滴 $2mol \cdot L^{-1}$ 硫酸及 $0.1mol \cdot L^{-1}$ 的 KSCN 溶液数滴，观察有无变化？然后再滴加 3% H_2O_2 溶液数滴，观察颜色变化？写出方程式。

4. 铜、银、汞的化合物

（1）Cu^{2+}、Ag^+、Hg^{2+}、Hg_2^{2+} 与 NaOH 的反应

分别试验 $0.1mol \cdot L^{-1}$ 的 $CuSO_4$、$AgNO_3$、$Hg(NO_3)_2$、$Hg_2(NO_3)_2$ 溶液与 $2mol \cdot L^{-1}$ NaOH 溶液的作用，观察沉淀的颜色和形态，再将上述沉淀分成两份，一份与 $6mol \cdot L^{-1}$ 的 HNO_3 作用，一份加 $6mol \cdot L^{-1}$ 的 NaOH 溶液，观察现象，列表比较 Cu^{2+}、Ag^+、Hg^{2+}、Hg_2^{2+} 与 NaOH 反应的产物及产物的酸碱性有何不同。

（2）Cu^{2+}、Ag^+、Hg^{2+} 的硫化物的性质

分别试验 $0.1mol \cdot L^{-1}$ 的 $CuSO_4$、$AgNO_3$、$Hg(NO_3)_2$ 溶液与 $0.001mol \cdot L^{-1}$ 的 Na_2S 溶液作用，观察沉淀的颜色，离心分离，洗涤沉淀一次，弃去上清液。分别试验上述硫化物的沉淀能否溶于 $2mol \cdot L^{-1}$ 的 Na_2S 溶液和 $6mol \cdot L^{-1}$ 的 HCl 溶液。如不溶于 $6mol \cdot L^{-1}$ 的 HCl 溶液，再试验能否溶于 $6mol \cdot L^{-1}$ 的冷的或热的 HNO_3 溶液；最后把不溶于 HNO_3 溶液的沉淀与王水（自己配制）反应。根据溶度积和相关数据解释现象，并列表比较。

（3）Cu^{2+}、Ag^+、$HgCl_2$、Hg_2Cl_2 与氨水的反应

分别试验 $0.1mol \cdot L^{-1}$ 的 $CuSO_4$、$AgNO_3$、少量 $HgCl_2$ 及 Hg_2Cl_2 晶体与 $2mol \cdot L^{-1}$ 氨水溶液作用，加少量氨水，生成什么？加过量氨水，有无变化？写出反应方程式。

（4）Cu^{2+}、Ag^+、Hg^{2+}、Hg_2^{2+} 与 KI 溶液的反应

在 $0.1mol \cdot L^{-1}$ 的 $CuSO_4$ 溶液中滴加 $0.1mol \cdot L^{-1}$ 的 KI 溶液，离心分离倾出上清液，检验此溶液是否含有 I_2（淀粉溶液），再把沉淀洗涤 1～2 次，观察颜色。

试验 $0.1mol \cdot L^{-1}$ 的 $AgNO_3$、$Hg(NO_3)_2$、$Hg_2(NO_3)_2$ 溶液与 $0.1mol \cdot L^{-1}$ 的 KI 溶液作用，加少量 $0.1mol \cdot L^{-1}$ 的 KI，生成什么？加过量 $0.1mol \cdot L^{-1}$ 的 KI，有无变化？写出反应方程式。

（5）铜、银、汞化合物的氧化还原性

在 0.5ml $0.1mol \cdot L^{-1}$ 的 $CuSO_4$ 溶液中，加入过量 $6mol \cdot L^{-1}$ 的 NaOH 溶液，然后滴加 $0.1mol \cdot L^{-1}$ 的葡萄糖溶液适量，在水浴上加热，直至出现砖红色沉淀，写出反应方程式，

指出何为氧化剂？何为还原剂？

将上面所得沉淀，洗涤两次，至洗液无色，再向此沉淀滴加 $6mol \cdot L^{-1}$ H_2SO_4，振荡至大部分沉淀溶解，观察溶液和沉淀颜色的转变，写出方程式。

在一只洁净的小试管中，加入 $0.5ml$ $0.1mol \cdot L^{-1}$ 的 $AgNO_3$ 溶液，加入过量 $2mol \cdot L^{-1}$ 氨水至生成的白色沉淀消失，然后滴加 $0.1mol \cdot L^{-1}$ 葡萄糖溶液适量，在水浴上加热，直至小试管内壁上出现光亮的银镜，写出反应方程式。

在两只小试管中各滴加 $0.1mol \cdot L^{-1}$ 的 $Hg(NO_3)_2$、$Hg_2(NO_3)_2$ 溶液两滴，再分别滴入两滴 $0.1mol \cdot L^{-1}$ 的 $NaCl$ 溶液，观察现象？然后加入两滴 $0.1mol \cdot L^{-1}$ 的 $SnCl_2$ 溶液，观察颜色变化，Hg^{2+} 和 Hg_2^{2+} 有何区别？

二、砷化物的性质及鉴别；硼酸及其化合物的性质

1. 砷化物的性质及鉴别

（1） As_2O_3（砒霜，剧毒）的性质

将少许 As_2O_3（砒霜）溶于微热的水中，检验酸碱性；

试验 As_2O_3 在 $6mol \cdot L^{-1}$ 的 HCl 和浓 HCl 中的溶解情况。

试验 As_2O_3 在 $2mol \cdot L^{-1}$ 的 $NaOH$ 中的溶解情况。保留溶液，供下面实验使用。

（2） $As(Ⅲ)（Ⅴ)$ 的性质及鉴别

取上面制得的 Na_3AsO_3 溶液，滴加碘液观察有何现象？然后用溶液将浓 HCl 酸化，又有何变化？写出反应式，解释现象。

AsO_3^{3-}、AsO_4^{3-} 的鉴别：在中性试验溶液中加入 $AgNO_3$ 溶液，AsO_4^{3-} 存在时，生成棕色的 Ag_3AsO_4 沉淀；AsO_3^{3-} 存在时，生成黄色的 Ag_3AsO_3 沉淀；沉淀均溶于氨水。

2. 硼酸及其化合物的性质

（1）硼酸性质

在洁净小试管中加入少量 H_3BO_3 固体，加微热蒸馏水至溶解，用 pH 试纸测溶液的 pH 值，在溶液中加 1 滴甲基橙指示剂，观察颜色？

将试管中溶液分成两等份，一份做比较用，另一份中加入 5 滴甘油，混匀，观察指示剂的颜色有什么变化？为什么？

（2）硼砂的性质

在小试管中，将 $0.1g$ 硼砂（$Na_2B_4O_7 \cdot 10H_2O$）加少量蒸馏水微热溶解，用 pH 试纸测 pH 值，解释原因。加入 3 滴 $6mol \cdot L^{-1}$ 的 H_2SO_4 酸化，并将试管放入冰水，搅拌，观察现象，解释原因。

用铂丝蘸取少量硼砂固体，在氧化焰中熔融成圆珠，观察硼砂珠的颜色和状态。用烧红的硼砂珠分别蘸取少量 CoO（固体）和 Cr_2O_3（固体），熔融之，冷却后观察硼砂珠的颜色。

【思考题】

1. 如何鉴定 Cr^{3+} 和 Mn^{2+} 离子？

2. 怎样存放 $KMnO_4$ 溶液？为什么？

3. 为何 HgS 溶于 Na_2S 溶液和王水而不溶于 HNO_3？

4. 为什么硫酸能从硼砂中取代出硼酸？加入甘油后，为什么硼酸的酸度会变大？

5. Cu^{2+}、Ag^+、Hg^{2+}、Hg_2^{2+} 与 KI 溶液反应时，哪些是沉淀反应？哪些是配位反应？哪些是氧化还原反应？

第四章　有机化学实验

第一节　熔点的测定及温度计的校正

【实验目的】

1. 掌握毛细管法测定物质熔点的方法。
2. 了解温度计校正的意义。

【实验原理】

熔点是固体化合物固液两态在大气压力下达成平衡时的温度。纯净的固体化合物一般都有固定的熔点，固液两态之间的变化是非常敏锐的，自初熔至全熔（称为熔程）温度差不超过 $0.5 \sim 1\,℃$。若化合物含有杂质，会导致熔点变低，熔程变长。

化合物温度不到熔点时以固相存在，加热使温度上升，达到熔点，开始有少量液体出现，此后固液相平衡；继续加热，温度不再变化，此时加热所提供的热量使固相不断转变为液相，两相间仍为平衡，最后固体熔化后，继续加热则温度线性上升。因此在接近熔点时，加热速度一定要慢，每分钟温度升高不能超过 $2\,℃$。只有这样，才能使整个熔化过程尽可能接近于两相平衡条件，测得的熔点也更精确。

本实验采用简便的毛细管法测定熔点。该法具有设备简单，加热、冷却速度快，节省时间等优点，但不能精确观察样品在加热过程中状态的变化，测得的熔点不够精确。用毛细管法测定熔点时，温度计上的熔点读数与真实熔点之间常有一定的偏差，原因是多方面的，温度计的影响是一个重要因素。为了消除温度计的误差，可选择几种已知熔点的纯有机化合物作为标准，以实测的熔点作纵坐标，测得的熔点与应有熔点的差值作横坐标，绘成曲线，从曲线上可直接读出温度计的校正值。

【实验用品】

酒精灯、毛细管、玻璃管、烧杯、温度计、铁架台、橡皮圈、铁圈、铁夹、未知样品 A 和 B。二苯胺（A.R.）、萘（A.R.）、苯甲酸（A.R.）、水杨酸（A.R.）、对苯二酸（A.R.）、3，5 - 二硝基苯甲酸（A.R.）。

【实验内容】

一、熔点管制备

取内径1mm、长约6~7cm的毛细管，将一端伸入酒精灯下层火焰，不断转动使其熔封，作为熔点管。

二、样品填装

将0.1~0.2g干燥的粉末状试样A和B放在表面皿上，将熔点管开口一端插入试样中，装少量粉末；然后把开口一端向上竖立，通过一根长约40cm的直立于玻璃片或蒸发皿上的干净玻璃管，自由下落，重复几次，使样品粉末紧密堆集在毛细管底部，直至样品高度约2~3mm为止，如图4-1-1（a）。

三、熔点测定

按图4-1-1（b）所示组装仪器，注意观察毛细管中样品的变化。当毛细管中样品开始塌落为始熔状态，记录温度，出现有小滴液体时，为全熔，记下温度。由始熔到全熔的温度范围即为此样品的熔化范围，又称熔程。每个样品进行两次以上的平行测定，每次测定都必须用新的毛细熔点管重新装样品，不能重复使用样品管。

实验数据按下表记录（也可另行设计）。

表4-1-1　熔点测定的实验数据记录表

编号	样品 A			样品 B		
	初熔（℃）	全熔（℃）	熔距（℃）	初熔（℃）	全熔（℃）	熔距（℃）
1（粗）						
2（精）						
3（精）						
平均值						

四、温度计校正

按顺序测定下列纯化合物的熔点：①二苯胺（分析纯）54~55℃；②萘（分析纯）80.55℃；③苯甲酸（分析纯）122.4℃；④水杨酸（分析纯）159℃；⑤对苯二酚（分析纯）173~174℃；⑥3,5-二硝基苯甲酸（分析纯）205℃。每个样品至少测定两次，以两次或多次测量的平均值为该样品的最终熔点。

以实测的熔点作纵坐标，测得的熔点与应有熔点的差值作横坐标，绘成曲线，从图中曲线上可直接读出温度计的校正值。

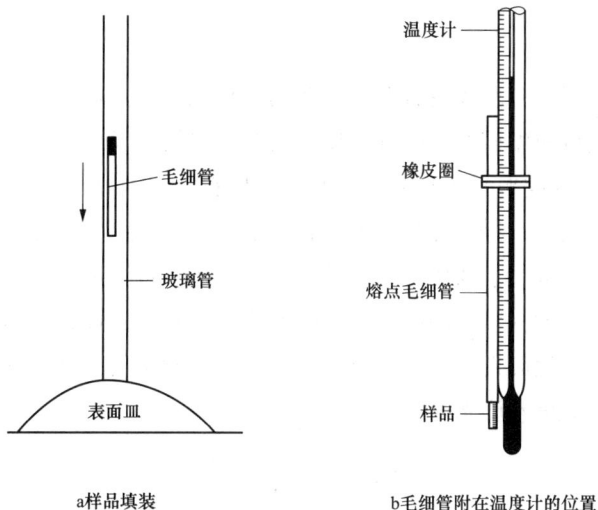

a样品填装　　　　　　　　b毛细管附在温度计的位置

图 4 - 1 - 1　毛细管法熔点测定装置

【注意事项】

（1）熔点管本身要干净，封口要均匀。

（2）待测样品要充分干燥，研细，装样要结实，否则会影响测定结果。

（3）注意加热时的升温速度，初始加热时，可按每分钟 3 ~ 4℃的速度升高温度。当温度升高至与待测样品的熔点相差 10 ~ 15℃时，减弱加热火焰，使温度缓慢而均匀地以每分钟 1℃的速度上升。

【思考题】

分析测定熔点时，若遇到下列情况，对熔点测定数据有何影响？

（1）熔点管底部未完全封闭；

（2）样品未完全干燥或含有杂质；

（3）加热时升温太快。

第二节　旋光度的测定

【实验目的】

1. 了解旋光仪的构造。

2. 掌握测定旋光活性物质比旋光度的意义。

3. 学习比旋光度的计算。

【实验原理】

能使偏振光的偏振面向左或向右发生旋转的有机化合物，称为旋光性物质。偏振光的偏振面旋转的一定角度叫做该物质的旋光度。实验室将钠光源发出的光，通过一个固定的 Nikol 棱镜——起偏镜变成平面偏振光，让其通过装有旋光性物质的盛液管，偏振光将会向左或向右旋转一定的角度，将检偏镜旋转一定角度使光线通过，该角度即为样品的旋光度。

旋光度的大小不仅取决于物质的分子结构，而且还和被测溶液的浓度、温度、光的波长、溶剂、旋光管的长度（液层的厚度）等因素都有关系。因此，常用比旋光度 $[\alpha]_{\lambda}^{t}$ 来表示物质的旋光能力。比旋光度是物质特性常数之一，测定旋光度，可以检验旋光性物质的纯度和含量。比旋光度和旋光度之间的关系如下：

$$[\alpha]_{\lambda}^{t} = \frac{\alpha}{l \times c} \times 100$$

式中：t 为测定的温度，单位为℃；λ 为光源的波长，单位为 nm，通常采用钠光，波长为 589.0nm，用 D 表示；l 为样品管的长度，单位为 dm；c 为溶液的浓度，单位用 g·ml^{-1}；α 为测得的旋光度。

【实验用品】

葡萄糖溶液、蒸馏水、果糖溶液、旋光仪、容量瓶等。

【实验内容】

一、旋光仪零点校正

在测定样品前，需要先对旋光仪的零点进行校正。首先将样品管洗好，装上蒸馏水，使液面凸出管口，将玻璃盖沿管口边缘轻轻平推盖好，不能带入气泡，旋上螺丝帽盖。将样品管擦干，放入旋光仪内，罩上盖子，开启钠光灯，将标尺盘调至零点左右，旋转手轮进行粗调及微调，至视场内的亮度均一，记下读数。重复操作至少 5 次，取平均值作为零点。若零点相差太大时，应把仪器重新校正。

二、旋光度的测定

用 10% 葡萄糖溶液润洗样品管两次，然后将样品管装满，盖好盖子，旋上螺帽，将样品管擦干，放入旋光仪内，放入镜筒中，罩上盖子，开启钠光灯，将标尺盘调至零点左右，旋转手轮进行粗调及微调，至视场内的亮度均一，记下读数。重复操作 3 次取平均值，所得数值与零点的差值即为样品的旋光度。记下样品管的长度及溶液的温度，计算其比旋光度。

【注意事项】

（1）样品管螺帽与玻璃盖片之间都附有橡皮垫圈，装卸时要注意，切勿丢失。螺帽以旋到溶液流不出来为度，不宜太紧，以免影响测定结果。

（2）样品管的长度有所不同，计算浓度时请核对。

（3）样品管中，光路通过的部分不能有气泡。

（4）钠灯有一定的使用寿命，连续使用一般不超过 4 小时，亦不准瞬间内反复开关。正确使用仪器，爱护仪器不受损坏。

【思考题】

1. 使用旋光仪时应如何保护仪器？

2. 影响旋光度测定的因素有哪些？

第三节　常压蒸馏和沸点的测定

【实验目的】

1. 了解蒸馏法和沸点测定的原理和方法。

2. 掌握常压蒸馏法的方法。

【实验原理】

液态物质受热，由于分子运动使其从液体表面逃逸出来，形成蒸汽压；随着温度升高，蒸汽压加大，当蒸汽压和大气压相等时，液体沸腾，此时的温度即为该液体的沸点。每一种纯液态有机化合物在一定压力下均具有固定的沸点。

蒸馏就是将液态物质加热至沸腾变为蒸汽，然后将蒸汽移到别处，再使蒸汽冷凝变为液体的一种操作过程。

蒸馏的原理是利用物质中各组分的沸点差别（相差大于 30℃）而将各组分分离。

【实验用品】

温度计、蒸馏头、圆底烧瓶、尾接管、锥形瓶、冷凝器、量筒、烧杯、加热套、毛细管、铁架台、橡皮圈、三氯甲烷、工业酒精、沸石等。

【实验内容】

一、常压蒸馏（常量法测定沸点）

将 50ml 工业酒精加入到一干燥的圆底烧瓶中，并加入沸石 3~4 粒。按图 4-3-1 组装仪器，通冷却水，加热套加热至液体沸腾，调节加热套加热温度，控制蒸馏速度每秒 1~2 滴。在蒸馏过程中，为使水银球能完全被蒸汽所包围，温度计水银球的上缘应位于蒸馏头支管底缘最高点所在的水平线上。此时的温度即为液体与蒸汽达到平衡时的温度，即馏出液的沸点。

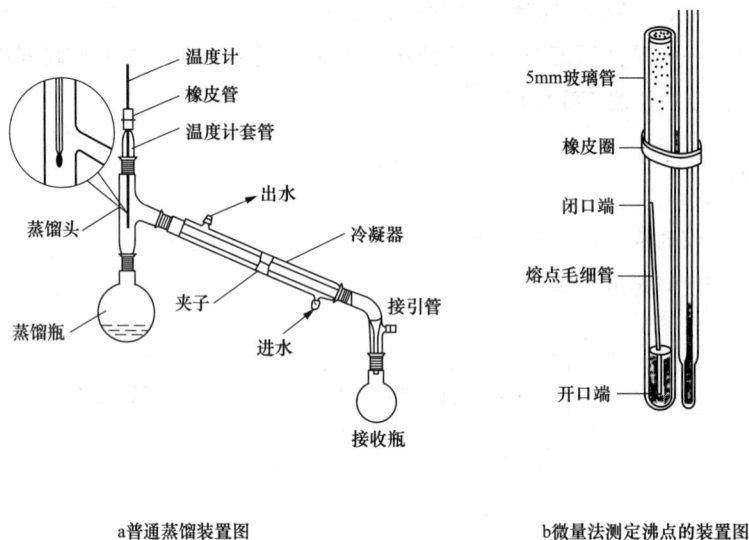

a普通蒸馏装置图   b微量法测定沸点的装置图

图 4 - 3 - 1 　普通蒸馏及微量法测定沸点的装置

在达到沸点前，常有一部分液体先蒸出，称为"前馏分"或"馏头"。当温度趋于稳定后，收集馏分，记录开始馏出时和最后一滴时的温度，即为该馏分的沸程。用量筒测量出馏出物的体积。

蒸馏结束时应先停止加热后停止通水（待液体停止沸腾没有蒸汽产生时），无液体馏出时，拆卸仪器，仪器的拆卸顺序与安装时相反。温度计冷却后再洗。

二、微量法测定沸点

沸点管的制备：沸点管由外管和内管组成，外管用长 7 ~ 8cm，内径为 0.2 ~ 0.3cm 的玻璃管将一端烧熔封口制得；内管用内径约 1mm，长约 7cm 的毛细管封闭一端制成。测量时内管开口向下插入外管中。

沸点的测定：取 1 ~ 2 滴待测液体样品于沸点管的外管中，将内管插入外管中，把微量沸点管紧贴于温度计汞球旁，并浸入热浴中加热。随着温度升高，内管中会有小气泡缓缓逸出，当管内有一连串的小气泡快速逸出时停止加热，使液体自行冷却，气泡逸出的速度即渐渐减慢，在气泡不再冒出而液体刚刚要进入内管的瞬间即毛细管内蒸汽压与外界相等的瞬间，记录温度，此时的温度即为该液体的沸点。可重新加热再重复几次，每次温度计读数相差不超过 1℃。在重复操作过程中，若被测液体的量因蒸发而减少，应适当补加。

【注意事项】

（1）温度计的位置应恰当。水银球的上缘位于蒸馏烧瓶支管接口的下缘，使它们在同一水平线上。

（2）加热前在蒸馏烧瓶中加入2~3粒沸石，以防止液体暴沸，使沸腾保持平稳。

（3）系统要与大气相通，否则造成封闭体系，引起爆炸事故。

（4）微量法测定应注意，加热不能过快，被测液体不宜太少，以防液体全部汽化；沸点内管里的空气要尽量赶干净，正式测定前，让沸点内管里有大量气泡冒出，以此带出空气；观察要仔细及时，重复几次，要求误差不超过1℃。

【思考题】

1. 蒸馏时放入沸石的作用？如果在加热过程中发现未加沸石，应该如何处理？

2. 蒸馏时温度计应在什么位置？

3. 蒸馏时为什么不能蒸干？

第四节 减压蒸馏

【实验目的】

1. 了解减压蒸馏的基本原理。

2. 学习减压蒸馏装置的搭装和气密性的检查。

【实验原理】

减压蒸馏，顾名思义就是减少蒸馏系统内的压力，以降低其沸点来达到蒸馏纯化目的的蒸馏操作。减压蒸馏是分离、提纯有机化合物的常用方法之一。实验证明：当压力降低到10~15毫米汞柱（1.3~2.0kPa）时，许多有机化合物的沸点可以比其常压下的沸点降低80~100℃。因此，它特别适用于那些在常压蒸馏时未达沸点即已受热分解、氧化或聚合的物质。

液体的沸点是指它的蒸汽压等于外界压力时的温度，因此液体的沸点是随外界压力的变化而变化的。如果借助于真空泵降低系统内压力，就可以降低液体的沸点，这便是减压蒸馏操作的理论依据。

【实验用品】

克氏蒸馏头、毛细管、冷凝管、圆底烧瓶、温度计、接收器、带支口的接引管（多头接引管）、开口或一端封闭的U形压力计、水泵或油泵（0.1mmHg）、安全瓶、吸收塔、冷阱、苯甲醛、水杨酸甲酯、庚酸乙酯。

【实验内容】

一、安装、检漏

依据图4-4-1所示，将仪器按顺序安装好后，先检查系统能否达到所要求的压力。检查方法为：先旋紧双颈蒸馏烧瓶A上毛细管的螺旋夹D，再关闭安全瓶上的活塞F。用泵抽气，观察测压计能否达到要求的压力。若达到要求，就慢慢旋开安全瓶上的活塞，放入空气，直到内外压力相等。如果漏气，可检查各部分塞子、橡皮管和玻璃仪器接口处连接是否紧密，必要时可用熔融的固体石蜡密封。

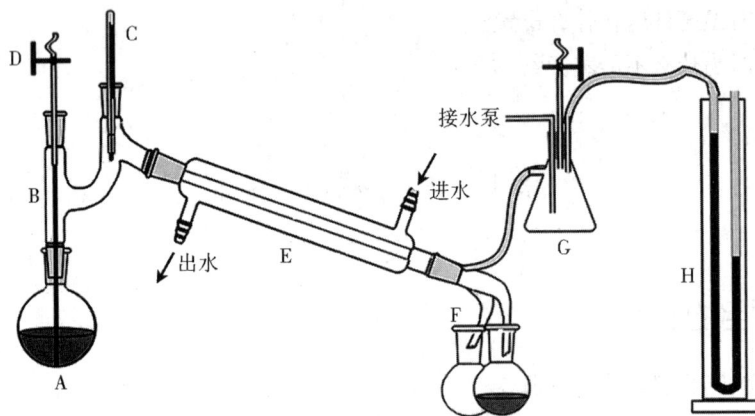

A圆底烧瓶　B克氏蒸馏头　C温度计　D螺旋夹　E冷凝管　F接收器　G安全瓶　H压力计

图4-4-1　减压蒸馏装置图

二、加料、抽气

检查仪器不漏气后，按要求停止减压，小心平衡蒸馏装置内、外压，待系统内压强与大气压强相等时，拆开仪器加入待蒸馏的液体。旋紧安全瓶上的活塞，开动抽气泵，调节安全瓶上的活塞F，观察测压计能否达到要求的压力（粗调）。如果还有微小差距，可调节毛细管上的螺旋夹来控制导入的空气量（微调），以能冒出一连串的小气泡为宜。

三、加热、蒸馏

在系统调节好真空度后，开启冷凝水，选用适当的热浴（一般用油浴）加热蒸馏，控制油浴温度比待蒸液体的沸点高20~30℃，使每秒钟馏出1~2滴。待达到某一馏分的沸点时，移开热源，更换接收器，收集馏分直至蒸馏结束。

四、后处理

蒸馏完毕，移去热源，再慢慢旋开橡皮管的螺旋夹，并慢慢打开安全瓶上的活塞放入空气，平衡内、外压力，使测压计的水银柱慢慢地恢复原状，然后才可关闭抽气泵，最后关闭油泵和冷却水拆除仪器。

【注意事项】

（1）被蒸馏液体中若含有低沸点物质，通常先进行常压蒸馏，再用水泵减压蒸馏，最后用油泵减压蒸馏。

（2）减压蒸馏的关键是装置密封性要好，因此在安装仪器时，首先使体系与大气相通，启动油泵抽气，逐渐关闭二通活塞至完全关闭，注意观察瓶内的鼓泡情况（如发现鼓泡太剧烈，有冲料危险，立即将二通活塞旋开些），从压力计上观察体系内压力是否符合要求，然后小心旋开二通活塞，同时注意观察压力计上的读数，调节体系内压到所需值（根据沸点与压力的关系）。

（3）仪器安装好后，应空试系统是否密封；减压蒸馏时，加入待蒸馏的液体不能超过蒸馏瓶容积的1/2；停止蒸馏时，应先将加热器撤走，打开毛细管上的螺旋夹，待稍冷却后，慢慢地打开安全瓶上的放空阀，使压力计（表）恢复到零的位置，再关泵。否则由于系统中压力低会发生油或水倒吸回安全瓶或冷阱的现象。

（4）减压蒸馏结束时，安全瓶上的活塞一定要缓慢打开。如果打开太快，系统内外压力突然变化，使水银压力计的压差迅速改变，可导致水银柱破裂。

【思考题】

1. 何种情况下采用减压蒸馏？
2. 组装减压蒸馏装置时应注意什么问题？
3. 减压蒸馏操作流程是什么样的？

第五节 无水乙醇的制备

【实验目的】

1. 掌握无水乙醇实验室制备的方法。
2. 学习回流和普通蒸馏的操作，并了解无水操作的要求。

【实验原理】

纯净的无水乙醇又称为绝对乙醇，沸点为78.3℃，不能用直接蒸馏的方法制备，因为95.5%的乙醇和4.5%的水可组成共沸混合物。实验室常采用化学方法，如往工业酒精中加入氧化钙（生石灰），利用氧化钙与乙醇中的水作用从而除去水分，再通过蒸馏将乙醇蒸出，即可得到浓度达99%～99.5%的乙醇。

反应式：$CaO + H_2O \longrightarrow Ca(OH)_2 \downarrow$

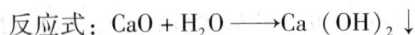

用氧化钙处理所得的乙醇，如果再用金属镁进一步去掉其中剩余的微量水分，可达 99.95% ~ 99.99% 的浓度。

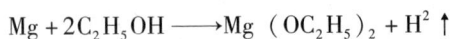

$$Mg + 2C_2H_5OH \longrightarrow Mg(OC_2H_5)_2 + H^2 \uparrow$$

$$Mg(OC_2H_5)_2 + 2H_2O \longrightarrow 2C_2H_5OH + Mg(OH)_2$$

无水乙醇具有吸湿性，可吸收空气中的水分，因此在蒸馏和回流操作中我们要安装氯化钙干燥管，严防空气中的水分进入，保证制备过程中为无水操作。制备好无水乙醇后，为保证质量，应迅速密闭储存，不要暴露在空气中。

【实验用品】

乙醇，氧化钙，无水硫酸铜，无水氯化钙，无水高锰酸钾，镁条，金属钠，碘。

【实验内容】

一、无水乙醇的制备

于150ml圆底烧瓶中加入30ml的95%乙醇，以及8.0g碎成小块的生石灰，按基本回流装置安装仪器，冷凝管上口装氯化钙干燥管，如图4-5-1。水浴加热回流40分钟，可观察到生石灰变为糊状，停止加热。待反应物稍冷后改为蒸馏装置，并在接收管支管上按一氯化钙干燥管。加热将无水乙醇蒸出，收集馏液。蒸馏速度不宜过快，以1~2滴/秒为宜。测量蒸出的无水乙醇体积，检验并计算回收率。

检验方法：在两支干燥的小试管中，各加入一小粒无水高锰酸钾（或少量无水硫酸铜粉末），分别加入约1ml反应前的乙醇和反应制备得到的无水乙醇，震荡后观察试管中现象。

二、绝对乙醇的制备

按图4-5-1装好回流装置，将已除去氧化层、干燥的镁条0.6g和上步反应制备得到的无水乙醇10ml加入250ml圆底烧瓶中，水浴上微热后，移去热源，立即投入几粒碘粒，此时一定不要振荡反应瓶，一段时间后碘粒周围将发生反应。待镁条全部反应完毕后，再加入100ml无水乙醇和2~3粒沸石，加热回流1小时。然后加入4g邻苯二甲酸二乙酯，再加热回流10分钟，稍冷后，改为蒸馏装置进行蒸馏，收集全部馏分。

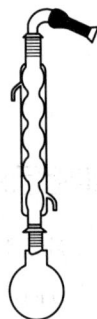

图4-5-1　回流装置

【注意事项】

（1）氧化钙块不宜过大，否则使反应不充分；同时也不宜过碎以防止发生暴沸。

（2）由于无水乙醇有很强的吸湿性，操作一定要保证无水操作，即注意装置的严密和仪器的干燥。

（3）干燥管的装法：少量棉花铺在干燥管的球端，将 2~3cm 颗粒状无水氯化钙加入到球部及直管部分，最后顶端再用少量棉花塞住。

（4）回流时沸腾不宜过分猛烈，以防液体进入冷凝器的上部，如果遇到上述现象，可适当调节温度（如将液面提到热水面上一些，或缓缓加热），始终保持冷凝器中有连续液滴滴下即可。

（5）检查无水乙醇所用的高锰酸钾，事先需干燥处理保证为无水试剂。

（6）碘粒可加速反应进行，若加入碘粒后反应仍未开始，可通过加热加速反应进行。

【思考题】

1. 在回流和蒸馏时，冷凝管的顶端和接收器支管上安装氧化钙干燥管的目的是什么？

2. 什么叫做无水操作？制备无水试剂时应注意哪些事项？

第六节　正溴丁烷的制备

【实验目的】

1. 了解卤代烃制备的基本原理和方法。

2. 熟悉高沸点物质的蒸馏和收集操作。

3. 进一步熟悉、巩固分液漏斗的使用。

【实验原理】

卤代烃是有机合成中重要的一类中间体，实验室常采用对应结构的醇来制备卤代烃。本实验采用正丁醇与溴化氢作用来制备正溴丁烷，其中反应物中的溴化氢由溴化钠和浓硫酸反应生成。

主反应：

$$NaBr + H_2SO_4 \Longrightarrow HBr + NaHSO_4$$

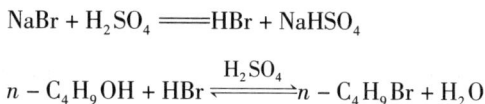

$$n - C_4H_9OH + HBr \underset{}{\overset{H_2SO_4}{\rightleftharpoons}} n - C_4H_9Br + H_2O$$

副反应：

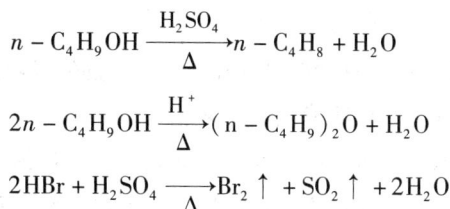

$$n - C_4H_9OH \xrightarrow[\Delta]{H_2SO_4} n - C_4H_8 + H_2O$$

$$2n - C_4H_9OH \xrightarrow[\Delta]{H^+} (n - C_4H_9)_2O + H_2O$$

$$2HBr + H_2SO_4 \xrightarrow{\Delta} Br_2 \uparrow + SO_2 \uparrow + 2H_2O$$

【实验用品】

圆底烧瓶，锥形瓶，烧杯，量筒，球形冷凝管，漏斗，电热套，直形冷凝管，分液漏斗，浓硫酸，正丁醇，溴化钠，沸石，蒸馏水，饱和碳酸氢钠，无水氯化钙。

【实验内容】

将 20ml 蒸馏水放入一锥形瓶中，再放入盛有冷水的大烧杯中冷却，缓慢加入 29ml 浓硫酸，并在此过程中不断摇动，制备成稀硫酸备用。在 250ml 圆底烧瓶中，依次加入正丁醇 18.5ml，研细的溴化钠 25g 及沸石 2~3 粒，充分振摇后，将制备好的稀硫酸缓慢加入反应瓶中，并将反应物振摇混合均匀。安装回流冷凝管，并在上口接一吸收溴化气体的装置（吸收气体的小漏斗倒扣在盛水的烧杯中，其边缘应接近水面但不能全部浸入水面以下，如图 4-6-1 所示）。

用电热套小火加热至沸腾，回流 30 分钟，并经常摇动。冷却后，拆去回流装置，向烧瓶中补加 2~3 粒沸石，瓶口连接一 75°弯管改为蒸馏装置（如图 4-6-2），用 50ml 锥形瓶作接收器，蒸出正溴丁烷，直至无油滴蒸出为止。

将馏出物倒入分液漏斗中，加入 15ml 蒸馏水洗涤静置使分层，将下层粗产品分入一干燥的小锥形瓶中。将 10ml 浓硫酸缓慢加入盛有粗产品的锥形瓶中，如果混合物发热，可用冷水浴冷却。将混合物慢慢地倒入分液漏斗中，静置分层，放出下层的浓硫酸。上层粗产品依次用蒸馏水 15ml、饱和碳酸氢钠溶液 15ml 和蒸馏水 15ml 洗涤。将下层的产物盛于干燥的 50ml 锥形瓶中，加入约 2g 无水氯化钙，塞紧瓶塞，干燥至透明或过夜。

纯正溴丁烷为无色透明液体，沸点为 101.6℃，密度为 1.2758g/ml，折光率为 1.4401。

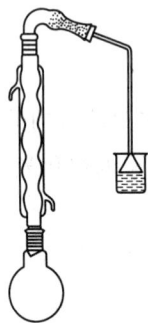

图 4-6-1　回流装置

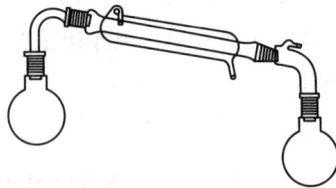

图 4-6-2　蒸馏装置

【注意事项】

（1）反应物的加入顺序严格按照教材中的顺序，且必须混合均匀。

（2）反应时用小火加热，以防溴化氢大量逸出。

（3）正溴丁烷是否蒸完，可从以下几个方面判断：馏出液是否由浑浊变澄清；反应瓶上层油层是否消失；取一支试管收集几滴馏出液，加水摇动，观察有无油珠出现，若没有则表明产物已完全蒸出。

（4）加水洗后产物尚呈红色，是由于浓硫酸的氧化作用产生游离溴的缘故，可加入几毫升饱和亚硫酸氢钠洗涤除去。

【思考题】

1. 加料时，先使溴化钠与浓硫酸混合后再加入正丁醇和水可以吗？原因是什么？

2. 反应后的产物可能含有哪些杂质，各步洗涤的目的何在？

3. 用分液漏斗洗涤产物时，正溴丁烷时而在上层，时而在下层，可用什么简单的方法加以判断？

第七节　乙酸乙酯的制备

【实验目的】

1. 了解有机酸与醇合成酯的一般原理和方法。

2. 掌握回流、蒸馏、分液漏斗的使用等操作。

【实验原理】

本实验以有机酸——乙酸和乙醇为原料，在浓硫酸催化下加热来制备乙酸乙酯。

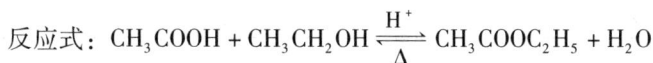

反应式：$CH_3COOH + CH_3CH_2OH \underset{\Delta}{\overset{H^+}{\rightleftharpoons}} CH_3COOC_2H_5 + H_2O$

该制备反应为可逆反应，为了提高酯的产量，尽量使反应向有利于生成酯的方向进行。本实验采取加入过量的乙醇促进反应正向进行，来提高酯产量。

工业上制备乙酸乙酯时，为避免由于乙醇和水及乙酸乙酯形成二元或三元恒沸物而使分离变得困难，一般会加入过量的乙酸。

【实验用品】

乙酸，95%乙醇，浓硫酸，饱和氯化钙溶液，饱和碳酸钠溶液，无水硫酸钠。

【实验内容】

在100ml圆底烧瓶中加入15ml乙酸和23ml 95%乙醇，再小心分次加入7.5ml浓硫酸，混匀后，投入3～4粒沸石，装上回流装置，水浴加热保持缓慢地回流30分钟。等瓶内反应物冷却后，补加2～3粒沸石，改为蒸馏装置，水浴加热蒸出生成的乙酸乙酯，直到蒸馏液体体积约为反应物总体积的二分之一为止。

往馏出液中慢慢加入10ml饱和碳酸钠溶液，充分振摇，并将混合物转入分液漏斗中，静置分去下层水溶液，有机层用 10ml 饱和食盐水洗涤，再用饱和氯化钙溶液洗涤两次，每次 10ml。分去下层液体，酯层自漏斗上口倒入干燥的锥形瓶中，用大约 1g 无水硫酸钠干燥。将干燥后的产物进行蒸馏，收集 73～78℃ 的馏分于已称重的锥形瓶中，称重计算产率。

纯乙酸乙酯为无色而有香味的液体，沸点为 77.06℃，密度为 0.9003g/ml，折光率为 1.3723。

【注意事项】

（1）回流温度不宜过高，否则会增加副产物。

（2）在馏出液中除了酯和水外，还含有未反应的少量乙醇和乙酸，也有副产物乙醚。故用碱除去其中的酸，并用饱和氯化钙溶液除去未反应的醇，否则会影响到酯的产率。

（3）当酯层用碳酸钠洗后，若紧接着用氯化钙溶液洗涤，有可能产生絮状的碳酸钙沉淀，使进一步的分离变得困难。为减少酯在水中的溶解度（每 1 份水溶解 1 份乙酸乙酯），故这里在这两步间用饱和食盐水洗。

（4）乙酸乙酯与水或乙醇可分别形成共沸物，若三者共存则形成三元共沸混合物。其组成如下所示。

表 4-7-1　乙酸乙酯、水和乙醇之间形成共沸物的组成

沸点（℃）	组成（%）		
	酯	乙醇	水
70.2	82.6	8.4	9.0
70.4	91.9		8.1
71.8	69.0	31.0	

【思考题】

1. 酯化反应有什么特点？本实验如何创造条件促使酯化反应尽量向生成物方向进行？

2. 本实验中如果采用乙酸过量的做法是否合适？为什么？

第八节　乙酰水杨酸（阿司匹林）的制备

【实验目的】

1. 了解制备乙酰水杨酸的原理和方法。

2. 熟悉重结晶、抽滤等基本操作。

3. 掌握重结晶纯化固体有机物的方法。

【实验原理】

本实验采用水杨酸和乙酸酐酰化反应来制备乙酰水杨酸。水杨酸分子中的羟基与羧基可形成分子内氢键，不利于酚羟基酰化作用的进行。如果加入少量的浓硫酸、磷酸或过氯酸，氢键被破坏，水杨酸的酰化反应可在较低温度（70~80℃）下进行，同时可大大减少副产物。

反应式：

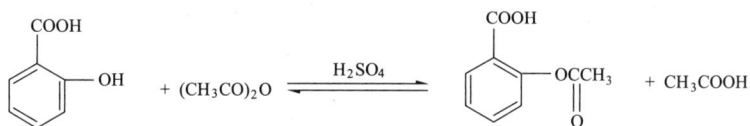

反应温度应控制在 70~80℃，温度过高易发生下列副反应

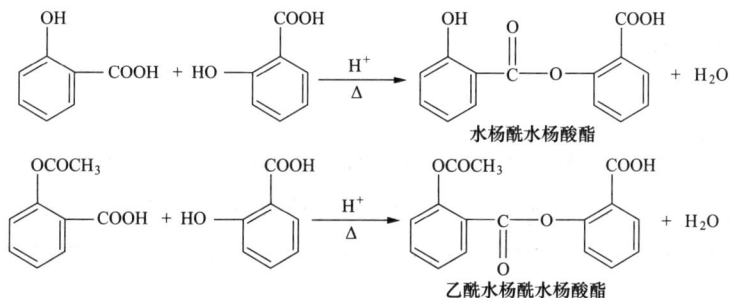

本实验用 $FeCl_3$ 检查产品的纯度，若产物中有未反应完的水杨酸，酚羟基遇 $FeCl_3$ 呈紫蓝色；若无颜色变化，则认为产品纯度基本达到要求。

【实验用品】

一、常量实验

锥形瓶，量筒，烧杯，吸滤瓶，电子天平，水浴锅，布氏漏斗，水杨酸，乙酸酐，浓硫酸，蒸馏水，乙醇。

二、微型实验

烧杯（10ml），分析天平，移液管（1ml），滴管，水浴锅，试管夹，布氏漏斗，水杨酸，乙酸酐，磷酸（85%），蒸馏水。

【实验内容】

一、常量实验方案

1. 制备

将 2.5g 干燥的水杨酸置于干燥的 100ml 锥形瓶中，加入乙酸酐 3.5ml，浓硫酸 2 滴，振摇均匀。放入预热至75~80℃的水浴中，时时振荡下加热20~30分钟。取出放冷，加入40ml冷水，并在冰水浴中冷却加速结晶的析出。抽滤，用少许冷水洗涤2次后，抽干，得粗品乙酰水杨酸。

2. 纯化与重结晶

将湿的粗产品置于锥形瓶中，加入95%乙醇5ml，水浴加热至全溶，立即取出，并在不断振摇下滴入50℃的热水，至溶液变浑浊，用水约15~20ml。继续放入水浴锅加热至溶液澄清，取出冷却使结晶充分，抽滤，并用乙醇－水（1:3）混合溶液洗涤2~3次，干燥，得重结晶的乙酰水杨酸，称重，计算产率。

3. 纯度检查

取约1/4药匙阿司匹林于小试管中，加入少量95%乙醇使其溶解，滴加2~3滴1%三氯化铁溶液，观察溶液颜色，记录实验现象。

二、微型实验方案

1. 制备

将0.1g水杨酸置于干燥的10ml烧杯中，加入乙酸酐0.20ml，再滴入1滴浓磷酸，并立即用保鲜膜封住烧杯口，振摇均匀。试管夹夹住放入预热至75~80℃的水浴中，时时振荡下加热5分钟。取出放冷，用滴管缓慢滴加10ml水，边滴加边用玻璃棒搅拌，使结晶析出，得粗品乙酰水杨酸。

2. 纯化与重结晶

将反应瓶放入水浴中加热至全溶，过程中用玻璃棒不断搅拌，立即取出冷却，开始有结晶析出（如未见结晶，可用玻璃棒轻轻摩擦烧杯壁），结晶充分后，抽滤。用少量冷水洗涤2~3次，压紧抽干。干燥，得精制的乙酰水杨酸，称重，计算产率。

3. 纯度检查

取约1/4药匙阿司匹林于小试管中，加入少量95%乙醇使其溶解，滴加2~3滴1%三氯化铁溶液，观察溶液颜色，记录实验现象。

【注意事项】

（1）此反应开始前，仪器应经过干燥处理；水杨酸具有吸湿性，也要事先经过干燥处理，应当新蒸馏且收集使用130~140℃的馏分。

（2）由于水杨酸中的羟基与羧基可形成分子内氢键，不利于酰化反应的进行，需加热到150~160℃，如果加入少量的浓硫酸（或浓磷酸），氢键会被破坏，酯化反应可在较低温度70~80℃下进行，同时可以大大减少副产物。

（3）实验中要注意控制好温度，反应温度不宜过高，否则将增加副产物的生成。

（4）热的酰化反应液一定要充分搅拌冷却后才能加入蒸馏水稀释，温度过高或在热的反应液中提前加入蒸馏水，乙酰水杨酸易发生酸性水解的副反应，重新分解成水杨酸。

（5）用1%三氯化铁溶液检验产品时，如混有原料水杨酸会显紫红色。

【思考题】

1. 反应中的仪器为什么要干燥无水，水的存在对反应有什么影响？

2. 本实验为什么要滴加几滴酸？

3. 通过计算判断哪种反应物过量，并解释选择其过量的原因？

第九节 茶叶中咖啡因的提取与分离

【实验目的】

1. 了解从天然物质中提取有机化合物的原理和方法。

2. 掌握索氏提取器的原理和应用。

3. 掌握升华、蒸馏的基本操作。

【实验原理】

茶叶中含有多种生物碱，其中以咖啡碱（又称咖啡因）为主，约占 1%～5%。另外还含有 11%～12% 的单宁酸（又称鞣酸）、0.6% 的色素、纤维素、蛋白质等。咖啡碱是弱碱性化合物，易溶于三氯甲烷（12.5%）、水（2%）、乙醇（2%）等溶剂。在水中的溶解度约为 1%（热水中为 5%）。单宁酸易溶于水和乙醇中，但不溶于苯。

咖啡因是杂环化合物——嘌呤的衍生物。它的化学名称为 1，3，7－三甲基－2，6－二氧嘌呤，其结构式如下：

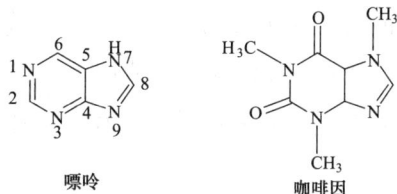

嘌呤　　　　　咖啡因

含结晶水的咖啡因是白色针状结晶，味苦，能溶于三氯甲烷、水、乙醇等。在 100℃ 时即失去结晶水，并开始升华，随温度升高升华加快。120℃ 时升华显著，178℃ 时升华很快。无水咖啡因的熔点为 234～237℃。

为了提取茶叶中的咖啡因，往往选用适当的溶剂（三氯甲烷、水、乙醇等）在索氏提取器中连续抽提，然后蒸去溶剂，得到粗咖啡因。粗咖啡因中还含有其他一些生物碱和杂质，利用升华可进一步提纯，得到纯的咖啡因晶体。

工业上，咖啡因主要通过人工合成制备。它具有刺激心脏、兴奋大脑神经和利尿等作用，因此可作为中枢神经兴奋药，也是复方阿司匹林等药物的组分之一。

【实验用品】

一、常量实验用品

茶叶、乙醇、生石灰、圆底烧瓶、索氏提取器、电热套、滤纸、蒸发皿、冷凝管、漏斗、玻璃棒等。

二、微量实验用品

茶叶、蒸馏水、碳酸钠、三氯甲烷、烧杯、加热套、蒸发皿、表面皿、分液漏斗等。

【实验内容】

一、常量实验方案

称取茶叶 10g，放入滤纸中卷好成筒，将滤纸筒放入索氏提取器内。在圆底烧瓶中加入 80ml 95% 乙醇和 1~2 粒沸石，用电热套加热。连续提取 1~2 小时。当最后一次的冷凝液刚刚虹吸下去时，立即停止加热，然后改为蒸馏装置，回收提取液中大部分乙醇。再将残液倾入蒸发皿中，电热套上蒸发至糊状，拌入 3~4g 生石灰粉，电热套小火焙炒片刻，务必使水分全部出去。冷却后，擦去沾在边上的粉末，以免污染产物。

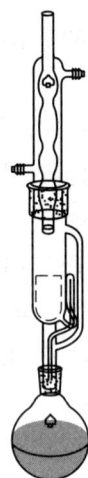

将刺有许多小孔的滤纸盖在蒸发皿上，取一合适的漏斗罩在滤纸上，用加热套小心加热升华。当纸上出现大量白色针状结晶时，暂停加热，冷却后揭开漏斗和滤纸，仔细地把附在滤纸和器皿上围的结晶用小刀刮下。残渣经拌和后，再次升华。合并两次收集的产品，称重，计算产率。

a 提取装置　　　　b 升华装置

图4-9-1　常量实验装置图

二、微量实验方案

将 1.5g 碳酸钠和 40ml 蒸馏水加入到 100ml 烧杯中，摇匀，置于电热套上加热待固体全部溶解后，加入 2g 茶叶及 2~3 粒沸石，继续加热至溶液沸腾，保持微沸提取 20 分钟，趁热将反应物全部倒入铺有纱布的漏斗中滤去茶叶末，并尽量将提取液挤压至接收容器中。将滤液转移至分液漏斗中，用三氯甲烷萃取三次，每次用量为 3ml，将每次萃取的有机层接收至干燥的蒸发皿中。将蒸发皿水浴加热，蒸干溶剂，得黄白色咖啡因粗品。

取一个合适的表面皿罩在蒸发皿上，用加热套小心加热升华。当蒸发皿底部黄白色咖啡因粗品消失后，停止加热。冷却后，揭开蒸发皿，仔细地把附在蒸发皿和表面皿上围的结晶用小刀刮下，可得到纯白色咖啡因。

【注意事项】

（1）滤纸筒大小既要紧贴器壁，又能方便取放，其高度不得超过虹吸管；滤纸包茶叶时要严紧，防止茶叶漏出堵塞虹吸管。纸筒上面折成凹形，保证回流液均匀浸润被萃取物。

（2）若回流液无色或颜色变淡时，即可停止提取。

（3）生石灰起吸水和中和作用，以除去部分杂质。

（4）升华操作时始终要小火间接加热，温度不可过高；过程中不可急于打开漏斗或表面皿，否则升华为气体的咖啡因会挥发走。

（5）咖啡因易溶于三氯甲烷，而茶碱和可可碱难溶于三氯甲烷，故可用三氯甲烷作萃取剂，除去后两种物质。

【思考题】

1. 分离咖啡因粗品时，为什么要加入氧化钙？

2. 微量法中，用水提取时为什么加入碳酸钠？

3. 微量法中，为什么选用三氯甲烷作为萃取剂？

4. 无论是常量法还是微量法在升华操作时，应如何减少产品的损失？

第十节　菠菜叶中色素的提取及分离

【实验目的】

1. 了解如何从天然物质中分离、提取有机化合物。

2. 了解薄层色谱的基本原理以及操作步骤和方法。

3. 学习化合物 Rf 值的测量方法。

【实验原理】

绿色植物如菠菜叶中含有叶绿素（绿色）、胡萝卜素（橙色）、叶黄素（黄色）和脱镁叶绿素（灰色）等多种天然色素。尽管叶绿素分子中含有一些极性基团，但大的烃基结构使它易溶于醚、石油醚等一些非极性的溶剂。本实验选用石油醚－乙醇混合溶剂来提取菠菜中的色素。

天然色素的分离方法有溶液分离法、膜分离法、柱层析法、薄层色谱法、高效液相色谱法、高速逆流色谱法、离心液相色谱法等几种方法。本实验选用薄层色谱法对提取的色素进行分离。薄层色谱又叫薄层板析，是将待分离液用管口平整的毛细管滴加于薄层板一端约1cm处的起点线上，晾干或吹干后置于盛有展开剂的展开槽内，展开，取出，吹干，观察主斑点颜色及位置。各种组分在薄层中移动的距离，可用比移值 Rf 表示。（Rf = 原点至层析斑点的距离/原点至溶剂前沿的距离）。各种物质呈现特定的比移值，作为不同组分的鉴定。

【实验用品】

新鲜菠菜、石油醚、乙醇（95%）、丙酮、无水硫酸钠、剪刀、研钵、电子天平、锥形瓶、铅笔、尺子、硅胶 G 板、量筒、烧杯、漏斗、分液漏斗、脱脂棉、毛细管、移液管、展开缸等。

【实验内容】

一、色素的提取

称取10 克洗净并晾干水分的新鲜菠菜叶，用剪刀剪碎，在研钵中研磨后，转移到锥形瓶中，加入 15ml 体积比为 3:2 的石油醚和乙醇混合溶剂，盖上塞子摇动数分钟，以利于色素浸出。用铺有棉花的漏斗过滤，将菠菜汁转入分液漏斗，分去水层，分别用 10ml 蒸馏水洗涤两次，以除去萃取液中的乙醇（洗涤时要轻轻旋荡，以防止产生乳化）。弃去水 – 乙醇层，石油醚层用 0.7g 无水硫酸钠干燥后，备用。

二、色素的分离

用铅笔在硅胶 G 板的一端 1cm 处，画一条直线为起点线（称为基线），在此直线上均匀地标注 3 个点样的位置。用毛细管吸取上述提取液在点样处点样，每个位置用毛细管点 5 ~ 7 次，每次点完应用吸耳球尽快吹干，备用。

将 7ml 石油醚和 3ml 丙酮作为展开剂，于展开缸中一侧槽内混合均匀，将上述硅胶 G 板置于未盛放溶剂的一侧，盖上盖子预饱和 15 分钟，随后将点样一端直立于盛放溶剂的一侧，盖上盖子展开，静置观察展开过程。

当展开剂升至硅胶 G 板高度的一半时，取出，立即画出展开剂的位置，以及各个色斑的位置，晾干，并计算各个斑点的 Rf 值（比移值）。

【注意事项】

（1）用研钵进行菠菜的研磨时不可研成糊状，否则给分离带来困难。

（2）用蒸馏水对菠菜提取液进行洗涤时，要轻轻摇晃分液漏斗，以防止乳化。

【思考题】

1. 提取菠菜中色素时选用的的试剂有哪些？选取的原因是什么？

2. 展开时为什么要先预饱和 15 分钟？目的是什么？

第十一节　油料作物中粗脂肪的提取及油脂的性质

【实验目的】

1. 学习油脂提取的原理和方法，了解油脂的一般性质。
2. 进一步学习和掌握索氏提取器的操作方法。

【实验原理】

油脂是动植物组织的重要组成部分，其含量的高低是油料作物品质的重要指标。

油脂是不同高级脂肪酸甘油三酯的混合物，其种类繁多，易溶于乙醚、苯、汽油、石油醚、二硫化碳等脂溶性有机溶剂。据此，本实验以石油醚作溶剂，用索氏提取器提取油脂。在提取过程中，除油脂外，一些脂溶性色素、游离脂肪酸、磷脂、类固醇及蜡等类脂也一并被提取出来，所以提取物为粗油脂。

高级脂肪酸钠盐即为通常用的肥皂，当加入饱和食盐水后，由于肥皂不溶于盐水而被盐析，甘油则溶于盐水，据此可将甘油和肥皂分开。生成的甘油可用硫酸铜的氢氧化钠溶液检验，得蓝色溶液，肥皂与无机酸作用则游离出难溶于水的高级脂肪酸。组成油脂的高级脂肪酸中，除硬脂酸、软脂酸等饱和脂肪酸外，还有油酸、亚油酸等不饱和脂肪酸。故不同的油脂不饱和度不同，其不饱和程度可根据它们与溴或碘的加成反应进行定性或定量测定。

【实验用品】

芝麻、石油醚、氢氧化钠溶液、硫酸铜溶液、饱和食盐水、95％乙醇、盐酸、氯化钙溶液、硫酸镁溶液等，索氏提取器、圆底烧瓶、滤纸、电热套、冷凝管、量筒、烧杯、滤纸等。

【实验内容】

一、油脂的提取

称取研碎的芝麻10g，放入滤纸中卷好成筒，将滤纸筒放入索氏提取器内，在烧瓶中加入70ml石油醚和2~3粒沸石，安装好索氏提取器和回流冷凝管。通入冷凝水后在电热套上加热回流约1.5~2小时（切勿用明火加热），回流速度控制在2~3滴/秒。

提取完毕，撤去热源，待石油醚冷却后改为蒸馏装置。补加1~2粒沸石，用电热套加热蒸馏回收石油醚，待温度计读数下降，即停止蒸馏。烧瓶中所剩浓缩物便是粗油脂，在105℃烘干至恒重后，称重，烧瓶增加的重量即为粗油脂质量，计算粗油脂的含量。

二、油脂的化学性质

1. 油脂的皂化

（1）皂化：取5ml本实验提取的油脂于50ml圆底烧瓶中，再加6ml 95％乙醇和10ml

30% NaOH 溶液，投入几粒沸石，装上球形冷凝管，电热套加热回流 30 分钟（最后检查皂化是否完全），即得油脂皂化的乙醇 – 肥皂溶液，留作以下实验用。

（2）盐析：皂化完全后，将皂化液倒入一盛有 30ml 饱和食盐水的小烧杯中，边倒边搅拌，这时可观察到溶液表面浮有一层肥皂。冷却后，进行减压过滤（或用布过滤，并拧干），滤渣即为肥皂。滤液留作检验甘油实验。

2. 肥皂的性质

取少量所制肥皂置于小烧杯中，加入 20ml 蒸馏水，在加热套中稍微加热，并不断搅拌，使其溶解为均匀的肥皂水溶液。

（1）取一试管，加入 1～2ml 肥皂水溶液，在不断搅拌下徐徐滴加 5～10 滴 10% HCl 溶液。观察现象并说明原因。

（2）取两支试管，各加入 1～3ml 肥皂水溶液，再分别加入 5～10 滴 10% $CaCl_2$ 和 10% $MgSO_4$ 溶液。有何现象产生？为什么？

（3）取两支试管，各加入 1ml 上述滤液和 1ml 蒸馏水，再分别加入 5 滴 5% NaOH 溶液和 3 滴 5% $CuSO_4$ 溶液，比较两支试管，解释原因。

（4）取两支干燥的试管，分别加入 10 滴实验提取的油脂 CCl_4 溶液和 10 滴猪油 CCl_4 溶液，然后分别逐滴加入 3% 溴的 CCl_4 溶液，边加边摇，直到溴的颜色不褪为止。记录两者所用溴的 CCl_4 溶液的量，比较它们的不饱和程度。

【注意事项】

1. 性质实验时可选用菜油，也可用其他动植物油或实验提取的粗油脂。

2. 检查皂化反应是否完全的方法为：取出几滴皂化液在试管中，加入 5～6ml 蒸馏水，加热振荡，如无油滴分出，表示已皂化完全。

【思考题】

1. 索氏提取器由几部分组成？它是根据什么原理进行萃取的？

2. 提取时为什么不能用火焰直接加热，如果直接火焰加热，可能会发生什么后果？

3. 如何检验油脂皂化反应是否完全？

第十二节　醇、酚和醚的性质

【实验目的】

1. 验证醇、酚和醚的主要化学反应。

2. 理解并掌握醇、酚、醚的理化性质与分子结构的关系，以及伯醇、仲醇和叔醇，一元醇和多元醇化学性质的差异。

【实验原理】

（1）醇有羟基，其结构与水相似，可以缔合，和水一样可与金属钠反应，生产的醇钠相当于极弱酸和极强碱生成的盐，极易水解。

伯醇氧化成醛，仲醇氧化成酮，叔醇则不易氧化。

根据伯、仲、叔醇的羟基被氯原子所置换的速度不同，可用卢卡斯（Lucas）试剂（无水氯化锌的浓盐酸溶液）进行区别，其反应速度为：叔醇＞仲醇＞伯醇。

具有邻二醇结构的多元醇如乙二醇、丙三醇等，能溶解氢氧化铜形成绛蓝色的络合物。

（2）酚的羟基直接连在苯环上，表现出一些不同于醇的性质：弱酸性，易氧化，遇 Fe^{3+} 而显色，并使苯环活化。

（3）醚有它自己的特性，例如，能生成烊盐（烊盐遇水即分解）以及过氧化物。

【实验用品】

试管、烧杯、酒精灯、容量瓶、温度计、苯、乙醚、苯酚饱和水溶液、金属钠、0.5% 高锰酸钾溶液、卢卡斯试剂、饱和溴水、5% 碘化钾溶液、5% 三氯化铁溶液、5% 碳酸钠溶液、5% 硫酸铜溶液、无水乙醇、正丁醇、仲丁醇、叔丁醇、10% 乙二醇、10%1，3－丙二醇、10% 甘油、10% 甘露醇水溶液、浓盐酸、浓硫酸、5% 氢氧化钠溶液、冰水、蒸馏水等。

【实验内容】

1. 醇与水的缔合

用 50ml 容量瓶准确量取水 50ml、乙醇 50ml，并测量其温度，依次倾入 100ml 容量瓶中（注意勿将水或乙醇倒出瓶外），混合均匀，测量混合物的温度，观察混合物的体积是否为 100ml 并解释这一现象。

2. 醇钠的生成和水解

在盛有 1ml 无水乙醇（预先处理好）的试管中，加入一粒黄豆大小的金属钠，观察反应放出的气体和试管的发热。随着反应的进行，试管内溶液逐渐变稠。当钠完全溶解后，冷却，试管内凝成固体。然后加水直至固体消失，再滴入酚酞试液 1~2 滴，观察并解释所发生的变化。

3. 醇的氧化反应

取三支试管，编号，分别加入 5 滴正丁醇、仲丁醇、叔丁醇，再取一支试管加 3 滴蒸馏水，作为对照。然后往各试管中分别加入 5 滴 0.5% 高锰酸钾溶液和 5 滴 5% 碳酸钠溶液。振荡试管，观察颜色变化并解释原因。

4. 醇与卢卡斯试剂的作用

取正丁醇、仲丁醇、叔丁醇各 1ml，分别放入三支干燥试管中。然后各加入 2ml 卢卡斯试剂，塞好管口，充分振摇试管后静置，观察变化，并记录混合液变浑浊和出现两个液层的时间。

用 1ml 浓盐酸代替卢卡斯试剂做上述同样的试验，并比较结果。

5. 甘油与氢氧化铜的反应

在试管内加 2 ~ 3 滴甘油，用 1ml 水稀释。在另一支试管中加入 5 滴 5% 硫酸铜溶液和 6 滴 5% 氢氧化钠溶液，振荡试管，有何现象产生？静置后移去上层液体，再加 2ml 水，摇匀，分装成两支试管。将其中之一加到甘油溶液中，振摇；往另一支盛放氢氧化铜悬浮液的试管中加入 2 ~ 3 滴乙醇，振摇，观察变化。往深蓝色的甘油铜中滴加浓盐酸到酸性，注意变化并解释原因。

6. 酚的酸性

取蓝色石蕊试纸一小块，放在表面皿上，用蒸馏水湿润，在试纸上加 1 滴 2% 苯酚溶液，观察变化并解释原因。

另取试管两支，各加苯酚少许和 1ml 水，振摇，观察现象。往一支试管中加 10% 氢氧化钠数滴，振摇，观察现象。往另一支试管中加饱和氢氧化钠溶液 1ml，振摇，观察现象。从以上现象说明什么？加以解释。

7. 苯酚与溴水的反应

在试管中加 2% 苯酚溶液两滴，逐滴滴入饱和溴水，振摇，直至白色沉淀生成，观察并解释现象。

8. 苯酚的氧化

在试管中加入 2% 苯酚溶液 10 滴，加入 5% 碳酸钠溶液 0.5ml 以及 0.5% 高锰酸钾溶液 2 ~ 3 滴，振荡试管，观察并解释现象。

9. 苯酚与三氯化铁溶液的作用

在试管中加入 2ml 饱和苯酚水溶液，再逐滴滴入 5% 三氯化铁溶液，观察颜色变化。

10. 醚生成烊盐的反应

在试管中加入 1ml 浓硫酸，浸入冰水中冷却至 0℃，再分次滴加乙醚约 0.5ml。边加边振摇，使乙醚溶于浓硫酸中。把试管中的液体小心地倒入 2ml 冰水中，振摇，冷却，观察有何现象。

【注意事项】

（1）在醇钠的生成试验中，若反应结束后仍有钠剩余，应及时用镊子取出放到酒精中，然后加水。否则，金属钠遇水，反应剧烈，不但影响实验结果，而且很不安全。

（2）卢卡斯试剂的配制：将 34g 无水氯化锌在蒸发皿中强热熔融，稍冷后放在干燥器中冷至室温，取出捣碎，溶于 23ml 浓盐酸（相对密度为 1.187g/ml）中。配制时须加以搅动，并把容器放在冰水浴中冷却，以防氯化氢逸出。约得 35ml 溶液，放冷后，存于玻璃瓶中，塞紧。此试剂一般是临用时配制。

【思考题】

1. 为什么必须使用无水乙醇与金属钠反应？反应产物加水后用酚酞检验，产生什么现象？

2. 用卢卡斯试剂鉴别伯、仲、叔醇时有何现象？

第十三节　醛和酮的性质

【实验目的】

1. 加深对醛和酮共性和个性的认识。
2. 掌握醛和酮的鉴别方法和原理。

【实验原理】

醛、酮都含有羰基，所以有一些相同的反应。

醛的羰基直接和氢原子相连，而酮的羰基则和烃基相连，所以在性质上醛和酮有一定差别。例如醛容易被氧化而酮则不易被氧化。醛可以与土伦（Tollen）试剂和斐林（Fehling）试剂反应，而酮不反应（某些羟基酮例外）。醛可与希夫试剂反应呈紫红色而酮不反应。

脂肪族醛酮与芳香族醛酮相比，后者羰基上连接芳香烃基，受芳香烃基的影响，芳香族醛酮不如脂肪族醛酮活泼，例如苯甲醛不能被斐林试剂所氧化。

【实验用品】

乙醛、丙酮、苯甲醛、苯乙酮、福尔马林、95%乙醇、斐林试剂A、斐林试剂B、土伦试剂、2，4－二硝基苯肼溶液、碘溶液、饱和亚硫酸氢钠溶液、氢氧化钠（5%）、氢氧化钾醇溶液（10%）、重铬酸钾、氨水（2%）、稀盐酸（5%）、冰水等。试管、烧杯、石棉网、酒精灯、温度计、抽滤装置、试管夹、玻璃棒、滴管、三脚架等。

【实验内容】

1. 与2，4－二硝基苯肼的反应

取四支试管，各加2，4－二硝基苯肼试剂1ml，然后分别往四支试管中加入1～2滴福尔马林、乙醛、丙酮、苯甲醛。振荡试管，观察和解释发生的变化。

2. 与亚硫酸氢钠的加成

取三支试管，编号，各加入新配制的饱和亚硫酸氢钠溶液2ml，然后再分别加入丙酮、苯甲醛、苯乙酮各6～8滴，振摇，把试管用冰水冷却，注意观察变化。往生成结晶的试管中滴加2～3ml稀盐酸（5%），振摇，观察和解释发生的变化。

3. 碘仿反应

取四支试管，各加10滴碘溶液，再分别滴加5%氢氧化钠溶液，直到碘的颜色褪去为止。然后分别往四支试管中加入1～2滴福尔马林、乙醛、95%乙醇、丙酮，振摇。观察变化，如变化不明显，可把试管放在50～60℃水浴中温热几分钟后，再观察变化，并解释原因。

4. 与土伦（Tollen）试剂反应

在洁净的大试管中加入 2ml 硝酸银溶液（10%），加入 1~2 滴氢氧化钠溶液（10%），然后在振摇下滴加氨水（2%）至生成白色沉淀，再逐滴加入氨水（2%），直到生成的氧化银沉淀恰好溶解为止。将上述配好的溶液分装于四支洁净的小试管中，然后再分别加入 1~2 滴福尔马林、乙醛、丙酮、苯甲醛。摇匀放置数分钟，几分钟后如果没有变化，放在 50~60℃ 水浴中温热几分钟后，再观察并解释发生的变化。

5. 与斐林（Fehling）试剂反应

在大试管中将斐林试剂 A 和 B 各 2ml，混合均匀。然后分装到四支小试管中，分别滴加 5 滴福尔马林、乙醛、丙酮及苯甲醛，振摇，一起放至沸水浴中加热 3~5min。观察并解释发生的变化。

【注意事项】

（1）与土伦试剂反应时，试管一定要洁净，否则阳性反应时也不能生成光亮银镜，仅能生成黑色絮状沉淀。反应结束后，及时用浓硝酸清洗。

（2）碘仿反应试验中加入氢氧化钠的量不要过多，加热时间不宜太长，温度不能过高，否则会使生成的碘仿消失，造成判断错误。

（3）2，4-二硝基苯肼溶液的配制：取 2，4-二硝基苯肼 1g 溶于 7.5ml 浓硫酸中，再加 95% 乙醇 75ml 和蒸馏水 170ml，搅拌均匀后过滤，滤液放置在棕色瓶中保存。

（4）Tollen 试剂久置后将析出黑色的氮化银（AgN_3）沉淀，其受震动时分解，发生猛烈爆炸，有时潮湿的氮化银也能引起爆炸。因此 Tollen 试剂必须现用现配。

（5）斐林试剂的配制：Fehling 试剂由 Fehling A 和 Fehling B 组成，使用时将两者等体积混合，其配法分别是：

Fehling A：将 3.5g 含有五结晶水的硫酸铜溶于 100ml 水中即得淡蓝色的 Fehling A 试剂。

Fehling B：将 17g 酒石酸钾钠溶于 20ml 热水中，然后加入含有 5g 氢氧化钠的水溶液 20ml，稀释至 100ml 即得无色清亮的 Fehling B 试剂。

由于氢氧化铜是沉淀，酒石酸钾钠存在时氢氧化铜沉淀溶解，形成深蓝色的溶液，有利于其与样品作用。因此 Fehling A 和 Fehling B 试剂应分别保存，临用时等量混合。

【思考题】

1. 与亚硫酸氢钠的反应中，为什么亚硫酸氢钠溶液必须是饱和溶液？又为什么要新配制？

2. 具有什么结构的化合物才能发生碘仿反应？为什么？

3. 鉴别下列化合物：甲醛、丙醛、2-戊酮、苯丙酮。

第十四节　羧酸、羧酸衍生物和取代羧酸的性质

【实验目的】

验证羧酸、取代羧酸、酰卤、酸酐、酯、酰胺的重要化学性质，以利于牢固掌握。

【实验原理】

（1）羧酸分子中有羧基，显酸性，可与碱生成盐，大多数羧酸的酸性不是很强，所以它们的盐可以不同程度地水解。羧酸的钠盐和钾盐易溶于水。

（2）羧酸水溶性的规律为：①低分子羧酸溶于水，随着分子量的增大，水溶性减小；②分子中羧基增多，水溶性增大。

（3）羧酸的羟基中引入卤原子后，酸性增强。

（4）甲酸分子中具有醛基的结构，所以有还原性。

（5）羧酸可以与醇形成酯，称为酯化反应。酰卤、酸酐、酯、酰胺都可以进行水解、醇解和氨解反应，反应活泼性顺序为酰卤 > 酸酐 > 酯 > 酰胺。

（6）脲具有酰胺的结构，因此具有酰胺的一般化学性质，但脲分子中两个氨基连在同一个羰基上，因此还表现出一些特殊的化学性质。将固体脲缓慢加热到其熔点（132.7℃）以上，约150～160℃，则两分子间脱去一分子氨，生成缩二脲。缩二脲在碱性溶液中与 $CuSO_4$ 溶液作用显紫红色，这个颜色反应称为缩二脲反应。凡是含有一个以上酰胺键（即肽键 – CO – NH –）的化合物都可发生该颜色反应，所以缩二脲反应可用于多肽和蛋白质的定性鉴别。

（7）羧酸衍生物可与羟胺作用生成羟肟酸，遇三氯化铁生成酒红色的羟肟酸铁，该反应可用于鉴别羧酸衍生物。

（8）一元羧酸中的羧基比较稳定，需转化为羧酸钠或钾盐后，与钠石灰（或称碱石灰，NaOH 和 CaO 的混合物）共热才可脱去羧基。草酸因为两个羧基连在一起互相影响，容易脱去羧基。

（9）乙酰乙酸乙酯存在烯醇式与酮式的互变异构，烯醇式遇三氯化铁显紫红色，往其中加入溴水，由于加入的溴可使烯醇式消失，紫色褪去。不久紫红色又重现，说明一部分酮式又转变为烯醇式了。

【实验用品】

甲酸，乙酸，草酸，乙酸乙酯，无水乙醇，乙酰胺，苯甲酸，脲，冰醋酸，乙酰乙酸乙酯，苯胺，乙酸酐，乙酰氯，饱和亚硫酸氢钠溶液，10%、20%、30% 氢氧化钠溶液，盐酸羟胺甲醇溶液（$1mol \cdot L^{-1}$），氢氧化钾溶液（$2mol \cdot L^{-1}$），5%、10% 稀盐酸，10%、

15% 硫酸，浓硫酸，2% 硝酸银溶液，0.5% 高锰酸钾溶液，15%、20% 碳酸钠溶液，三氯化铁试液，1%、5% 三氯化铁溶液，粉状的氯化钠，饱和溴水，pH 试纸，红色石蕊试纸，刚果红试纸，乙醚，川乌、氨试液，三氯甲烷，7% 盐酸羟胺甲醇溶液，0.1% 麝香草酚酞甲醇溶液，稀盐酸等。

【实验内容】

1. 羧酸的酸性

取试管 7 支，编号，分别加入 1~2 滴醋酸、乳酸、少许硬脂酸、三氯醋酸、草酸、丁二酸、酒石酸。然后各加入水 1ml，振摇。观察是否溶解。然后用 pH 试纸，检验每种酸的酸性，观察并解释其结果。

2. 羧酸盐的形成

取上述装有不溶于水的硬脂酸的试管，滴加 10% 氢氧化钠溶液，振荡。观察并解释其结果。

3. 羧酸盐的水解

溶解少许醋酸钠于 1ml 水中，用 pH 试纸检验溶液的酸碱性，观察并解释其结果。

4. 甲酸的还原性

在试管中加 2 滴甲酸，用 10% 氢氧化钠溶液中和使混合液呈碱性。然后加土伦试剂 1ml，在 50~60° 水浴中加热数分钟，观察并解释其结果。

5. 羧酸的氧化性

取试管 4 支，编号，各加入 10 滴 5% 高锰酸钾溶液，再各加入 10% 硫酸溶液 1ml 使之成酸性。分别加入 2 滴甲酸，2 滴醋酸，少许草酸晶体，最后一支试管加入 2 滴蒸馏水作对照，观察各试管中颜色的变化，并加以解释。

6. 成酯反应

在干燥的小锥形瓶中，溶解水杨酸 0.5g 于 5ml 甲醇中，加入 10 滴浓硫酸，振摇，在 60~70℃ 热水浴中温热 5 分钟。然后把混合物倒入装有大约 10ml 冷水的小烧杯中，充分振摇。注意产品外观和气味，解释实验的结果。

7. 酸酐的醇解反应

量取 1ml 无水乙醇，分装在两支试管中，各加入 1ml 醋酸酐，把其中一支试管加热到开始沸腾，放冷，慢慢加入 2~3ml 冷水，注意醋酸乙酯浮在上面，未反应的醋酸酐沉在试管底部（如分离不清，可加氯化钠晶体盐析）。

往另一支试管中加 1 滴浓硫酸，为了避免反应放热沸腾，用冷水冷却试管，直到放热停止。然后加热试管到开始沸腾，放冷，慢慢加入 2~3ml 冷水，注意浮在液面的酯层及其气味（如分离不清，可加氯化钠晶体盐析）。观察、比较并解释两者的不同。

8. 脲的水解反应

在试管中加入脲少许，加 1~2ml 水，加 1~2 滴 10% 氢氧化钠溶液，试管口放一片湿润的红色石蕊试纸。加热，注意产生气体的气味和石蕊试纸的颜色变化，并加以解释。

9. 缩二脲反应

在干燥试管反应中加入脲少许，在酒精灯上加热。脲先熔化，然后放出氨气，变稠，凝固。放冷，加入 1~2ml 温水，搅拌使其溶解。把溶液倒入另一支试管中，加几滴 10% 氢氧化钠溶液使试管内容物变澄清，再加 1 滴 5% 硫酸铜溶液，注意出现的颜色，并加以解释。

10. 水杨酸和乙酰水杨酸与三氯化铁的反应

取两支试管，分别加入 1% 三氯化铁溶液 1~2 滴，各加水 1ml，然后分别加入少许水杨酸晶体和乙酰水杨酸晶体。振摇，观察和解释试管中颜色的变化。

11. 乙酰乙酸乙酯的互变异构现象

在试管中加入乙酰乙酸乙酯两滴，加 95% 乙醇 2ml，再加 1% 三氯化铁溶液 1 滴，注意颜色的变化。此时加溴水则颜色消失。注意不久颜色又会重现，解释这一现象。

【注意事项】

（1）羧酸水溶性的规律：低分子羧酸溶于水，随着分子量的增大，水溶性减小；分子中羧基增多，水溶性增大。

（2）三氯化铁试液的配制：取三氯化铁 9g，加水使溶解成 100ml，即得。

【思考题】

1. 什么是酯化反应？有哪些物质可以作为酯化反应的催化剂？
2. 举例说明能与三氯化铁显色的有机化合物的结构特征。
3. 如何用实验说明在室温下酮式与烯醇式互变异构平衡的存在？

第十五节 糖类化合物的性质

【实验目的】

验证糖类物质的主要化学性质，掌握鉴别糖类物质的方法和原理。

【实验原理】

一、还原糖和非还原糖

糖分子内有半缩醛（酮）的结构，能使土伦试剂、斐林试剂和班氏试剂还原，如葡萄糖、果糖、麦芽糖等，称为还原性糖，与此相反是非还原性糖，如蔗糖。多糖分子中虽有半缩醛结构，但因为在如此巨大的分子中，只有少数几个，不足以表现还原性，所以不能与斐林试剂等反应，例如淀粉就是这样。

与还原糖反应的结果：土伦试剂生成银镜，斐林试剂和班氏试剂生成砖红色的氧化亚铜沉淀。

二、水解反应

双糖和多糖可以水解为单糖（还原糖），所以本来无还原性的蔗糖和淀粉，经水解后，其产物具有还原性。

有一些特殊反应可以鉴别糖类物质。

1. 成脎反应

还原糖可以与苯肼反应生成糖脎（一种具有良好晶形和一定熔点的化合物），根据糖脎的形状和熔点，可以鉴别不同的糖。葡萄糖、甘露糖和果糖能形成相同晶形的糖脎，但是它们反应的速度不同，因此还是可以彼此鉴别的。

2. 莫立许反应

无论单糖、双糖还是多糖都能与莫立许试剂（α-萘酚的醇溶液）反应，在浓硫酸存在下，出现紫红色。

3. 塞利凡诺夫反应

酮糖与间苯二酚的盐酸溶液反应在短时间内呈红色，醛糖则不能。

4. 淀粉与碘的反应

淀粉遇碘呈蓝色，这是鉴别淀粉（同时也是鉴定碘）的灵敏反应。

【实验用品】

葡萄糖（2%）、果糖（2%）、蔗糖（2%）、麦芽糖（2%）、乳糖（2%）、淀粉（1%）、斐林试剂 A 和 B、班尼试剂、土伦试剂、本尼迪克特试剂、莫立许试剂、碘溶液、塞利凡诺夫试剂、浓硫酸、浓盐酸、苯肼试剂、氢氧化钠溶液、蒸馏水、pH 试纸、试管、棉花、试管夹、玻璃棒、滴管、小药匙、小烧杯、点滴板、酒精灯、三脚架、石棉网等。

【实验内容】

一、糖的还原性

1. 与斐林试剂的反应

取斐林试剂 A 和 B 各 1ml 混合均匀后，分装于五支试管，编号。加热煮沸，分别滴入 4 滴葡萄糖（2%）、果糖（2%）、蔗糖（2%）、麦芽糖（2%）、淀粉溶液（2%），观察并解释发生的变化。

2. 与班氏试剂的反应

取试管五支，编号。各加入班氏试剂 2ml，用小火微微加热到沸，再分别加入上述 2% 的各种糖溶液 4 滴，摇匀，放入沸水浴中加热 2~3 分钟，观察并解释发生的变化。

3. 与土伦试剂的反应

加 2ml 硝酸银溶液（5%），滴加 1~2 滴氢氧化钠溶液（10%），立即产生棕色沉淀。

再逐滴加入氨水（2%），直到沉淀刚好溶解为止，即得透明清亮的土伦试剂溶液。

取管壁干净的试管五支，编号，各加入已配好的土伦试剂 2ml，再分别加入 4 滴葡萄糖（2%）、果糖（2%）、蔗糖（2%）、麦芽糖溶液（2%）和淀粉溶液（2%），把试管同时放入 50～60℃ 水浴中加热数分钟，观察并解释发生的变化。

二、糖的颜色反应

1. Molisch 反应

取试管五支，编号，分别加入 1ml 葡萄糖（2%）、果糖（2%）、蔗糖（2%）、麦芽糖（2%）、淀粉溶液（2%），再各加入 4 滴新配制的 Molisch 试剂，振摇，将试管倾斜成 45° 角，沿管壁慢慢加入浓硫酸 1ml（注意不要摇动），使硫酸与糖溶液之间有明显的分层，观察两层之间有无颜色变化？若数分钟内无颜色变化，可在水浴中温热再观察变化，并加以解释。

2. Seliwanoff 反应

取试管五支，编号，各加入 10 滴间苯二酚 - 盐酸试剂，再分别滴入两滴葡萄糖（2%）、果糖（2%）、蔗糖（2%）、麦芽糖溶液（2%）、淀粉溶液（2%），摇匀，浸入沸水浴中加热 2 分钟，观察并解释发生的变化。

三、糖脎的形成

取试管五支，编号，各加入 2ml 葡萄糖（2%）、果糖（2%）、蔗糖（2%）、麦芽糖（2%）、乳糖溶液（2%），再分别加入 1ml 新配制的苯肼试剂，摇匀，取少量棉花塞住试管口，同时放入沸水浴中加热煮沸，将出现沉淀的试管取出，并记录时间。加热 20～30 分钟以后，将所有试管取出，让其自行冷却，比较各试管产生糖脎的顺序。取出少量沉淀晶体，用显微镜观察各种糖脎的晶型。

四、淀粉与碘的反应

在试管中加入 10 滴淀粉溶液（2%）和 1 滴碘溶液（0.1%），观察其颜色变化。将此溶液稀释到浅蓝色，加入沸水浴中加热 5～10 分钟，观察有何变化？再取出冷却，观察变化并加以解释。

五、水解反应

1. 蔗糖的水解

在试管中加入 0.1ml 蔗糖（2%）和 1～2ml 蒸馏水，摇匀，煮沸 10～15 分钟，冷却后，用氢氧化钠溶液（10%）中和至中性，取出 2ml，加班氏试剂 1ml，加热，观察变化并加以解释。

向另一支试管中加入 2% 淀粉 2ml，水 2ml，1 滴浓盐酸，摇匀，煮沸 30 分钟，冷却后，用氢氧化钠溶液（10%）中和至中性，取出 2ml，加斐林试剂 A 和 B 各 0.5ml，摇匀，在水浴中加热，观察变化并加以解释。

2. 淀粉的酸水解

取一个小烧杯加入 10ml 淀粉溶液（1%）和 8 滴浓盐酸，沸水浴中加热。每隔 5 分钟从试管中取出 1 滴淀粉水解液在白瓷点滴板上作碘试验，直到不再起碘反应为止（约 30 分钟）。取下小烧杯，向小烧杯中滴加氢氧化钠溶液（20%）至弱碱性（用 pH 试纸检验）。另取两支试管分别加入淀粉水解液 1ml 和 1% 淀粉溶液 1ml，各滴加 4 滴本尼迪克特试剂，摇匀，同时放入沸水浴中加热 2～5 分钟，观察变化并加以解释。

【注意事项】

1. 斐林试剂的配制　Fehling 试剂由 Fehling A 和 Fehling B 组成，使用时将两者等体积混合，其配法分别是：

Fehling A：将 3.5g 含有五结晶水的硫酸铜溶于 100ml 水中即得淡蓝色的 Fehling A 试剂。

Fehling B：将 17g 酒石酸钾钠溶于 20ml 热水中，然后加入含有 5g 氢氧化钠的水溶液 20ml，稀释至 100ml 即得无色清亮的 Fehling B 试剂。

由于氢氧化铜是沉淀，在酒石酸钾钠存在时氢氧化铜沉淀溶解，形成深蓝色的溶液。易与样品作用。因此，Fehling A 与 Fehling B 试剂应分别保存，临用时等量混合。

2. 本尼迪克特试剂的配制　在 400ml 烧杯中溶解 20g 柠檬酸钠和 11.5g 无水碳酸钠于 100ml 热水中。在不断搅拌下把含 2g 硫酸铜结晶的 20ml 水溶液慢慢地加到柠檬酸钠和碳酸钠溶液中。此混合液应十分清彻；否则，需过滤。Benedic 试剂在放置时不易变质，亦不必像 Fenling 试剂那样分成 A、B 液，分别保存，所以，比 Fenling 试剂使用方便。

3. 土伦试剂的配制　加 20ml 5% 硝酸银溶液于一干净试管内，再加入 1 滴 10% 氢氧化钠溶液，然后滴加 2% 氨水，振摇，直至沉淀刚好溶解。

配制 Tollen 试剂时应防止加入过量的氨水，否则，将生成雷酸银（$Ag-O=N\equiv C$）。受热后将引起爆炸，试剂本身还将失去灵敏性。

Tollen 试剂久置后将析出黑色的氮化银（AgN_3）沉淀，其受震动时分解，发生猛烈爆炸，有时潮湿的氮化银也能引起爆炸。因此 Tollen 试剂必须现用现配。

4. 间苯二酚－盐酸试剂的配制　取 0.01g 间苯二酚溶于 10ml 浓盐酸和 10ml 水，混合均匀即成。

5. 苯肼试剂的配制　取 20g 苯肼盐酸盐，加水 200ml 微热溶解，再加入活性炭 1g 脱色，过滤后贮存于棕色瓶中。

【思考题】

1. 还原性糖与非还原性糖在结构和性质上有何不同？举例说明。

2. 具有什么结构的糖类可以形成相同的糖脎？用反应方程式加以解释。

3. 如何鉴别下列糖类化合物：葡萄糖、果糖、麦芽糖、蔗糖、淀粉？

第五章　分析化学实验

第一节　葡萄糖干燥失重的测量

【实验目的】

1. 掌握分析天平的称量操作。
2. 掌握干燥失重的测定方法。
3. 明确恒重的意义。

【实验原理】

应用挥发重量法，将试样加热，使其中水分及挥发性物质逸去，再称出试样减失后的质量，根据减失的质量计算试样的干燥失重率。

【实验仪器、试剂及其他】

1. 仪器

电热恒温干燥箱、分析天平、台秤、干燥器、扁式称量瓶。

2. 试剂或试液

医用凡士林、干燥剂、葡萄糖（A.R.）。

【实验内容与步骤】

1. 称量瓶的干燥恒重

将洁净的扁称量瓶置于恒温干燥箱中，打开瓶盖垂直放于瓶体上口，于105℃进行干燥（约30分钟），取出称量瓶，加盖，置于普通干燥器中冷却（约20分钟）至室温，精密称定质量。重复操作直至恒重。

2. 葡萄糖干燥失重的测定

取混合均匀的葡萄糖试样约0.5g左右，平铺于干燥恒重的称量瓶中，加盖，精密称重并记录，置于105℃烘干箱中，开瓶盖干燥1小时，取出称量瓶，加盖，置于普通干燥器中冷却20分钟至室温，精密称定质量。重复操作直至恒重。平行测定三次。

【注意事项】

（1）在烘干箱中取放称量瓶时应注意别烫伤。

（2）试样在干燥器中冷却的时间每次应相同。

（3）称量应迅速，以免干燥的试样或器皿在空气中久置吸潮不易达恒重。

（4）葡萄糖受热温度较高时可能融化于吸湿水及结晶水中，因此测定本品干燥失重时，宜先于较低温度（60℃左右）干燥一段时间，使大部分水分挥发后再在105℃下干燥至恒重。

【数据记录及数据处理】

根据称取的样品质量（S）和恒重后样品的质量（W）计算样品的干燥失重率：

$$\frac{S-W}{S} \times 100\%$$

实验报告记录格式如下表所示。

表5-1-1　实验报告记录格式

平行测定次数	1	2	3
称量瓶质量/g			
（试样+称量瓶）质量/g			
试样的质量S/g			
（干燥试样+称量瓶）质量/g			
干燥试样的质量W/g			
葡萄糖干燥失重/%			
相对平均偏差			

【思考题】

1. 什么叫干燥失重？加热干燥适宜于哪些药物的测定？

2. 什么是恒重？影响恒重的因素有哪些？恒重时，几次称量数据哪一次为真实的质量？

第二节　生药灰分的测定

【实验目的】

1. 掌握挥发重量法测定生药灰分的方法。

2. 学习使用高温炉。

【实验原理】

应用挥发重量法，将试样置于高温炉中炽灼，使其完全炭化，然后灰化，根据残渣质量计算试样中灰分的含量。

【实验仪器、试剂及其他】

1. 仪器

高温电炉、分析天平、瓷坩埚、坩埚钳、称量瓶。

2. 试剂或试液

医用凡士林、干燥剂、中药试样。

【实验内容与步骤】

取试样粉末（已通过 2 号筛）2 ~ 3g，置于炽灼至恒重的坩埚中，精密称定。低温缓缓炽灼，注意避免燃烧，至完全炭化时，逐渐升高温度，于 450 ~ 550℃ 炽灼 1 小时，干燥器中冷却至室温，称重。重复炽灼，直至恒重。平行测定三次。

【数据记录及处理】

根据残渣质量计算试样中灰分的百分含量：

$$灰分（\%）= \frac{W}{S} \times 100\%$$

S：试样的质量（g）

W：灰分的质量（g）

实验报告记录格式如下表所示。

表 5 - 2 - 1　实验报告记录格式

平行测定次数	1	2	3
坩埚质量/g			
（试样 + 坩埚）质量/g			
试样质量/g			
（灼烧后试样 + 坩埚）质量/g			
灰分含量/%			
灰分平均含量/%			
相对平均偏差			

【思考题】

1. 生药灰分的测定与干燥失重的测定有何异同？

2. 为什么在炭化时要先在低温下缓缓炽灼、避免燃烧？

第三节　容量分析器皿的校准

【实验目的】

1. 掌握滴定管、容量瓶、移液管的使用方法。
2. 了解容量器皿的误差。
3. 掌握容量器皿的校准方法。

【实验原理】

滴定分析的误差来源之一是容量器皿的体积测量误差。根据滴定分析允许的误差的大小，通常要求体积测定的误差在0.1%。然而，由于各种原因，大多数分析器皿的实际容积与它所标示的容积之差会超过允许的误差范围。因此，为提高分析结果的准确性，使用前必须对器皿进行校准。

1. 绝对校准

绝对校准需要测定器皿的实际容积。常采用称量法，即称量器皿容纳（如容量瓶等）或放出（如滴定管、移液管等）纯水的质量，然后除以该温度下水的校正密度（温度为t℃时1ml纯水在空气中用黄铜砝码称得的质量克数）即得到实际容积。

$$实际容积 = \frac{器皿容纳或放出纯水质量}{该温度下水的校正密度}$$

2. 相对校准

当要求两种器皿按一定比例配套使用时，可采用此法校准。例如，100ml容量瓶与25ml移液管配套使用时，其体积比应为4:1。至于它们各自的绝对容积并不重要。

另外，容量器皿的容积一般以20℃为标准，当实际使用时溶液温度不是20℃，溶液的体积将发生改变。由于玻璃的膨胀系数极小，在温度变化不太大时可以忽略。

【实验仪器、试剂及其他】

1. 仪器

电子分析天平、锥形瓶（100ml）、容量瓶（100ml）、移液管（25ml）、酸式滴定管（50ml）、碱式滴定管（50ml）、温度计、烧杯。

2. 试剂或试液

医用凡士林、蒸馏水。

【实验内容与步骤】

一、移液管和容量瓶的使用和相对校准

1. 移液管和容量瓶的使用

洗净一支 25ml 移液管和 100ml 容量瓶，认真练习它们的使用方法，直到能熟练控制。

2. 移液管和容量瓶的相对校准

用 25ml 移液管移取蒸馏水于干燥的 100ml 容量瓶中。移液管放出蒸馏水时尖端要靠紧瓶口内壁，垂直自然流下，勿吹。水流完后，等 15 秒再拿开。反复进行四次后，观察瓶颈处水的弯月面是否与刻线相切，若相切则移液管和容量瓶可配套使用；若不相切，于液面最低点处在瓶颈另作记号。经相互校准后，此容量瓶和移液管可配套使用。

二、滴定管的校准

将蒸馏水装入已洗净的滴定管中，调节零刻度。同时，测定所用水的温度。

取一个干燥的 50ml 锥形瓶，在电子天平上称量（准确到 0.01g）。然后从滴定管中放出约 5ml 蒸馏水，称量锥形瓶和水的质量，一分钟后读取容积并记录，精确到 0.01ml。然后再放出约 5ml 蒸馏水，再称量锥形瓶和水的质量，读取容积并记录。如此反复至滴定管读数为50ml 为止。对总容积较小的滴定管，每次放出蒸馏水的体积可相应小些，如 1ml 或 2ml。

按上述步骤重复校准一次，二次校准之差不超过 0.02ml。

【数据记录及数据处理】

滴定管校准实验报告记录格式和不同温度下纯水的密度（d）分别见表 5-3-1、表 5-3-2。

表 5-3-1 滴定管校准实验报告记录格式

滴定管读数（ml）	读取容积（ml）	瓶重（g）	瓶+水重（g）	水重（g）	$\dfrac{水重}{d_i}$ 真实容积	总校正数（$V_真-V_读$）
初读数						

表 5-3-2 不同温度下纯水的密度（d）

温度（℃）	d（g·cm⁻³）	温度（℃）	d（g·cm⁻³）
5	0.99853	18	0.99749
6	0.99853	19	0.99733
7	0.99852	20	0.99715
8	0.99849	21	0.99695

续表

温度（℃）	d（g·cm⁻³）	温度（℃）	d（g·cm⁻³）
9	0.99845	22	0.99676
10	0.99839	23	0.99655
11	0.99833	24	0.99634
12	0.99824	25	0.99612
13	0.99815	26	0.99588
14	0.99804	27	0.99566
15	0.99792	28	0.99539
17	0.99764	30	0.99485

【思考题】

1. 校正滴定管时，为什么锥形瓶和水的重量只需准确到 0.01g？

2. 在同一滴定分析中为什么要用同一支滴定管或移液管？为什么要从零点附近开始校正？

3. 移液管中的液体为何要垂直流下？为什么放完液体后要停一定时间？最后留在管尖上的液体是否需要吹出？

第四节　苯甲酸的含量测定

【实验目的】

1. 练习半微量滴定操作，初步掌握确定终点的方法。
2. 熟悉氢氧化钠标准溶液的配制与标定。
3. 掌握用酸碱滴定法测定苯甲酸的原理和操作。
4. 掌握酚酞指示剂的使用和终点的变化。

【实验原理】

一、氢氧化钠标准溶液的配制和标定原理

氢氧化钠标准溶液是酸碱滴定中常用的滴定剂。由于氢氧化钠易吸收空气中的水和二氧化碳，因此不宜用直接法配制，一般先配制成近似浓度的溶液，然后用基准物质标定其准确浓度，也可用另一已知准确浓度的标准溶液标定其浓度。本实验采用基准物质邻苯二甲酸氢钾标定法，以酚酞作指示剂，终点为无色变为粉紫色。

$$\text{邻苯二甲酸氢钾} + NaOH \longrightarrow \text{邻苯二甲酸钠钾} + H_2O$$

二、苯甲酸的含量测定原理

苯甲酸的 $K_a = 6.3 \times 10^{-6}$，可用 NaOH 标准溶液直接滴定，酚酞作指示剂，终点时，苯甲酸钠水解溶液呈微碱性使酚酞变粉紫色。

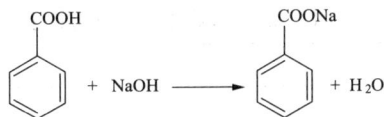

$$\text{苯甲酸} + NaOH \longrightarrow \text{苯甲酸钠} + H_2O$$

【实验仪器、试剂及其他】

1. 仪器

分析天平、干燥器、台秤、量筒、烧杯、试剂瓶、锥形瓶（250ml）、容量瓶（100ml）、移液管（25ml）、碱式滴定管（50ml）、称量瓶、洗耳球、洗瓶。

2. 试剂或试液

邻苯二甲酸氢钾（基准试剂）、苯甲酸试样、酚酞指示剂、0.2% 酚酞乙醇指示剂、中性乙醇溶液、50% 氢氧化钠溶液。

【实验内容与步骤】

1. 0.02mol·L⁻¹ 的 NaOH 溶液的配制

吸取 0.8ml 50% NaOH 溶液于细口试剂瓶中，加入新煮沸冷却的蒸馏水稀释至 500ml，盖紧橡皮塞，摇匀。

2. 0.02mol·L⁻¹ 的 NaOH 溶液的标定

准确称取 $0.11 \sim 0.12g$ 基准邻苯二甲酸氢钾于锥形瓶中，加新煮沸冷却的蒸馏水 20ml，振摇至完全溶解，加酚酞指示剂 $1 \sim 2$ 滴，用 NaOH 溶液滴定至溶液显粉紫色。准确记录消耗 NaOH 溶液的体积。平行测定三次。

3. 苯甲酸含量的测定

准确称取 0.24g 苯甲酸试样，置于 50ml 烧杯中，加入中性乙醇溶液 20ml，完全溶解后，定量转移到 100ml 容量瓶中，稀释至刻度线，摇匀。

用移液管吸取 25.00ml 置于锥形瓶中，加酚酞指示剂 $1 \sim 2$ 滴，用 NaOH 标准溶液滴定至溶液显粉紫色，记录消耗的 NaOH 的体积。平行测定三次。

【注意事项】

1. 每次滴定时，最好从零刻线附近开始，保证平行测定时仪器误差相同。

2. 用中性乙醇使苯甲酸完全溶解以后，再转移加水稀释。

【数据记录及数据处理】

1. 根据邻苯二甲酸氢钾的质量和消耗 NaOH 溶液的体积，按下式计算 NaOH 标准溶液的物质的量浓度。

$$C_{NaOH} = \frac{m_{KHP}}{V_{NaOH} \cdot M_{KHP}} \times 1000 \qquad M_{KHP} = 204.22 \text{g} \cdot \text{mol}^{-1}$$

标定 NaOH 实验报告记录格式如下表所示。

表 5 – 4 – 1　标定 NaOH 实验报告记录格式

平行测定次数	1	2	3
（称量瓶 + KHP）质量/g			
（称量瓶 + 剩余 KHP）质量/g			
m_{KHP}/g			
$V_{NaOH(初)}$／（ml）			
$V_{NaOH(终)}$／（ml）			
V_{NaOH}/ml			
C_{NaOH}/mol · L^{-1}			
$\bar{c}$/mol · L^{-1}			
相对平均偏差			

2. 根据所消耗 NaOH 标准溶液的体积，按下式计算苯甲酸的含量。

$$苯甲酸\% = \frac{C_{NaOH}V_{NaOH}M_{苯甲酸}}{m \times \dfrac{25.00}{100.0} \times 1000} \times 100\% \quad (M_{苯甲酸} = 122.11 \text{g} \cdot \text{mol}^{-1})$$

测定苯甲酸含量实验报告记录格式如下表所示。

表 5 – 4 – 2　测定苯甲酸含量实验报告记录格式

称取苯甲酸 $m_{试样}$ = _____ g

平行测定次数	1	2	3
吸取样品体积/ml			
$V_{NaOH(初)}$/ml			
$V_{NaOH(终)}$/ml			
V_{NaOH}/ml			
$\bar{c}$/mol · L^{-1}			
苯甲酸含量/%			
苯甲酸平均含量/%			
相对平均偏差			

【思考题】

1. 滴定管在装入标准溶液以前为什么要先用标准溶液润洗 2 ~ 3 次？用于滴定的锥形瓶

是否要干燥？要不要用标准溶液润洗？为什么？

2. 每次滴定完成后，为什么要将标准溶液加至滴定管零点附近，然后再进行下一次滴定？

3. 为什么苯甲酸要加中性乙醇溶解？

4. 如果在称样过程中，苯甲酸倒出稍多，是否需要重新称量？为什么？

第五节 混合碱溶液各组分的含量测定

【实验目的】

1. 掌握盐酸溶液的配制和标定方法。

2. 掌握甲基红 – 溴甲酚绿混合指示剂滴定终点的判断。

3. 掌握用双指示剂法测定混合碱溶液中 NaOH 和 Na_2CO_3 含量的测定原理和方法。

【实验原理】

1. HCl 标准溶液配制及标定原理

由于浓 HCl 具有挥发性，所以配制盐酸标准溶液需用间接法配制，即先配制大概浓度的溶液，然后用无水碳酸钠作基准物质，以甲基红 – 溴甲酚绿混合指示剂指示终点进行标定，终点时颜色由绿色变为紫红色。滴定反应为：

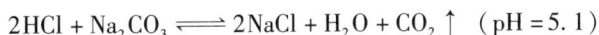

$$2HCl + Na_2CO_3 \rightleftharpoons 2NaCl + H_2O + CO_2\uparrow \quad (pH = 5.1)$$

2. NaOH 和 Na_2CO_3 混合碱溶液各组分含量的测定原理

NaOH 和 Na_2CO_3 混合碱溶液各组分含量的测定可采用双指示剂法，以盐酸标准溶液为滴定剂，酚酞及甲基橙分别指示终点。

先加入酚酞指示剂，用盐酸标准溶液滴定至酚酞红色消失时，达到第一计量点，用去 HCl 体积为 V_1ml，此时发生如下反应。

$$NaOH + HCl \rightleftharpoons NaCl + H_2O \quad (pH = 7.0)$$

$$Na_2CO_3 + HCl \rightleftharpoons NaHCO_3 + NaCl \quad (pH = 8.3)$$

然后再加入甲基橙指示剂，用盐酸标准溶液滴定至甲基橙由黄色变橙红色时，达到第二计量点，用去 HCl 体积为 V_2ml，此时发生如下反应。

$$NaHCO_3 + HCl \rightleftharpoons NaCl + H_2CO_3 \quad (pH = 3.9)$$

则可由 $V_1 - V_2$ 计算 NaOH 含量，由 $2V_2$ 计算 Na_2CO_3 含量。

【实验仪器、试剂及其他】

1. 仪器

电子天平、干燥器、水浴锅、电热套、量筒、烧杯、试剂瓶、锥形瓶（250ml）、移液管（25ml）、洗耳球、洗瓶、酸式滴定管（50ml）、称量瓶。

2. 试剂或试液

浓 HCl、无水 Na_2CO_3（基准试剂）、甲基红 – 溴甲酚绿混合指示剂、甲基橙指示剂、酚酞指示剂、混合碱溶液。

【实验内容与步骤】

1. $0.1mol \cdot L^{-1}$ HCl 标准溶液的配制

用量筒量取 4.5ml 浓 HCl 于烧杯中，加入蒸馏水稀释至 500ml，搅匀，转移至试剂瓶中备用。

2. $0.1mol \cdot L^{-1}$ HCl 标准溶液的标定

准确称取 270 ~ 300℃ 干燥至恒重的基准试剂无水 Na_2CO_3 约 0.15g 于 250ml 锥形瓶中，加水 50ml 溶解后，加甲基红 – 溴甲酚绿指示剂两滴，用 $0.10mol \cdot L^{-1}$ HCl 溶液滴定至溶液由绿色变为浅灰色（或紫红色），煮沸两分钟，冷却至室温，继续用 $0.10mol \cdot L^{-1}$ HCl 溶液滴定至溶液由绿色变为紫红色，即为终点。平行测定三次。

3. 混合碱溶液各组分含量的测定

准确移取 25.00ml 混合试样溶液于锥形瓶中，加入 25ml 蒸馏水、两滴酚酞指示剂，用 $0.10mol \cdot L^{-1}$ HCl 标液滴定至溶液红色刚消失为第一终点，记录消耗的 HCl 的体积 V_1。随后向溶液中加入两滴甲基橙指示剂，溶液应为黄色，继续用 HCl 标液滴定至溶液刚刚变为橙色，煮沸两分钟、冷却至室温，继续滴定至再次出现橙色为第二终点，记录消耗的 HCl 的体积 V_2。平行测定三次。

【注意事项】

（1）浓 HCl 易挥发，量取时要迅速，用完马上盖好瓶盖。

（2）无水碳酸钠有吸湿性，称量时动作要迅速。

（3）接近终点时，由于形成 H_2CO_3 – $NaHCO_3$ 缓冲溶液，pH 变化不大，终点不敏锐，因此需加热或煮沸溶液。

（4）加入酚酞指示剂时，如果滴定速度过快，溶液中 HCl 局部过量，会发生如下反应：$NaHCO_3 + 2HCl = NaCl + H_2CO_3$，造成终点提前，引起误差。因此滴定速度宜适中，摇动要均匀。

（5）加入甲基橙指示剂后，滴定过程中摇动要剧烈，使 CO_2 逸出，避免形成碳酸过饱和溶液，使终点提前。

【数据记录及处理】

1. 根据无水碳酸钠的质量和消耗 HCl 溶液的体积，按下式计算 HCl 标准溶液的物质的量浓度。

$$c_{HCl} = \frac{m_{Na_2CO_3}}{V_{HCl} \cdot M_{Na_2CO_3}} \times 2000 \qquad M_{Na_2CO_3} = 105.99g \cdot mol^{-1}$$

标定 HCl 实验报告记录格式如下表所示。

表 5 – 5 – 1　标定 HCl 实验报告记录格式

平行测定次数	1	2	3
（称量瓶 + Na_2CO_3）质量/g			
（称量瓶 + 剩余 Na_2CO_3）质量/g			
$m_{Na_2CO_3}$ /g			
$V_{HCl（初）}$/ml			
$V_{HCl（终）}$/ml			
V_{HCl}/ml			
c_{HCl}/mol · L^{-1}			
$\bar{c}_{HCl}$/mol · L^{-1}			
相对平均偏差			

2. 根据第一、第二终点所消耗 HCl 标准溶液的体积，按下式分别计算 Na_2CO_3 和 NaOH 的含量。

$$\rho_{Na_2CO_3} = \frac{c_{HCl}V_2M_{Na_2CO_3}}{25.00}(M_{Na_2CO_3} = 105.99\text{g} \cdot \text{mol}^{-1})$$

$$\rho_{NaOH} = \frac{c_{HCl}(V_1 - V_2)M_{NaOH}}{25.00}(M_{NaOH} = 40.00\text{g} \cdot \text{mol}^{-1})$$

测定混合碱实验报告记录格式如下表所示。

表 5 – 5 – 2　测定混合碱实验报告记录格式

平行测定次数	1	2	3
混合碱体积/ml			
滴定管初始读数/ml			
第一终点读数 V_1/ml			
第二终点读数 V_2/ml			
$\bar{c}_{HCl}$/mol · L^{-1}			
Na_2CO_3 的含量/（W/V）			
NaOH 的含量/（W/V）			
Na_2CO_3 的相对平均偏差			
NaOH 的相对平均偏差			

【思考题】

1. 如用吸湿的碳酸钠作为基准物质标定盐酸溶液的浓度时，会使标定结果偏高还是偏低？

2. 能否采用已知准确浓度的 NaOH 标准溶液标定 HCl 浓度？应选用哪种指示剂？为什么？滴定操作时哪种溶液置于锥形瓶中？

3. 用盐酸滴定混合碱溶液时甲基橙变橙色后，为什么还要煮沸、冷却、继续滴定至橙色为终点?

第六节　KBr 的含量测定（莫尔法）

【实验目的】

1. 掌握 $AgNO_3$ 标准溶液的配制、标定和贮存方法。
2. 深入理解银量法的原理。掌握用法扬司法和莫尔法进行沉淀滴定的原理和方法。
3. 学会观察与判断荧光黄和铬酸钾作指示剂的滴定终点。

【实验原理】

1. 用 NaCl 基准物质标定 $AgNO_3$ 标准溶液原理

中性或弱碱性溶液中，以荧光黄为指示剂，用 $AgNO_3$ 溶液直接滴定 NaCl 溶液，终点时浑浊液由黄绿色转变为肉粉色。

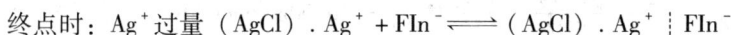

终点前：Cl^- 过量 $Ag^+ + Cl^- \rightleftharpoons (AgCl) \cdot Cl^- \vdots M^+$

终点时：Ag^+ 过量 $(AgCl) \cdot Ag^+ + FIn^- \rightleftharpoons (AgCl) \cdot Ag^+ \vdots FIn^-$

终点颜色：黄绿色→微红色

为使终点变色敏锐，加入糊精保护胶体。

2. KBr 的含量测定原理

KBr 是一种神经镇静药，其含量可用莫尔法测定。在中性或弱碱性溶液中，以 K_2CrO_4 为指示剂，用 $AgNO_3$ 标准溶液直接滴定试样溶液，终点时浑浊液由淡黄色转变为橙红色。

终点前：$Ag^+ + Br^- \rightleftharpoons AgBr\downarrow$（淡黄色）

终点时：$2Ag^+ + CrO_4^{2-} \rightleftharpoons Ag_2CrO_4\downarrow$（砖红色）

【实验用品】

1. 仪器

电子天平、干燥器、量筒、烧杯、锥形瓶（250ml）、容量瓶（100ml）、移液管（25ml）、（棕色）磨口试剂瓶、（棕色）酸式滴定管（50ml）、称量瓶、洗耳球、洗瓶。

2. 试剂或试液

医用凡士林、干燥剂、氯化钠（基准试剂）、KBr 试样、荧光黄、铬酸钾指示剂、糊精、乙醇、$2.5mol \cdot L^{-1}$ 硝酸银溶液。

【实验仪器、试剂及其他】

1. $0.02mol \cdot L^{-1} AgNO_3$ 溶液的配制

称取 $0.8g$ $AgNO_3$，置于 250ml 烧杯中，加水溶解，转移至棕色磨口试剂瓶中，加蒸馏水稀释至 250ml，摇匀，紧塞，避光。

2. 0.02mol·L⁻¹AgNO₃ 溶液的标定

取在 270℃ 干燥至恒重的基准 NaCl 0.10 ~ 0.11g，精密称定，置于 50ml 烧杯中，加水溶解后定量转移到 100ml 容量瓶中，稀释至刻度线，摇匀。

用移液管吸取上述溶液 25.00ml 置于锥形瓶中，加糊精 1ml，荧光黄指示剂两滴，在充分摇动下，用 0.02mol·L⁻¹AgNO₃ 溶液滴定至浑浊液由黄绿色变为微红色即为终点。记录消耗 AgNO₃ 标准滴定溶液的体积。平行测定 3 次。

3. KBr 的含量测定

（1）取 KBr 试样约 0.24g，精密称定，置于 50ml 烧杯中，加适量水溶解后定量转移到 100ml 容量瓶中，稀释至刻度线，摇匀。

用移液管吸取 25.00ml 置于锥形瓶中，加入 K₂CrO₄ 指示剂两滴，在不断摇动下，用 0.02mol·L⁻¹AgNO₃ 溶液滴定由淡黄色转变为橙色即为终点，记录消耗 AgNO₃ 溶液的体积。平行测定 3 次。

（2）空白试验：用移液管取 25.00ml 蒸馏水于锥形瓶中，加入 K₂CrO₄ 指示剂两滴，在不断摇动下，用 0.02mol·L⁻¹AgNO₃ 溶液滴定由淡黄色转变为橙红色即为终点。记下校正值，此值应在 0.05ml 以内。

【注意事项】

（1）AgNO₃ 溶液要用棕色酸式滴定管和棕色试剂瓶，因为 AgNO₃ 见光易分解，需避光保存。AgNO₃ 试剂及其溶液具有腐蚀性，破坏皮肤组织，注意切勿接触皮肤及衣服。

（2）配制 AgNO₃ 标准溶液的蒸馏水应无 Cl⁻，否则配成的 AgNO₃ 溶液会出现白色雾状或白色浑浊，不能使用。

（3）滴定时应充分摇动，使被 AgCl 沉淀吸附的 Cl⁻ 或 AgBr 沉淀吸附的 Br⁻ 及时释放出来，防止终点提前而产生误差。

（4）KBr 要防止日光暴晒，远离火种、热源。

（5）沉淀滴定法一般要做空白试验，试样测定完成要在结果中减去空白值。

（6）实验完毕后，盛装 AgNO₃ 溶液的滴定管和试剂瓶应用蒸馏水冲洗，以免 AgCl 沉淀残留于滴定管内壁。

【数据记录及数据处理】

1. 根据 NaCl 的质量和消耗 AgNO₃ 溶液的体积，按下式计算 AgNO₃ 标准溶液的物质的量浓度。

$$c_{AgNO_3} = \frac{m_{NaCl} \times \frac{25}{250}}{V_{AgNO_3} \times M_{NaCl}} \times 1000 \qquad M_{NaCl} = 58.44g \cdot mol^{-1}$$

标定 AgNO₃ 实验报告记录格式如下表所示。

表 5 - 6 - 1　标定 AgNO₃ 实验报告记录格式

称取基准 NaCl 质量 m = _____g

平行测定次数	1	2	3
V_{NaCl}/ml			
$V_{AgNO_3(初)}$/ml			
$V_{AgNO_3(终)}$/ml			
V_{AgNO_3}/ml			
c_{AgNO_3}/mol·L⁻¹			
$\bar{c}_{AgNO_3}$/mol·L⁻¹			
相对平均偏差			

2. 根据所消耗 AgNO₃ 标准溶液的体积，按下式计算溴化钾的含量。

$$KBr\% = \frac{c_{AgNO_3} V_{AgNO_3} M_{KBr}}{m \times \frac{25}{250} \times 1000} \times 100\% \qquad M_{KBr} = 119.00 \text{g·mol}^{-1}$$

测定 KBr 含量实验报告记录格式如下表所示。

表 5 - 6 - 2　测定 KBr 含量实验报告记录格式

称取苯甲酸 $m_{试样}$ = _____g　　　　空白值：_____ml

平行测定次数	1	2	3
样品体积/ml			
$V_{AgNO_3(初)}$/ml			
$V_{AgNO_3(终)}$/ml			
V_{AgNO_3}/ml			
扣除空白值 V_{AgNO_3}/ml			
$\bar{c}$/mol·L⁻¹			
溴化钾含量/%			
溴化钾平均含量/%			
相对平均偏差			

【思考题】

1. 根据指示终点的方法不同，AgNO₃ 标准溶液的标定有几种方法？几种方法的滴定条件有何不同？

2. 配制 AgNO₃ 溶液前应检查什么？如何检查？

3. 测定 KBr 含量采用沉淀滴定法，还可选用哪些指示剂？

4. 为何在滴定过程中要不断摇动溶液？

5. 能否用莫尔法以 NaCl 标准溶液直接滴定 Ag⁺？为什么？

第七节　中药明矾含量的测定

【实验目的】

1. 了解配位滴定的特点。

2. 掌握 EDTA 标准溶液的配制方法、贮存方法和标定条件。

3. 了解金属指示剂的变色原理及注意事项。学会使用铬黑 T 和二甲酚橙作指示剂时终点的判断。

4. 掌握配位滴定法中返滴定法的原理、操作及计算。

5. 了解 EDTA 测定铝盐的特点。

【实验原理】

1. EDTA 标准溶液的标定原理

滴定前：Zn + EBT（纯蓝）$\rightleftharpoons$ Zn – EBT（紫红）

滴定中：Zn + Y $\rightleftharpoons$ ZnY

终点时：Zn – EBT（紫红）+ Y $\rightleftharpoons$ ZnY + EBT（纯蓝）

以 ZnO 为基准物，铬黑 T 作指示剂，在 pH = 10 的条件下溶液由紫红色变为纯蓝色为终点。

2. 明矾的含量测定原理

滴定前：Al + Y（过量）$\rightleftharpoons$ AlY

滴定中：Zn + Y（剩余量）$\rightleftharpoons$ ZnY

终点时：Zn + XO（黄色）$\rightleftharpoons$ Zn – XO（红紫）

回滴时以二甲酚橙作指示剂，在 pH < 6.3 的条件下滴定，终点时溶液由黄色变为红紫色。

【实验仪器、试剂及其他】

1. 仪器

电子天平、干燥器、水浴锅、称量瓶、试剂瓶、量筒、烧杯、锥形瓶（250ml）、容量瓶（100ml）、移液管（25ml）、酸式滴定管（50ml）、洗耳球、洗瓶。

2. 试剂或试液

EDTA – 2Na（A. R.）、氯化铵（A. R.）、氨水（A. R.）、ZnO 基准试剂、铬黑 T 指示剂、甲基红指示剂、乌洛托品（A. R.）、$ZnSO_4$ 标准溶液（$0.01mol \cdot L^{-1}$）、明矾试样、二甲酚橙指示剂。

【实验内容与步骤】

1. 0.01mol·L⁻¹ EDTA 标准溶液的配制

称取 1.0g 乙二胺四乙酸二钠（EDTA - 2Na·2H$_2$O）于 250ml 烧杯中，加 20ml 蒸馏水，温热使其溶解完全，稀释至 250ml，摇匀，转入聚乙烯试剂瓶中备用。

2. 0.01mol·L⁻¹ EDTA 标准溶液的标定

准确称取干燥恒重过的基准试剂 ZnO 约 0.10g，置于 50ml 烧杯中，慢慢滴加 1:1HCl（约 2~3ml），轻轻振摇使其溶解，加蒸馏水 10ml，甲基红指示剂 1 滴，滴加氨试液使溶液呈微黄色（近中性），再加 NH$_3$ - NH$_4$Cl 缓冲液 10ml，定量转移至 100ml 容量瓶中，稀释至刻度线，摇匀。

用移液管吸取 25.00ml 置于 250ml 锥形瓶中，加铬黑 T 指示剂 0.02g，用 EDTA 标准溶液滴定至溶液由紫红色变为淡蓝色为终点，记录消耗 EDTA 的体积。平行测定三次。

3. 明矾含量测定

取明矾试样约 0.28g，精密称定，置于 50ml 烧杯中，加适量水溶解，定量转移至 100ml 容量瓶中，稀释至刻度，摇匀。

用移液管吸取上述溶液 25.00ml 置于 250ml 锥形瓶中，准确加入 25.00ml 0.01mol·L⁻¹ 的 EDTA 标准溶液，沸水浴中加热 10 分钟，冷却至室温，加六次甲基四胺（乌洛托品）1g 及二甲酚橙指示剂 1 滴。用 0.01mol·L⁻¹ 的 ZnSO$_4$ 标准溶液滴定至溶液由黄色变为紫红色即为终点，记录消耗 ZnSO$_4$ 溶液的体积。平行测定三次。

【注意事项】

（1）酸度的控制：滴加氨试液至溶液呈微黄色时，应慢滴，边加边摇，若加多会生成 Zn（OH）$_2$ 沉淀，此时应用稀盐酸调回至沉淀刚溶解，再重复操作。

（2）EDTA 溶液的贮存：配制好的 EDTA 溶液应贮存在聚乙烯塑料瓶或硬质玻璃瓶中。若贮存在软质玻璃瓶中，EDTA 会缓慢地溶解玻璃中的 Ca^{2+}、Mg^{2+} 等离子，形成配合物，使其浓度不断降低。

（3）试样溶于水后会缓慢水解呈浑浊状态，加入过量的 EDTA 加热后，即可溶解，故不影响测定。

（4）加入一定量且过量的 EDTA 并加热至沸，使反应速率加快，加热时间要足够，量取 EDTA 要准确。

（5）滴定时，因反应速度较慢，在接近终点时，标准溶液应缓慢加入并充分摇动。滴定变色点要掌握好，终点时，稍过量的 Zn^{2+} 与部分二甲酚橙结合成红紫色配合物。

【数据记录及处理】

1. 根据基准试剂 ZnO 的质量和消耗 EDTA 溶液的体积，按下式计算 EDTA 标准溶液的物质的量浓度。

$$c_{EDTA} = \frac{m_{ZnO} \times \dfrac{25.00}{100.0}}{V_{EDTA} \times M_{ZnO}} \times 1000 \qquad M_{ZnO} = 81.38 \mathrm{g \cdot mol^{-1}}$$

标定 EDTA 实验报告记录格式如下表所示。

表 5 - 7 - 1　标定 EDTA 实验报告记录格式

称取 ZnO 质量 m = _____ g

平行测定次数	1	2	3
VZn^{2+}/ml			
$V_{EDTA(初)}$/ml			
$V_{EDTA(终)}$/ml			
V_{EDTA}/ml			
c_{EDTA}/mol·L^{-1}			
$\overline{c}_{EDTA}$/mol·L^{-1}			
相对平均偏差			

2. 根据所消耗 $ZnSO_4$ 标准溶液的体积，按下式计算明矾的含量。

$$明矾\% = \frac{\left[(cV)_{EDTA} - (cV)_{ZnSO_4}\right] \times M_{KAl(SO_4)_2 \cdot 12H_2O}}{m \times \dfrac{25.00}{100.0} \times 1000} \times 100\% \qquad M_{KAl(SO_4)_2 \cdot 12H_2O} = 474.4 \mathrm{g \cdot mol^{-1}}$$

测定明矾含量实验报告记录格式如下表所示。

表 5 - 7 - 2　测定明矾含量实验报告记录格式

称取明矾试样质量 m = _____ g

平行测定次数	1	2	3
$V_{样品}$/ml			
V_{EDTA}/ml			
$V_{ZnSO_4(初)}$/ml			
$V_{ZnSO_4(终)}$/ml			
V_{ZnSO_4}/ml			
$\overline{c}_{EDTA}$/mol·L^{-1}			
C_{ZnSO_4}/mol·L^{-1}			
明矾含量/%			
明矾平均含量/%			
相对平均偏差			

【思考题】

1. 配位滴定中为什么加入缓冲溶液？

2. 为什么通常使用乙二胺四乙酸二钠盐配制 EDTA 标准溶液，而不用乙二胺四乙酸？

3. 配位滴定法与酸碱滴定法相比,有哪些不同点?操作中应注意哪些问题?

4. 用 EDTA 测定铝盐的含量允许的最低 pH 为多少?还可采用何种试剂控制酸度?能用铬黑 T 作指示剂吗?

第八节　双氧水中过氧化氢含量的测定

【实验目的】

1. 掌握 $KMnO_4$ 标准溶液的配制方法与保存方法。
2. 掌握用 $Na_2C_2O_4$ 标定溶液的原理、方法及滴定条件。
3. 熟悉用 $KMnO_4$ 法测定 H_2O_2 含量的方法。
4. 掌握液体试样的取样方法。

【实验原理】

市售 $KMnO_4$ 试剂常含少量 MnO_2 及其他杂质,蒸馏水中也常含少量有机物,这些物质都促使 $KMnO_4$ 还原,因此 $KMnO_4$ 标准溶液配制后需要进行标定。

配制所需浓度的 $KMnO_4$ 溶液,在黑暗处放置 7 ~ 10 天,使溶液中还原性杂质与 $KMnO_4$ 充分作用,将还原产物 MnO_2 过滤除去,贮存于棕色瓶中,密闭保存。

标定 $KMnO_4$ 溶液常采用 $Na_2C_2O_4$ 作基准物质,$Na_2C_2O_4$ 易提纯,性质稳定。其滴定反应为:

$$2MnO_4^- + 5C_2O_4^{2-} + 16H^+ =\!=\!= 2Mn^{2+} + 10CO_2\uparrow + 8H_2O$$

上面的反应进行缓慢,开始滴定时加入的 $KMnO_4$ 不能立刻褪色,但一经反应生成 Mn^{2+} 后,Mn^{2+} 对反应有催化作用,促使反应速度加快,通常在滴定前加热溶液,并控制在 $70 ~ 85\,℃$ 下进行滴定。利用 $KMnO_4$ 本身的颜色指示滴定终点。

过氧化氢在工业、生物、医药等方面有广泛的应用,常需测定其含量。市售 H_2O_2 含量约为 30%,测定时需要稀释 H_2O_2 溶液。

在酸性溶液中,H_2O_2 遇氧化性比它更强的氧化剂 $KMnO_4$ 将其氧化成 O_2,测定条件应在 $1 ~ 2\,mol\cdot L^{-1}$ 硫酸溶液中。

$$2MnO_4^- + 5H_2O_2 + 6H^+ =\!=\!= 2Mn^{2+} + 5O_2\uparrow + 8H_2O$$

市售 H_2O_2 中常有影响其稳定作用的少量乙酰苯胺或尿酸,它们也具有还原性,妨碍测定,在这种情况下,以采用碘量法测定为宜。

【实验仪器、试剂及其他】

1. 仪器

分析天平、台秤、烘箱、低温电炉、称量瓶、试剂瓶、垂熔玻璃漏斗、量筒、锥形瓶(250ml)、酸式滴定管(50ml)、移液管(25ml)。

2. 试剂或试液

$KMnO_4$（A. R.）、$Na_2C_2O_4$（基准试剂）、浓 H_2SO_4（A. R.）、市售30%双氧水；

H_2SO_4（2mol·L^{-1}）、H_2SO_4（1mol·L^{-1}）、3% H_2O_2 溶液（将市售30% H_2O_2 稀释10倍）。

【实验内容】

1. 0.2mol·L^{-1}的 $KMnO_4$ 溶液的配制

称取 $KMnO_4$1.6~1.8g 溶于500ml 新煮沸并冷却的蒸馏水中，混合均匀，置于棕色试剂瓶中，于暗处放置7~10天后，用垂熔玻璃漏斗过滤，存放于洁净的棕色玻璃瓶中。

2. $KMnO_4$ 标准溶液的标定

取于105~110℃ 干燥至恒重的 $Na_2C_2O_4$ 基准物约0.2g，精密称定，置于250ml 锥形瓶中，加新煮沸并冷却的蒸馏水约20ml，使之溶解，再加30ml 的 2mol·L^{-1} 的 H_2SO_4 溶液并加热至75~85℃，立即用 $KMnO_4$ 溶液滴定至呈粉红色30秒不褪色为终点。平行测定三次。

3. H_2O_2 溶液含量的测定

精密量取 3% H_2O_2 溶液 1ml，置于盛有 20ml 蒸馏水的锥形瓶中，加1mol·L^{-1}的 H_2SO_4 溶液20ml，用 $KMnO_4$ 标准溶液滴定至微红色为终点，平行测定三次。

【注意事项】

（1）标定 $KMnO_4$ 溶液时，溶液温度不低于55℃，否则因反应速度较慢会影响终点观察的准确性。

（2）加热时，不可使溶液沸腾，否则会引起 $Na_2C_2O_4$ 分解。

（3）移取 H_2O_2 时，注意安全，H_2O_2 具有比较强的腐蚀性。

（4）滴定 H_2O_2 溶液时，开始反应慢，可以先快速加入适量 $KMnO_4$，待溶液褪色后再慢慢滴定。

【数据处理】

1. 根据终点时消耗 $KMnO_4$ 的体积，按下式计算 $KMnO_4$ 标准溶液的浓度。

$$c_{KMnO_4} = \frac{m_{Na_2C_2O_4} \times 1000}{V_{KMnO_4} M_{Na_2C_2O_4}} \times \frac{2}{5} (M_{Na_2C_2O_4} = 134.0g·mol^{-1})$$

$Na_2C_2O_4$ 标定 $KMnO_4$ 溶液实验数据记录如下表所示。

表5-8-1 $Na_2C_2O_4$ 标定 $KMnO_4$ 溶液实验数据记录

平行测定次数	1	2	3
（称量瓶＋$Na_2C_2O_4$）的质量/g			
（称量瓶＋剩余 $Na_2C_2O_4$）的质量/g			
$Na_2C_2O_4$ 的质量（$m_{Na_2C_2O_4}$）/g			

平行测定次数	1	2	3
消耗 $KMnO_4$ 标准溶液的体积（V_{KMnO_4}）/ml			
$KMnO_4$ 标准溶液的浓度/mol·L^{-1}			
相对平均偏差			

2. 根据测定 H_2O_2 含量时，终点消耗的 $KMnO_4$ 标准溶液的体积，按下式计算过氧化氢的含量。

$$H_2O_2\%(W/V) = \frac{c_{KMnO_4} \cdot V_{KMnO_4} \cdot M_{H_2O_2}}{V_s \times 1000} \times \frac{5}{2} \times 100\% \ (M_{H_2O_2} = 34.02g \cdot mol^{-1})$$

测定 H_2O_2 溶液含量实验数据记录如下表所示。

表 5 – 8 – 2　测定 H_2O_2 溶液含量实验数据记录

平行测定次数	1	2	3
H_2O_2 的体积 V_s/ml			
试样消耗 $KMnO_4$ 标准溶液的体积 V_{KMnO_4}/ml			
$KMnO_4$ 标准溶液的浓度 c_{KMnO_4}/mol·L^{-1}			
H_2O_2 的含量%（W/V）			
相对平均偏差			

【思考题】

1. 为什么用 H_2SO_4 溶液调节酸度？用 HCl 或 HNO_3 可以吗？
2. 本实验测定 H_2O_2 时为什么将市售 H_2O_2（30%）稀释后再进行测定？
3. 除 $KMnO_4$ 法外还有什么方法可以测定 H_2O_2 含量？

第九节　维生素 C 的含量测定

【实验目的】

1. 掌握碘标准溶液的配制方法、标定方法和贮存注意事项。
2. 了解直接碘量法、置换滴定法的操作过程。
3. 通过 V_C 含量的测定操作，了解用碘标准溶液进行滴定的过程。
4. 学习使用碘量瓶，正确判断淀粉指示液指示终点。

【实验原理】

1. 碘标准溶液的标定原理

$$2Na_2S_2O_3 + I_2 \rightleftharpoons 2NaI + Na_2S_4O_6$$

$$2S_2O_3^{2-} + I_2 \rightleftharpoons S_4O_6^{2-} + 2I^-$$

中性或弱酸性条件下进行，淀粉做指示剂，终点颜色为蓝色。

2. Vc 测定原理

维生素 C 分子中的烯二醇基具有还原性，能被 I_2 定量地氧化成二酮基，用直接碘量法可测定药片、注射液、蔬菜、水果中维生素 C 的含量。反应如下：

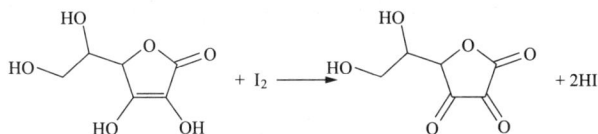

$$C_6H_8O_6 + I_2 \rightleftharpoons C_6H_6O_6 + 2HI$$

淀粉做指示剂，终点颜色为蓝色。

【实验仪器、试剂及其他】

1. 仪器

电子天平、干燥器、试剂瓶、称量瓶、量筒、烧杯、250ml 锥形瓶、25ml 移液管、酸式滴定管（50ml），垂熔玻璃漏斗。

2. 试剂或试液

I_2（A. R.）、KI（A. R.）、浓盐酸（A. R.）、$Na_2S_2O_3$ 标准溶液（$0.02mol \cdot L^{-1}$）、淀粉指示液、Vc 药片、稀 HAc。

【实验内容与步骤】

1. $0.01mol \cdot L^{-1}$ 碘标准溶液的配制与标定

取 I_2 0.7g，加 1.8gKI 及 3ml 蒸馏水充分搅拌溶解后，加浓 HCl 1 滴，用蒸馏水稀释到 250ml，摇匀，用垂熔玻璃漏斗过滤后贮存于棕色试剂瓶中。

精密量取 $0.02mol \cdot L^{-1}$ 的 $Na_2S_2O_3$ 标准溶液 25.00ml，加淀粉指示剂 5 滴，用配制的 $0.01mol \cdot L^{-1}$ 的 I_2 溶液进行滴定至持续蓝色为终点，平行测定三次。

2. 维生素 C 的含量测定

精密称取维生素 C 药品粉末 0.05g，加新煮沸冷却的蒸馏水 25ml 与稀 HAc2.5ml 使之溶解，加淀粉指示剂 5 滴，立即用 $0.01mol \cdot L^{-1}$ 的 I_2 标准溶液滴定至持续蓝色为终点，平行测定三次。

【注意事项】

（1）碘易挥发，浓度变化较快，保存时应特别注意要密封，并用棕色瓶保存，放置暗处，避免碘液与橡皮接触。

（2）维生素 C 在有水或潮湿情况下易分解成糠醛。而且维生素 C 在空气中易被氧化，特别是在碱性溶液中更易被氧化。所以测定时应加入 HAc 使溶液呈现弱酸性，以减少维生素 C 的副反应。

（3）由于蒸馏水中溶解有氧，因此蒸馏水必须事先煮沸，否则会使测定结果偏低。

（4）如果试液中有能被 I_2 直接氧化的物质存在，则对测定有干扰。

【数据记录及数据处理】

1. 根据 $Na_2S_2O_3$ 标准溶液的浓度和体积以及消耗 I_2 溶液的体积，按下式计算 I_2 标准溶液的物质的量浓度。

$$c_{I_2} = \frac{(cV)_{Na_2S_2O_3}}{2 \times V_{I_2}}$$

表 5 – 9 – 1　标定 I_2 标准溶液浓度实验数据记录

平行测定次数	1	2	3
$V_{Na_2S_2O_3}$/ml			
$V_{I_2(初)}$/ml			
$V_{I_2(终)}$/ml			
V_{I_2}/ml			
c_{I_2}/mol/L			
$\overline{c}_{I_2}$/mol/L			
相对平均偏差			

2. 根据所消耗 I_2 标准溶液的体积，按下式计算 Vc 的含量。

$$C_6H_8O_6\% = \frac{(cV)_{I_2} \times M_{C_6H_8O_6}}{m \times 1000} \times 100\% \qquad M_{C_6H_8O_6} = 176.12 \mathrm{g \cdot mol^{-1}}$$

表 5 – 9 – 2　测定 Vc 含量实验数据记录

平行测定次数	1	2	3
（称量瓶 + Vc）质量/g			
（称量瓶 + 剩余 Vc）质量/g			
m_{Vc}/g			
$V_{I_2(初)}$/ml			
$V_{I_2(终)}$/ml			
V_{I_2}/ml			
$\overline{c}_{I_2}$/mol $\cdot$ L^{-1}			
Vc 含量/%			
Vc 平均含量/%			
相对平均偏差			

【思考题】

1. 配制 I_2 溶液时为什么要加 KI 和少量水充分搅拌？

2. 标定 I_2 溶液时可以用 $Na_2S_2O_3$ 溶液，标定 $Na_2S_2O_3$ 溶液也可以用 I_2 标准溶液，指示剂应何时加入？为什么？

3. I_2 溶液应盛装在什么滴定管中？

4. 为什么维生素 C 含量可以用直接碘量法测定？

5. 维生素 C 本身就是一个酸，为什么测定时还要加入 HAc？

第十节　醋酸的电位滴定

【实验目的】

1. 掌握电位滴定的基本操作和确定终点的方法。

2. 掌握用电位滴定法测定弱酸的 pKa。

3. 掌握酸度计的使用方法。

【实验原理】

电位滴定法是根据滴定过程中计量点附近电池电动势或指示电极电位产生突跃，从而确定终点的一种分析方法。酸碱电位滴定常用的指示电极为玻璃电极，参比电极为饱和甘汞电极（SCE），与被测溶液组成电池。

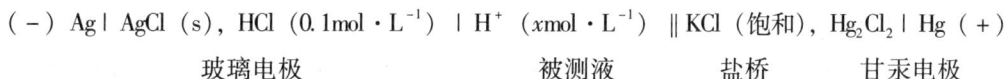

$(-)$ Ag｜AgCl（s），HCl（$0.1mol \cdot L^{-1}$）｜H^+（$xmol \cdot L^{-1}$）‖KCl（饱和），Hg_2Cl_2｜Hg（$+$）

　　　　玻璃电极　　　　　　　　被测液　　　盐桥　　　甘汞电极

pH 玻璃电极的电位随溶液中 H^+ 浓度的不同而不同，而饱和甘汞电极的电位保持相对稳定，在零电流条件下，测得电池的电动势 E 是 pH 的直线函数。

$$E = K' + 0.059pH（25℃）$$

由测得的电动势 E 就能计算出被测溶液的 pH 值，但因上式中的常数 K'（玻璃电极常数）是由内外参比电极电位及难于计算的不对称电位和液接电位所决定的常数，实际不易求得。因此在实际工作中采用相对方法，即先用已知 pH 值的缓冲溶液来校正酸度计（也称为"定位"）。

测出标准缓冲溶液的电动势 Es：

$$Es = K' + 0.059pHs（25℃）$$

在相同条件下，测定待测溶液的电动势 Ex：

$$Ex = K' + 0.059pHx（25℃）$$

上述两式相减可得：

$$pHx = pHs +（Ex - Es）/0.059（25℃）$$

pHs 已知，通过测定 Es 和 Ex，无须知道常数 K 即可直接测出待测溶液的 pH 值。需注意，校正时应选用与被测溶液的 pH 值接近的缓冲溶液，以减少在测量过程中可能由于液接电位、不对称电位及温度等变化而引起的误差。一支电极应该用两种不同 pH 值的缓冲溶液校正。在用一种 pH 值的缓冲溶液定位后，测第二种缓冲溶液的 pH 值时，误差应在 0.05 之内。由此可见，pH 的测量是相对的，测量结果的准确度受标准缓冲溶液 pHs 值的准确度影响。

在酸碱电位滴定过程中，随着滴定剂的加入，滴定剂与被测溶液发生反应，溶液中 pH 值不断变化，在化学计量点附近溶液 pH 发生突跃。因此记录反应过程中随滴定剂消耗体积 V 的变化，溶液 pH 值的变化可以确定终点。确定终点的方法有以下三种。

（1）pH – V 曲线法：以 V 为横坐标，pH 为纵坐标绘制曲线，做两条与滴定曲线相切的直线，等分线与曲线的交点即为滴定终点。

（2）一级微商法：计算 pH 变化值与对应的加入滴定剂体积增量的比值即 pH 对 V 的一次微商 $\Delta pH/\Delta V$，绘制 $\Delta pH/\Delta V$ – V 曲线，曲线的最高点即为滴定终点。

（3）二级微商法：绘制 $\Delta^2 pH/\Delta^2 V$ – V 曲线，$\Delta^2 pH/\Delta^2 V = 0$ 的点即为滴定终点。

酸碱电位滴定还可以测定弱酸、弱碱的离解常数。例如，强碱滴定一元弱酸的 pH – V 曲线上，半计量点时溶液的 pH 值即为该弱酸的 pKa。

【实验仪器、试剂及其他】

1. 仪器

酸度计、电磁搅拌器、搅拌磁子、复合 pH 玻璃电极、温度计、碱式滴定管（50ml）、移液管（20ml）、烧杯（50ml）。

2. 试剂与溶液

pH = 4.0（25℃）和 pH = 6.86（25℃）标准缓冲溶液、0.1mol · L^{-1} 的 NaOH 标准溶液、0.1mol · L^{-1} 的醋酸试液、3mol · L^{-1} 的 KCl 溶液、酚酞指示剂。

【实验内容与步骤】

一、酸度计的安装与校正

（1）预热：把选择开关旋钮调到 pH 档，预热 30 分钟。连接复合电极，安排好滴定管和酸度计的位置。

（2）温度补偿：测定标准缓冲溶液的温度，调节温度补偿钮，使所示的温度与被测溶液的温度相同。

（3）定位：用 50ml 烧杯盛大约 25ml 的 pH = 6.86 的标准缓冲溶液，放入搅拌磁子，把电极用去离子水冲洗干净，用滤纸吸干电极上的水，插入溶液中并使玻璃球完全浸没。开动搅拌器，注意观察磁子不要碰到电极。先将斜率旋钮顺时针调到最大，调节 pH 量程至 6，按下读数开关，将定位旋钮调至 pH 为 6.86。定位完毕取出电极，用去离子水冲洗电极，用滤纸将电极上的水吸干后将电极放入 3mol · L^{-1} 的 KCl 溶液中暂时保存。

（4）检验：用定位好的电极测量另一种 pH = 4.00 的标准缓冲溶液的 pH，观察测定值与理论值的差值，误差不应超过 ±0.1。若测量值与理论值有微小差别，调节 pH 量程至 4，按下读数开关，将斜率旋钮调至 pH 为 4.00。

注意事项：

（1）新复合玻璃电极或长时间停用的玻璃电极，在使用前应在 $3mol \cdot L^{-1}$ 的 KCl 溶液中浸泡 4 小时后才能使用。暂时不用的复合玻璃电极也应该浸泡在 $3mol \cdot L^{-1}$ 的 KCl 溶液中。

（2）复合玻璃电极下端的玻璃球很薄，切忌与硬物碰撞，一旦破裂，电极则报废。

（3）要保证标定用的缓冲溶液的精度，否则将引起较大的测量误差。定位和检验用标准缓冲溶液的 pH 相差不应超过 3 个单位。

（4）以上校正完成后，定位和斜率旋钮位置不能再变动！

（5）将电极插入待测溶液前，要用蒸馏水冲洗干净，用滤纸吸干水分，再放入溶液中测定，测定时应在搅拌下进行。

二、醋酸浓度的测定

（1）用吸量管精密量取待测 HAc 试液 20.00ml 于 50ml 烧杯中，放入搅拌磁子，插入复合玻璃电极，电极玻璃球要完全被浸没。加两滴酚酞指示剂作为对照，开动磁力搅拌器，测定并记录滴定前 HAc 试液的 pH 值。

（2）用 $0.1mol \cdot L^{-1}$ NaOH 标准溶液进行滴定。开始时段，每滴加 5ml NaOH 标准溶液记录一次 pH；中间时段，每滴加 2ml 或 1ml 记录一次 pH；接近终点时（pH 变化越来越大），每滴加 0.2ml 记录一次 pH；在计量点前后，每滴加两滴或 1 滴记录一次 pH；继续滴定至计量点后适当量，每次加入体积逐渐增大。为便于数据处理，每次加入体积最好相等。

（3）绘制 pH – V 曲线、$\Delta pH/\Delta V$ – 曲线和 $\Delta^2 pH/\Delta^2 V$ – V 曲线，计算终点消耗 NaOH 标准溶液的体积 V_{ep}，计算 HAc 试液的浓度。

（4）在 pH – V 曲线上找到半计量点时溶液的 pH 值，即为 HAc 的 pKa。

【数据处理】

电位滴定法测定醋酸浓度实验数据如下表所示。

表 5 – 10 – 1　电位滴定法测定醋酸浓度实验数据

$c_{NaOH} = $ _____ mol/L，$V_{HAc} = 20.00ml$

V_{NaOH}（ml）	pH	ΔpH	ΔV	$\Delta pH/\Delta V$	$\Delta^2 pH$	$\Delta^2 V$	$\Delta^2 pH/\Delta^2 V$
0.00		—	—				
5.00							
5.00							
…							
2.00							
2.00							
…							

V_{NaOH} （ml）	pH	ΔpH	ΔV	$\Delta pH/\Delta V$	$\Delta^2 pH$	$\Delta^2 V$	$\Delta^2 pH/\Delta^2 V$
1.00							
1.00							
…							
0.20							
0.20							
…							
0.10							
0.10							
…							
0.05							
0.05							
…							

终点消耗 NaOH 标准溶液的 V_{ep} = _____ml，HAc 试液的浓度 c_{HAc} = _____mol·L^{-1}。

【思考题】

1. 复合玻璃电极在使用前应如何处理？用后的电极如何清洗干净？

2. 标准缓冲溶液 pH 值受哪些因素影响？如何保证其 pH 恒定不变？

3. 试计算醋酸试液的 pH 值，并与实测值对比。

第六章　物理化学实验

第一节　溶解热的测定

【实验目的】

1. 掌握溶解热、稀释热的概念，以及其积分形式、微分形式的含义。

2. 了解量热技术及其用途，以及电热补偿法的原理和实验技术。

3. 通过电热补偿法测定硝酸钾在水中的积分溶解热，并绘制硝酸钾的积分溶解热曲线，了解积分溶解热曲线的含义。

4. 学习用作图法求得硝酸钾在水中的微分稀释热、积分稀释热和微分溶解热，学会通过作图法来间接求解物理化学参数的方法。

【实验原理】

1. 溶解热

溶解热是在定温、定压下，一定量的溶质溶解于一定量的溶剂过程中产生的热效应。溶质在溶剂中溶解的过程包括溶质的晶格破坏、解离、溶剂化等过程，溶解热是上述过程热效应的总和，其累积的结果根据溶解过程的温度变化可以分为升温（即放热）、降温（即吸热）和温度不变。在一定温度和压力下，物质的溶解热的大小与溶质的量和溶剂的量都有关。溶质溶解后将溶剂加入到溶液中使溶液稀释，稀释过程也会伴随温度的变化，产生稀释过程的热效应，即稀释热。溶解热和稀释热均有积分形式和微分形式，溶解热包括积分溶解热和微分溶解热，稀释热包括积分稀释热和微分稀释热，下面分别介绍。

积分溶解热是指在一定温度和压力下，1mol 溶质溶于一定量的溶剂（通常溶剂的量以摩尔数表示，此处记为 n_0 mol 溶剂）中所产生的热效应，溶解热的符号为 ΔH，单位为 $kJ \cdot mol^{-1}$。当溶剂的量 n_0 取一系列的数值时，通过测定对应的溶解热 ΔH_m 的数值，以 ΔH_m 为纵坐标、以 n_0 为横坐标将所得数据绘制成曲线，所得曲线即为积分溶解热曲线，如图 6-1-1，图中过零点的曲线即为所绘制的积分溶解热曲线。

微分溶解热是指在一定温度和压力下，1mol 溶质加入到溶液浓度一定、溶液总量无限大的溶液（即溶液足量）中所产生的热效应，该过程中由于所加入的 1mol 溶质相对于总量无限大的溶液十分微小，溶液的浓度视为不变。微分溶解热具有偏微分的性质，其数学式

表示式为 $\left(\dfrac{\partial\ \Delta H_m}{\partial\ n}\right)_{T,p,n_0}$。微分溶解热的实际含义是在温度、压力和溶剂量均为定值的条件下，溶质的量增加或者减少 1mol 时使足量的溶液所产生的热效应。

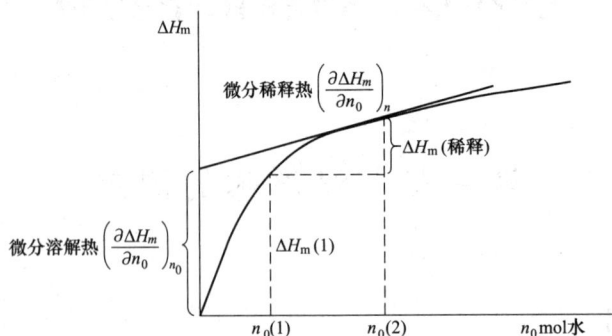

图 6 - 1 - 1　积分溶解热曲线

积分稀释热是固定溶质的量为 1mol，在定温、定压下，通过增加溶剂的量使溶液的浓度从浓度 1 稀释到浓度 2，在整个稀释过程中所产生的热效应。根据积分稀释热的定义，积分稀释热可以通过两个不同浓度下的积分溶解热之差求得，即

$$\Delta H_m(稀释) = \Delta H_m(2) - \Delta H_m(1) \tag{6-1-1}$$

微分稀释热是指在温度、压力和溶质的量均恒定时，在足量的溶液中，溶剂的量变化 1mol 时使溶液产生的热效应。与微分溶液热相类似，该过程中由于所加入的 1mol 溶剂相对于足量的溶液十分微小，溶液的浓度视为不变。微分稀释热也具有偏微分的性质，其数学表达式为 $\left(\dfrac{\partial\ \Delta H_m}{\partial\ n_0}\right)_{T,p,n}$。

溶解和稀释过程中的热效应的大小与溶质的量 n 和溶剂的量 n_0 有关，根据偏摩尔量的集合公式，有

$$\Delta H_m = \left(\frac{\partial\ \Delta H_m}{\partial\ n_0}\right)_{T,p,n} n_0 + \left(\frac{\partial\ \Delta H_m}{\partial\ n}\right)_{T,p,n_0} n \tag{6-1-2}$$

式中 $\left(\dfrac{\partial\ \Delta H_m}{\partial\ n_0}\right)_{T,p,n}$ 为微分稀释热，$\left(\dfrac{\partial\ \Delta H_m}{\partial\ n}\right)_{T,p,n_0}$ 为微分溶解热，即积分溶解热由溶剂的微分稀释热和溶质的微分溶解热两部分组成。对于溶质的量恒定为 1mol 的系统，即 $n = 1$ 时，式 6 - 1 - 2 可简化为

$$\Delta H_m = \left(\frac{\partial\ \Delta H_m}{\partial\ n_0}\right)_{T,p,n} n_0 + \left(\frac{\partial\ \Delta H_m}{\partial\ n}\right)_{T,p,n_0} \tag{6-1-3}$$

如图 6 - 1 - 1 所示，$n = 1$，该 $\Delta H_m \sim n_0$ 图中的曲线即为式 6 - 1 - 3 的曲线。在曲线上任意一点，如 $n_0(2)$ 处，作曲线的切线，切线的斜率就是 $n_0(2)$ 处所表示的微分稀释热 $\left(\dfrac{\partial\ \Delta H_m}{\partial\ n_0}\right)_{T,p,n}$ 的数值，切线与 y 轴相交所得到的截距就是该浓度时的微分溶解热 $\left(\dfrac{\partial\ \Delta H_m}{\partial\ n}\right)_{T,p,n_0}$ 的数值。

2. 电热补偿法原理

量热技术是研究一切跟热有关的技术，通常用于测定物理、化学过程中的热效应，广泛应用在化学、化工、能源、生命等领域中。电热补偿法属于量热技术的一种，通过电加热的方式对系统吸收的热量变化进行补偿，从而间接测定系统的热量变化。以硝酸钾的溶解过程为例说明如何用电热补偿法来测定溶解热，具体如下：在硝酸钾溶解前确定系统的初始温度，硝酸钾溶于水的过程为吸热过程，会导致系统温度降低，在溶解过程中通过电加热方式不断给系统进行热量补偿，使系统的温度在溶解过程中能够及时恢复到初始温度，记录不同时间点仪器的加热量，即可间接求得溶解热。电热量 Q 可以由电流强度 I、电压 V 和通电时间 t 计算得到，即

$$Q = IVt \tag{6-1-4}$$

则积分溶解热为

$$\Delta H_m = \frac{Q}{n} \tag{6-1-5}$$

式中 n 为溶解硝酸钾的物质的量。

3. 溶解热曲线的经验方程

硝酸钾的溶解热曲线较好地符合以下经验方程，即

$$\Delta H_m = \frac{\Delta H_m^\infty n_0}{b + n_0} \tag{6-1-6}$$

式中 ΔH_m^∞ 为极限溶解热，表示溶剂的量趋近于无穷大时（即 $n_0 \to \infty$ 时）的溶解热，b 为经验常数。ΔH_m^∞ 和 b 这两个参数可以通过对溶解热的实验数据 ΔH_m 和 n_0 进行非线性拟合得到，也可以通过下式对 ΔH_m 和 n_0 的数据进行线性拟合得到，即

$$\Delta H_m = \Delta H_m^\infty - \frac{\Delta H_m}{n_0} b \tag{6-1-7}$$

通过 ΔH_m 对 $\frac{\Delta H_m}{n_0}$ 进行线性回归，由截距得到极限溶解热 ΔH_m^∞，由斜率的负值得到 b。由经验方程式 6 - 1 - 6 以及微分稀释热和微分溶解热的定义，还可以计算微分稀释热和微分溶解热，即

$$\left(\frac{\partial \Delta H_m}{\partial n_0} \right)_{T,p,n} = \left[\frac{\partial \left(\frac{\Delta H_m^\infty n_0}{b + n_0} \right)}{\partial n_0} \right]_{T,p,n} = \frac{\Delta H_m^\infty b}{(b + n_0)^2} \tag{6-1-8}$$

$$\left(\frac{\partial \Delta H_m}{\partial n} \right)_{T,p,n_0} = \Delta H_m - \left(\frac{\partial \Delta H_m}{\partial n_0} \right)_{T,p,n} n_0 = \frac{\Delta H_m^\infty n_0^2}{(b + n_0)^2} \tag{6-1-9}$$

【仪器和试剂】

1. 仪器

量热计（包括杜瓦瓶、电加热器、磁力搅拌器）1 套，反应热数据采集接口装置 1 台，精密稳流电源 1 台，电子天平，计算机，打印机。

2. 试剂

硝酸钾（分析纯）。

【实验步骤】

（1）用电子天平称取 8 份重量分别为 2.5g、1.5g、2.5g、3.0g、3.5g、4.0g、4.0g 和 4.5g 的硝酸钾样品（事先研磨并烘干），放入 8 个称量瓶中，记录数据并编号。

（2）将杜瓦瓶置于精度为 0.1g 的电子天平上，精确加入 216.2g（12mol）的蒸馏水。

（3）将实验装置连接好后，将温度传感器擦干置于空气中，打开数据采集接口装置电源，预热 3 分钟。此时将加热器放入已盛水的杜瓦瓶中，使加热器的电热丝部分全部位于液面以下。

（4）打开计算机，双击 windows 桌面上溶解热测量软件图标，打开并进入软件准备测量。

（5）温度示数稳定后，单击"开始"实验按钮，根据软件提示，开始测量当前的室温。

（6）将稳流电源上的调节旋钮逆时针调到底，然后打开稳流电源开关。打开搅拌器电源，调节合适的搅拌速度。将温度传感器置于已盛水的杜瓦瓶中，调节加热器功率到 2.0～2.4W 之间，此后不要再调动稳流电源。

（7）当水温高于室温 0.5℃时，点击"加入硝酸钾"，加入第一份 KNO_3，然后根据程序提示加入第二份 KNO_3。重复至第 8 份 KNO_3 加完。同时称量空的称量瓶（包括残留的少量硝酸钾）的重量并记录。然后将稳流电源上的调节旋钮逆时针调到底，关掉搅拌器，注意确保每次加入的样品全部溶解（如果还有硝酸钾没有溶解则需要重新实验），清洗反应容器。

（8）点击实验中的"录入数据"，将每次加的硝酸钾的量和水的质量输入电脑。然后点击"处理数据"，按照提示输出结果。

（9）清洗反应容器，关闭电脑，整理试验台。

【注意事项】

（1）实验开始时首先要预热仪器，以保证系统的稳定性。

（2）搅拌速度要适宜。搅拌速度过快，磁子容易碰损电加热器、温度探头或杜瓦瓶；搅拌速度过慢，会因传热速度慢而导致 ΔH_m 的测量值偏低，甚至使结果的 $\Delta H_m \sim n_0$ 图变形。

（3）为确保 KNO_3 样品充分溶解，要首先将其研细；实验结束后，杜瓦瓶中不应有未溶解的硝酸钾固体。

（4）合理安排实验时间，先称好蒸馏水和前 2 份 KNO_3 样品，后 6 份 KNO_3 样品可边做边称量。

【数据和处理】

（1）按表 6 – 1 – 1 处理数据。

表 6 – 1 – 1　硝酸钾溶解热曲线的测定

No.	KNO$_3$		$n_0 \cdot mol^{-1}$	$Q \cdot J^{-1}$	$\Delta H_m / (J \cdot mol^{-1})$	$\dfrac{\Delta H_m}{n_0}$
	$m \cdot g^{-1}$	$n \cdot mol^{-1}$				
1						
2						
3						
4						
5						
6						
7						
8						

其中 $n_0 = \dfrac{12}{n}$，$\Delta H_m = \dfrac{Q}{n}$

（2）作 $\Delta H_m \sim n_0$ 图。

（3）作 $\Delta H_m \sim \dfrac{\Delta H_m}{n_0}$ 图，求参数 ΔH_m^{∞} 和 b。

（4）计算 $n_0 = 100\text{mol}$ 和 $n_0 = 200\text{mol}$ 时的积分溶解热，以及 n_0 从 100mol 改变至 200mol 时的积分稀释热。

（5）计算 $n_0 = 200\text{mol}$ 时的微分溶解热和微分稀释热。

【思考题】

1. 用电热补偿法能否测定放热的溶解热？

2. 为什么实验开始时体系的温度要高出环境温度 0.5℃？

第二节　凝固点降低法测定摩尔质量

【实验目的】

1. 复习稀溶液凝固点降低的性质。

2. 学习凝固点的测量方法，了解不同类型的冷却曲线。

3. 用凝固点降低法测定萘的摩尔质量。

【实验原理】

1. 稀溶液凝固点降低

凝固点降低是稀溶液的依数性的一种。溶液的凝固点是指在一定压力下固体溶剂与溶液两相平衡时的温度。当溶液的浓度很小时，溶剂的种类和量确定后，溶剂凝固点降低值仅仅取决于所含溶质的质点数目。

稀溶液的凝固点降低（对析出物为纯固相溶剂的体系）与溶液成分的关系式为

$$\Delta T_f = k_f b_B \qquad\qquad (6-2-1)$$

式中 ΔT_f 为凝固点降低值；$k_f = \dfrac{RT_f^{*2} M_A}{\Delta_l^s H_m^* (T_f^*)}$，称为凝固点降低常数；$b_B = \dfrac{m_B}{M_B m_A}$，称为溶质的质量摩尔浓度。

如果已知溶剂的凝固点降低常数 k_f，溶剂和溶质的质量 m_A、m_B，并测得该溶液的凝固点降低值 ΔT_f，就可以通过下式计算溶质的摩尔质量 M_B，即

$$M_B = \frac{k_f}{\Delta R_f} \cdot \frac{m_B}{m_A} \qquad\qquad (6-2-2)$$

凝固点降低值的多少，直接反映了溶液中溶质的质点数目。溶质在溶液中若有离解、缔合、溶剂化和配合物等影响质点数目的情况存在，都会影响凝固点的降低值，进而影响到通过计算求得的溶质的摩尔质量，这种受到溶质存在形式影响的摩尔质量称为溶质的表观摩尔质量。

2. 凝固点的测定方法

测量凝固点，首先是将已知浓度的溶液逐渐冷却并促使溶液结晶；当晶体生成时，放出的凝固热使体系温度回升，当放热与散热达成平衡时，温度不再改变，则固液两相达成平衡，记录固液两相平衡的温度，即为溶液的凝固点。

纯溶剂的凝固点就是纯溶剂的固液两相共存时的平衡温度，若将纯溶剂逐步冷却，其冷却曲线（即温度随时间降低的数据曲线）如图 6-2-1 中的曲线（Ⅰ）。但在实际冷却过程中会发生过冷现象，即在温度低于纯溶剂凝固点时才开始析出固体，并且因固体的析出放出凝固热使得体系的温度回升并会稳定一定时间。当液体全部凝固后，温度再次逐渐下降，其冷却曲线如图 6-2-1 中的曲线（Ⅱ）。在出现过冷现象的情况下，可将温度回升后出现的最高值近似地作为其凝固点。

溶液的冷却曲线与纯溶剂的冷却曲线不同。当溶液冷却到凝固点时，开始析出固体纯溶剂。随着固体纯溶剂的不断析出，溶液浓度相应增大，所以溶液的凝固点随着溶剂的析出不断下降，因此在冷却曲线上得不到温度不变的水平线段，见图 6-2-1 中的曲线（Ⅲ）。当有过冷现象发生时，作冷却曲线中紧靠温度回升后面的曲线部分的趋势线，并将该趋势线延长使其与曲线的前面部分相交，其交点就是溶剂的凝固点，见图 6-2-1 中的曲线（Ⅳ）。

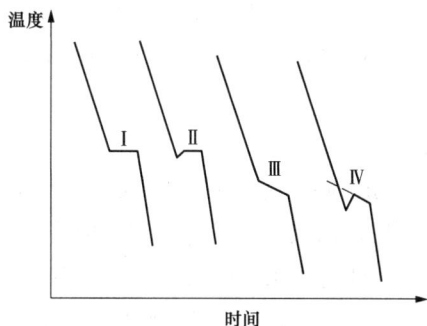

图 6 - 2 - 1 冷却曲线

【仪器与试剂】

1. 仪器

凝固点测定仪，普通温度计，贝克曼温度计，精密温差测量仪，压片机，25ml 移液管，烧杯。

2. 试剂

环己烷（分析纯），萘（分析纯），1.0% NaCl 标准溶液，0.9% NaCl 注射液，5% 葡萄糖注射液。

【实验步骤】

1. 仪器安装

按图 6 - 2 - 2 所示安装凝固点测定仪，注意测定管、搅拌棒都必须清洁、干燥，温差测量仪的探头、温度计都需要和搅拌棒之间有一定的距离，防止搅拌时发生摩擦损坏仪器。

2. 冰水浴温度调节

调节使冰水浴的温度低于环己烷凝固点温度 2 ~ 3℃，并应经常搅拌，不断加入碎冰，使冰水浴的温度保持基本不变。

3. 调节温差测量仪

使探头位于测量管中时，数字显示为 "0" 左右。

4. 环己烷凝固点参考温度测定

准确移取 25.00ml 环己烷，小心加入测定管中，随即塞紧软木塞，防止环己烷挥发，记下测定管中环己烷的初始温度值。取出测定管，直接放入冰浴中，不断移动搅拌棒，使环己烷逐步冷却。当刚有固体析

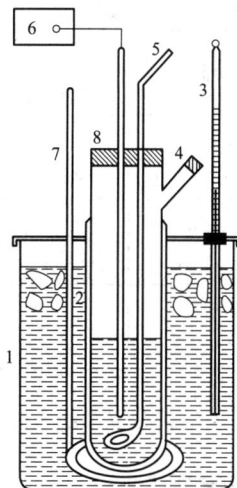

图 6 - 2 - 2 实验装置

1. 大玻璃管；2. 玻璃套管；3. 普通温度计；4. 样品加入口；5、7 搅拌器；6. 温差测量仪；8. 测定管

出的时候，迅速取出测定管，擦干管壁外的冰水，插入空气套管中，缓慢均匀搅拌，观察精密温差测量仪的数值，直至温度稳定，记录稳定的温度值，即为环己烷的凝固点参考温度。

5. 环己烷的凝固点测定

取出测定管，用手温热，同时搅拌测定管，使测定管的中固体完全熔化，再将测定管直接插入冰浴中，缓慢搅拌，使环己烷迅速冷却，当温度降至高于凝固点参考温度 0.5℃ 时，迅速取出测定管，擦干管壁外的冰水，放入空气套管中，每秒搅拌一次，使溶剂温度均匀下降，当温度低于凝固点参考温度时，应迅速搅拌（防止过冷超过 0.5℃），促使固体析出，温度开始上升时，搅拌减慢，注意观察温差测量仪的数字变化，直至稳定，此时的温度即为环己烷的凝固点。重复测量三次。要求三次测量的环己烷凝固点的绝对平均误差小于 ±0.003℃。

6. 溶液凝固点的测定

取出测定管，使管中的溶剂熔化，从测定管的支管中加入事先压成片状的 0.2~0.3g 的萘，待萘溶解后，用上述方法测定溶液的凝固点。先测凝固点的参考温度，再精确测凝固点。溶液凝固点是溶液过冷后温度回升所达到的最高温度，重复测量三次，要求三次测量的溶液凝固点的绝对平均误差小于 ±0.003℃。

【数据记录与处理】

按表 6-2-1 记录和处理数据。

表 6-2-1　凝固点降低法测定摩尔质量实验数据处理表

室温：_____

物　质	凝固点 T_f/K				凝固点降低值 ΔT_f/K	溶剂密度 $g \cdot cm^{-3}$	溶剂质量 $m_{环己烷}$/g
	参考温度	1	2	3	平均值			
溶剂（环己烷）$V_{环己烷}=25.00ml$								
溶液（萘）$m_萘=$___g								
萘的摩尔质量 $M_萘/g \cdot mol^{-1}$	$M_萘 = K_f \dfrac{m_萘}{\Delta T m_{环己烷}} \times 10^{-3} = $_____							

环己烷的密度 $d\,(kg \cdot m^{-3}) = 0.7971 \times 10^3 - 0.8879T$，其中 T 为温度，单位为℃。

【思考题】

1. 当溶质在溶液中有解离、缔合、溶剂化和配合物形成时，会对测定溶液凝固点的结果产生什么影响？

2. 为什么会产生过冷现象？如何控制过冷现象的程度？若过冷太甚，所测溶液凝固点偏低还是偏高？由此所得萘的相对分子质量偏低还是偏高？说明原因。

3. 为什么要先测近似凝固点？

4. 根据什么原则考虑加入溶质的量？太多或太少影响如何？

第三节　三组分液－液平衡系统相图的绘制

【实验目的】

1. 熟悉相律的内容。

2. 了解三组分相图的表示方法，掌握三组分相图的三角形坐标表示法。

3. 了解三元相图的绘制方法，用溶解度法绘制具有一对共轭溶液的三组分体系的相图。

【实验原理】

相律是描述多相平衡系统中的相数（Φ）、组分数（K）及自由度（f）之间关系的规律，其数学表达式为：

$$f = K - \Phi + n \qquad (6-3-1)$$

其中，n 为平衡系统的温度、压力、电场、磁场、重力场等影响因素的个数。

三组分体系的独立组分数 K = 3，当处于恒温、恒压条件时（即 n = 0，且无其他影响因素），根据相律，其条件自由度 f^{**} 为：

$$f^{**} = 3 - \Phi \qquad (6-3-2)$$

式中，Φ 为体系的相数。体系条件自由度最大值 $f_{max}^{**} = 3 - 1 = 2$，因此浓度变量最多只有两个，可用二维的平面图来表示体系状态和组成之间的关系。通常三组分体系的相图是采用等边三角形坐标来表示，称之为三元相图，如图 6-3-1 所示。等边三角形的三个顶点分别表示纯组分 A、B、C，三条边 AB、BC、CA 分别表示 A 和 B、B 和 C、C 和 A 两两之间所形成的二组分系统，而三角形内任何一点，则表示具有三种组分的系统。图 6-3-1中，P 点的组成表示如下：经 P 点作平行于三角形三边的直线，并交三边于 a、b、c 三点。若将三边均分成 100 等份，则 P 点体系的组成：A% = Cb/100，B% = Ac/100，C% = Ba/100（Cb、Ac、Ba 为边长）。

具有一对共轭溶液的三组分体系中，两对液体 A 和 B，A 和 C 完全互溶，而另一对液体 B 和 C 只能有限度的混溶，其相图如图 6-3-2 所示。正戊醇－乙酸－水是属于具有一对共轭溶液的三组分体系，其中正戊醇和水只能有限度的混溶。

图 6-3-2 中，E、K_2、K_1、P、L_1、L_2、F 点构成溶解度曲线，$K_1 L_1$ 和 $K_2 L_2$ 是连接线。溶解度曲线内是两相区，即一层是正戊醇在水中的饱和溶液，另一层是水在正戊醇中的饱和溶液；曲线外是单相区。利用体系在相变化时会出现清浊的现象，可以利用清浊现象来判断体系中各组分间互溶度的改变。一般来说，肉眼较易分辨溶液由清变浑。所以本实验

利用向均相澄清的正戊醇－乙酸体系中滴加水使之变成浑浊的二相的方法，来确定三组分相图中的溶解度曲线。

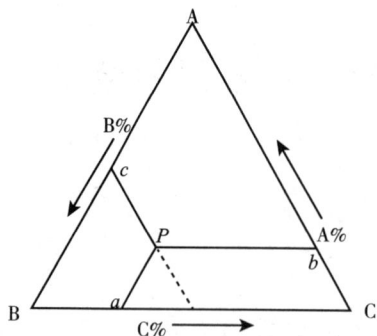

图 6-3-1　等边三角形表示三元相图

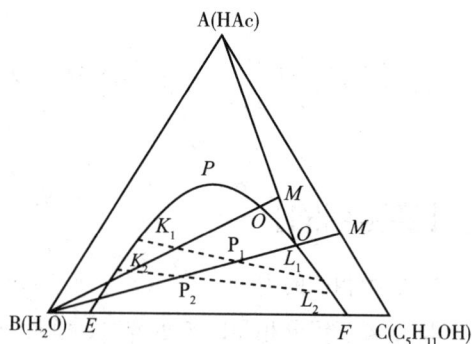

图 6-3-2　共轭溶液的三元相图

绘制溶解度曲线的方法：配制完全互溶的一定比例的 A 和 C 的均相溶液，其组成点为 M，当不断加入液体 B 时，则系统组成沿 MB 线移动，直至溶液由澄清变浑浊，刚出现浑浊的点变为 O 点。此时，向体系加入一定量的 A，溶液再次变得澄清，新的物系点 M'一定在 AO 线上。继续向新系统不断加入液体 B，系统组成沿 M'B 线移动，至溶液又变得浑浊，此时到达 O'点。如此重复，得到一系列相变点，再通过圆滑曲线相连，即可绘制出溶解度曲线。

在两相区，由于乙酸在正戊醇层和水层中不是等量分配，因此代表两相浓度的连接线并不一定与底边平行，若设三组分系统的组成为 P_1，P_1 处于共轭溶液的两相平衡区内，其组成由通过 P_1 点的连接线与溶解度曲线的交点 K_1、L_1 表示。同样地，$K_2 P_2 L_2$ 表示另一对共轭溶液的连接线。连接线的测量可以采用如下方法：当两相达成平衡时，将两相分离，分别测定两相中某一组分的含量，表示该组分含量的平行线与溶解度曲线的交点即为该相的物系点。本实验通过酸碱滴定法测定共轭溶液中的乙酸含量，进行连接线的测定，应注意代表乙酸组成的水平线一定会与溶解度曲线有两个交点，若测定的是水层数据，则应取靠近 H_2O 组分（左侧）的交点，而测定正戊醇层的数据时则应当反之。若测得的连接线正好通过体系原始组成点，说明实验得到了很准确的结果。

【仪器和试剂】

1. 仪器

电子天平，25ml 具塞锥形瓶，50ml、250ml 锥形瓶，50ml 酸式、碱式滴定管，50ml 具特氟隆活塞酸式滴定管，1ml、2ml 移液管，150ml 分液漏斗，4 英寸宽封口膜。

2. 试剂

正戊醇（分析纯），冰醋酸（分析纯），二水合草酸或邻苯二甲酸氢钾（分析纯，基准物质），0.5mol·L^{-1} 标准 NaOH 溶液，酚酞指示剂。

【实验步骤】

1. 正戊醇－水二元体系溶解度测定

分别在两支干燥、洁净的具特氟隆活塞的酸式滴定管中装入正戊醇和冰醋酸，将滴定管上端口用封口膜封闭，并戳一小孔通气。在普通的酸式滴定管中装入水。

利用滴定管向 50ml 干燥锥形瓶中加入 20ml 水，准确记录室温和加入水的体积，用封口膜封闭锥形瓶。将装有正戊醇的滴定管的滴嘴插入锥形瓶封口膜中，逐滴加入正戊醇并不断振荡溶液，直至溶液出现雾状浑浊，并保持 5 分钟以上，记录室温和加入正戊醇的体积。

利用滴定管向 50ml 干燥锥形瓶中加入 20ml 正戊醇，准确记录室温和加入正戊醇的体积，用封口膜封闭锥形瓶。将装有水的滴定管的滴嘴插入锥形瓶封口膜中，逐滴加入水并不断振荡溶液，直至溶液出现雾状浑浊，并保持 5 分钟以上，记录室温和加入水的体积。

2. 溶解度曲线（左半支）测定

取干燥的 250ml 具塞锥形瓶 1 只，向瓶中滴入 20ml 的正戊醇和 5ml 的冰醋酸，用封口膜封闭锥形瓶，记录室温和加入的正戊醇、乙酸的体积。将装有水的滴定管的滴嘴插入封口膜中，慢慢滴入水并不断振荡，滴至溶液出现浑浊终点并保持 5 分钟，记录室温和加入水的体积。

将装有乙酸的滴定管的滴嘴插入封口膜中，加入 5ml 的乙酸，振荡后溶液又变为澄清，记录室温和加入的乙酸体积。按上面同样方法用水滴定至浑浊终点，记录加入水的体积和室温。

以同样方法再依次加入 8ml、8ml、5ml 的乙酸，用水滴定，记录各次测定的组分用量。

最后，向所得的溶液中加入 10ml 的正戊醇，溶液分层，记录加入正戊醇的体积和室温。加塞后放置，静置半小时，并不时振荡，该溶液将用作测定连接线。

3. 溶解度曲线（右半支）测定

将正戊醇与水的角色互换，其他条件不变，按上述左半支测量类似方法测量溶解度曲线右半支，最后所得溶液也将用作测定另一条连接线。

4. 连接线测量

在碱式滴定管中装入新配制的 NaOH 溶液（$0.05 \sim 0.1 \text{mol} \cdot \text{L}^{-1}$），用基准物质标定 NaOH 溶液的浓度。

将 4 个 25ml 具塞锥形瓶预先称重。上面所得的两个测定连接线的溶液静置后分层，用干净的移液管分别吸取上层溶液 2ml、下层溶液 1ml，放入 4 个 25ml 具塞锥形瓶中，再称其重量，由此得到这 4 份溶液的质量。

将这 4 个锥形瓶中的溶液分别用水洗入容量瓶中定容（稀释程度根据滴定用 NaOH 溶液浓度自行决定），用已标定的 NaOH 溶液滴定每个溶液中乙酸的含量，用酚酞作指示剂。

【数据处理】

1. 溶解度曲线的绘制

根据正戊醇、乙酸和水所用的实际体积以及实验温度下各物质的密度，计算各浑浊点时每个组分的质量百分数，汇总并写出数据表格。将实验数据在三角形坐标系中作图，即获得溶解度曲线。

2. 画连接线

计算两个测量连接线溶液中正戊醇、乙酸、水的质量百分数，并在三角形相图上标出相应的 P_1、P_2 点。

将所取上述溶液各相中的乙酸含量计算出来，并标示到溶解度曲线上，由此可以作出两条连接线 K_1L_1 和 K_2L_2，它们应分别通过 P_1、P_2 点。

表 6 – 3 – 1　实验数据记录处理表

序号	乙酸		苯		水		总质量/g	质量百分数/%		
	V/ml	W/g	V/ml	W/g	V/ml	W/g		乙酸	苯	水
1										
2										
3										
4										
5										
6										
7										

【注意事项】

（1）因所测体系含有水的成分，故玻璃器皿在使用前需要干燥。

（2）在滴加水的过程中须一滴一滴地加入，且需不停地摇动锥形瓶，由于分散的"油珠"颗粒能散射光线，所以体系出现浑浊，如在 2～3 分钟内仍不消失，即达到终点。当体系中乙酸含量少时要特别注意滴加水的速度要慢，乙酸含量多时开始可快些，在接近终点时仍然要逐滴加入。

（3）在实验室中请穿戴实验服和防护目镜或面罩，佩戴口罩。

（4）在处理溶液时请使用丁腈橡胶手套，尤其是处理正戊醇和乙酸时。

（5）使用封口膜局部封闭烧瓶、滴定管开口处，减少挥发性污染和人体吸入，保持室内良好通风。

（6）乙酸和正戊醇能够刺激皮肤，尤其是乙酸，如发生皮肤沾染，请及时用大量水冲洗沾染部位 10 分钟以上，产生严重伤害的应立即就医。

（7）严禁吞咽乙酸和正戊醇，严禁乙酸和正戊醇接触眼睛等人体敏感部位，若发生此类意外应立即就医。

【思考题】

1. 为什么根据体系由清变浑的现象即可测定相变点？

2. 要绘制出有一对具有共轭溶液的三组分液 – 液平衡体系的相图关键是找出哪些点？如何找？

第四节　蔗糖水解反应的速率常数及活化能的测定

【实验目的】

1. 测定不同温度下蔗糖在酸性条件下的水解反应速率常数并计算反应的活化能。
2. 掌握反应速率常数与活化能的实验测定方法。
3. 明确活化能的概念及其对反应速率的影响。
4. 了解旋光仪的基本原理，并掌握其正确的操作技术。

【实验原理】

本实验所要测定的化学反应方程式为

$$C_{12}H_{22}O_{11}（蔗糖）+ H_2O \xrightarrow{H^+} C_6H_{12}O_6（葡萄糖）+ C_6H_{12}O_6（果糖）$$

实验证明，该反应的反应速率与蔗糖、水、氢离子的浓度都有关系。由于水溶液中，溶剂水的浓度基本不变，而氢离子由于在该反应作为催化剂，其浓度也保持不变，因此该反应的反应速率只与蔗糖浓度有关，可将该反应视为准一级反应，其动力学方程为：

$$\ln c_t = \ln c_0 - kt \qquad (6-4-1)$$

分离变量，进行定积分后得

$$v = \frac{dc_{蔗糖}}{dt} = kc_{蔗糖} \qquad (6-4-2)$$

式（6-4-1）中 k 为反应速率常数，c_0 为蔗糖在时间 t=0 时的浓度，c_t 为蔗糖在时间为 t 时的浓度，均由实验测得。只要能够测得不同时刻反应物和产物的浓度，就可以求得反应的速率常数。

对于一级反应，在式（6-4-1）中，当 $c_t = \dfrac{c_0}{2}$ 时，反应所需的时间称为反应的半衰期，用 $t_{1/2}$ 表示。由式（6-4-1）得

$$t_{1/2} = \frac{\ln 2}{k} = \frac{0.693}{k} \qquad (6-4-3)$$

本实验中所用的蔗糖及其水解产物均为旋光性物质，但各自的旋光度不同，故可以利用系统在反应过程中旋光度的变化来监控反应的进程。

当其他性质不变时，旋光度 α 与旋光性物质的浓度 c 成正比，即

$$\alpha = Kc \qquad (6-4-4)$$

K 为比例常数，与物质旋光能力、溶剂性质、液层厚度、光源波长、温度等因素有关，

且物质的旋光度 α 具有加和性。

在蔗糖的水解反应中，反应物蔗糖是右旋性物质，其比旋光度 $[\alpha]_D^{20} = +66.6°$。产物中葡萄糖也是右旋性物质，其比旋光度 $[\alpha]_D^{20} = +52.5°$，而果糖则是左旋性物质，其比旋光度 $[\alpha]_D^{20} = -91.9°$。随着水解反应的进行，蔗糖逐渐水解生成等量的葡萄糖和果糖，由于果糖的比旋光度的绝对值大于葡萄糖并且符号相反，溶液的旋光度将逐渐由右旋变为左旋。最后，当蔗糖完全转化为产物时，溶液的旋光度将达到最大值。

若反应时间为 0、t 和 ∞ 时，溶液的旋光度分别用 α_0、α_t 和 α_∞ 表示，则当蔗糖未转化时，体系的 α_0 为

$$\alpha_0 = K_反 \, c_0 \qquad (6-4-5)$$

当蔗糖已完全转化时，体系的旋光度 α_∞ 为

$$\alpha_\infty = K_生 \, c_0 \qquad (6-4-6)$$

式中的 $K_反$ 和 $K_生$ 分别为反应物和生成物的比例常数。这样，当反应进行到任意时刻，体系的旋光度为

$$\alpha_t = K_反 \, c + K_生 \, (c_0 - c) \qquad (6-4-7)$$

联立式 (6-4-5) (6-4-6) (6-4-7)，可以得到

$$c_0 = \frac{\alpha_0 - \alpha_\infty}{K_反 - K_生} = K \, (\alpha_0 - \alpha_\infty) \qquad (6-4-8)$$

$$c = \frac{\alpha_t - \alpha_\infty}{K_反 - K_生} = K \, (\alpha_t - \alpha_\infty) \qquad (6-4-9)$$

将式 (6-4-8) (6-4-9) 代入 (6-4-3) 式得

$$\ln \, (\alpha_t - \alpha_\infty) = -kt + \ln \, (\alpha_0 - \alpha_\infty) \qquad (6-4-10)$$

由此可见，以 $(\alpha_t - \alpha_\infty)$ 对 t 作图为一直线，由该直线的斜率可求得反应速率常数 k，进而可以求得半衰期 $t_{1/2}$。

阿伦尼乌斯方程是反应速率常数 k 随温度变化关系的经验公式，可表示为

$$k = k_0 e^{\frac{E_\alpha}{RT}} \qquad (6-4-11)$$

式中 E_a 是活化能，k_0 是指数前因子

将式 (6-4-11) 两边取对数，得

$$\ln k = -\frac{E_\alpha}{R} \cdot \frac{1}{T} + \ln k_0 \qquad (6-4-12)$$

由上式可知，$\ln k$ 对 $1/T$ 作图，可得直线，由直线的斜率和截距可分别求出 E_a 和 K_0，将式 (6-4-12) 微分，可得

$$\frac{d\ln k}{dT} = \frac{E_\alpha}{RT^2} \qquad (6-4-13)$$

将上式分离变量，可得

$$d\ln k = \frac{E_\alpha}{RT^2}dT \qquad (6-4-14)$$

当温度变化不大时，可认为 E_a 为定值，将式（4-4-14）定积分，得反应速率常数随温度变化的关系式，即为

$$\int_{k_1}^{k} dlnk = \frac{E_\alpha}{RT^2} \int_{T_1}^{T_2} dT \qquad (6-4-15)$$

计算得

$$\ln \frac{k_2}{k_1} = -\frac{E_\alpha}{R} \left(\frac{1}{T_2} - \frac{1}{T_1} \right) \qquad (6-4-16)$$

式中 k_1 和 k_2 为在温度 T_1 和 T_2 时的反应速率常数。利用上式，在 T_1 和 T_2 的反应速率常数已知的情况下，可以求得活化能 E_a；或已知 E_a 和 T_1、K_1 时，可以求出任一温度 T_2 时的反应速率常数 K_2。

【仪器和试剂】

1. 仪器

旋光仪（WZZ-2 型自动旋光仪或 301 型旋光仪），恒温槽，温度计，电子天平，秒表，25ml 移液管，200ml 烧杯，磨口具塞锥形瓶。

2. 试剂

蔗糖、$3mol \cdot L^{-1}$ 盐酸溶液。

【实验步骤】

（1）了解旋光仪的构造，学习旋光仪的使用方法及注意事项。

（2）记录室温度。

（3）旋光仪零点的校正：将旋光仪的旋光管内装入蒸馏水，测定旋光度，重复测量三次，取其平均值，作为旋光仪的零点。

（4）用天平称取 40g 蔗糖，加入 200ml 蒸馏水中配置成 20% 的蔗糖溶液，若溶液浑浊则需过滤。用移液管取 25ml 蔗糖溶液于干燥的 100ml 碘量瓶中，移取 25ml $3mol \cdot L^{-1}$ 盐酸溶液于另一碘量瓶中。

（5）迅速将盐酸溶液倒入蔗糖溶液中，计时开始。为了减少因溶液残留造成的误差，使蔗糖溶液和盐酸溶液完全定量混合，将初次混合的溶液倒回原来装盐酸的锥形瓶中，摇匀，再倒回原来装蔗糖溶液的瓶中，来回倒 3 次。用少量混合液润洗旋光管 2 次，然后将混合液装满旋光管，进行 α_t 的测定，从计时开始，每隔 3 分钟测一次旋光度，测定 6 次，然后每隔 5 分钟测一次，测定 3 次。

注意：装上液体后的旋光管中不应有气泡，旋紧旋光管两端的旋光片时既要防止过松引起液体渗漏，又要防止过紧造成用力过大而压碎旋光管。操作时应避免酸液漏到仪器上腐蚀仪器，实验结束后必须将旋光管洗净。旋光仪中的钠光灯不宜长时间开启，测量间隔时间较长时应熄灭钠光灯，以免损坏钠光灯，减少温度对旋光度的测定结果的影响。

（6）测定 30℃ 时，反应过程的旋光度的变化。

注意：提前将蔗糖溶液和盐酸溶液置于30℃的恒温水浴中使其温度恒定在30℃。旋光管置于恒温槽中，测定前迅速取出，两头擦净后进行测定。

（7）α_∞ 的测定：将步骤4剩余的混合液放入50~60℃的恒温水浴中，反应60分钟后冷却至室温，测定其旋光度，此值即为 α_∞。注意水浴温度不可太高，否则将产生副反应（溶液颜色变黄，说明发生了副反应）。同时在恒温过程中避免溶液蒸发影响浓度，以致造成测定的 α_∞ 的偏差。

【数据记录和处理】

1. 按表6-4-1记录实验数据及处理结果。

表6-4-1 不同时刻反应体系的旋光度数据

$\alpha_{零点} =$ _____； $c_{(HCl)} =$ _____； $c_{(蔗糖)}$ _____%；T = _____ K

t/min	α_t	$\alpha_t - \alpha_\infty$	ln（$\alpha_t - \alpha_\infty$）
0			
…			
∞			

2. 以 ln（$\alpha_t - \alpha_\infty$）对 t 作图为一直线，由该直线的斜率可求得反应速率常数 k，进而可以求得半衰期 $t_{1/2}$。

3. 根据阿伦尼乌斯方程，计算反应活化能 E_a。

【思考题】

1. 实验中为什么用蒸馏水来校正旋光仪的零点？

2. 如何判断某一旋光物质的旋光度是左旋还是右旋？

3. 蔗糖溶液为什么可以粗略配制？配制反应液时为什么要用移液管取蔗糖和盐酸溶液？

4. 蔗糖的转化速率和哪些因素有关？

第五节 丙酮溴化反应速率常数的测定

【实验目的】

1. 掌握反应速率、反应速率常数、反应级数的概念。

2. 采用初始速度法测定丙酮溴化反应的反应级数。

3. 常温下测定用酸作催化剂时丙酮溴化反应的反应速率常数。

4. 掌握分光光度计的使用方法。

【实验原理】

在酸性溶液中，丙酮的 $\alpha - H$ 能够被溴取代。其反应方程式为：

$$CH_3COCH_3 + Br_2 = CH_3COCH_2Br + Br^- + H^+$$

随着溴的消耗，溶液的颜色逐渐由黄变淡。

实验结果表明，在酸度很高的情况下，丙酮卤化的反应速率与卤素浓度无关，其速率方程为

$$v = -\frac{dc_{Br_2}}{dt} = \frac{dc_E}{dt} = kc_A^p c_{H^+}^q \qquad (6-5-1)$$

式中 c_{Br_2} 为溴的浓度；c_E 为溴代丙酮的浓度；c_A 为丙酮的浓度；c_{H^+} 为 H^+ 的浓度；k 为反应速率常数，p 和 q 分别为 c_A 与 c_{H^+} 浓度指数。如果 p、q、k 确定，则反应速率方程也能够确定下来。

为测定指数 p，必须进行两次实验。在两次实验中，丙酮的初始浓度不同，而 H^+ 的初始浓度不变。设第一次实验中丙酮的初始浓度 $(c_{A,0})_I$ 是第二次实验中浓度 $(c_{A,0})_{II}$ 的 n 倍。

$$\frac{r_I}{r_{II}} = \frac{(kc_{A,0}^p \cdot c_{H^+}^p)_I}{(kc_{A,0}^p \cdot c_{H^+}^q)_{II}} = n^p \qquad (6-5-2)$$

将上式取对数，得

$$p = \frac{lg\,(r_I/r_{II})}{lgn} \qquad (6-5-3)$$

在第二次实验中，使 $(c_{A,0})_{III} = (c_{A,0})_I$，而 $(c_{H^+,0})_I$ 是 $(c_{H^+,0})_{III}$ 的 m 倍，同理可求指数 q。即

$$q = \frac{lg\,(r_I/r_{III})}{lgm} \qquad (6-5-4)$$

若在实验中，保持丙酮和 H^+ 的初始浓度远大于溴的初始浓度，那么随着反应的进行，丙酮和 H^+ 的消耗可忽略不计，即可以认为丙酮和 H^+ 的浓度将基本保持不变。则式（6-5-1）积分后可得

$$-c_{Br_2} = kc_A^p c_{H^+}^q \cdot t + Q \qquad (6-5-5)$$

式中 Q 为积分常数。

本实验通过使用分光光度法监测溴在 450nm 处的吸光度值，来跟踪溴浓度随时间的变化情况，进而跟踪反应的进程。由朗伯 - 比尔定律，可得

$$A = Bc_{Br_2} \qquad (6-5-6)$$

式中 A 为吸光度值，B 为常数。带入上式，得：

$$-A = kBc_A^p c_{H^+}^q \cdot t + BQ \qquad (6-5-7)$$

用 A 对 t 作图可得直线，由斜率能求出反应速率常数 k。

【仪器和试剂】

1. 仪器

722 型分光光度计，超级恒温水浴，碘量瓶，容量瓶，移液管，秒表。

2. 试剂

0.02mol·L^{-1}溴溶液，4mol·L^{-1}丙酮，1mol·L^{-1}盐酸。

【实验步骤】

（1）熟悉分光光度计的使用方法，了解注意事项。

（2）对分光光度计进行仪器校正。

（3）测定三个已知溴浓度的吸光度，求常数 B。按表 6-5-1 中所列数据，用移液管准确移取溴溶液和 HCl 溶液，于 50ml 容量瓶中，加蒸馏水稀释到刻度，配制三份溶液，充分混合放置 10 分钟后，测量它们的吸光度值。

（4）丙酮溴化反应动力学参数的确定：将超级恒温水浴温度调至 25℃。按表 4-5-2 设计的实验来测定丙酮溴化反应的速率常数和反应级数。精确移取适量的溴水和盐酸至 100ml 碘量瓶中，混匀。将丙酮溶液精确移入另一碘量瓶中。将两个碘量瓶一起置于 25℃ 恒温水浴中恒温。10 分钟后，将丙酮迅速倒入盛有溴水和盐酸的碘量瓶中，立即开始计时。同时充分混合溶液。每分钟测定一次溶液的吸光度值，同时记录时间，直到吸光度值约为 0.1 以下为止。

表 6-5-1 样品的吸光度和 B 值

No.	V_{Br_2}/ml	V_{HCl}/ml	V_{water}/ml	C_{Br_2}	A	B	B 平均
1	10.0	10.0	30.0				
2	6.0	10.0	34.0				
3	3.0	10.0	37.0				

表 6-5-2 初始反应体积

No.	V_{Br_2}/ml	V_{HCl}/ml	V_{water}/ml	$V_{丙酮}$/ml
1	10	10	20	10
2	10	10	25	5
3	10	5	25	10

【数据记录和处理】

1. 将实验测得值和计算所得 c_{Br_2} 和常数 B 填入表 6-5-1。

2. 按表 6-5-2 设计反应体系，并按照表 6-5-3 记录实验中测定的吸光度，并计算每个吸光度对应的溴浓度，以溴浓度对时间 t 作图，求出 t=0 时刻的反应速率（t=0 时曲线的斜率），计算 p，q。

表6-5-3 实验数据记录表

No.	V_{Br_2}/ml	V_{HCl}/ml	V_{water}/ml	$V_{丙酮}$/ml	t/min	A	c_{Br_2}	r
1	10	10	20	10	1			
					2			
					3			
					……			
2	10	10	25	5	1			
					2			
					3			
					…			
3	10	5	25	10	1			
					2			
					3			
					…			

注：$p = \dfrac{lg\ (r_I/r_{II})}{lg2}$　　　$q = \dfrac{lg\ (r_I/r_{III})}{lg2}$

3. 以吸光度 A 对 t 作图，利用直线斜率计算反应速率常数 k。

【思考题】

1. 影响反应速率的主要因素是什么？

2. 本实验中，当反应物丙酮加到含有溴水的盐酸溶液中开始计时，这对实验结果有无影响？为什么？

第六节　最大泡压法测定溶液的表面张力

【实验目的】

1. 明确溶液表面吸附的概念和特点，理解表面张力和吸附之间的关系。

2. 掌握最大泡压法测定溶液表面张力的原理和技术。

3. 根据吉布斯公式计算溶液表面吸附量，绘制吸附等温线。

【实验原理】

1. 表面张力等温线

一定温度下，表示液体表面张力与溶液浓度关系的曲线，称为表面张力等温线，如图 6-6-1 所示。表面张力与溶液浓度之间的关系可以用数学方程式来表示，即表面张力等温式。用吸附平衡法可导出表面张力等温式，即

$$\sigma = \sigma_0 \ (1 - \frac{ac}{1 + bc}) \qquad (6-6-1)$$

式中 σ、σ_0 为溶液和纯溶剂的表面张力；c 为溶液的浓度；a、b 为常数。该式对小分子醇类、羧酸类、酚类（图 6-4-1 中的 II 型曲线）溶液有很好的拟合度。将该式作线性转换，可以得到

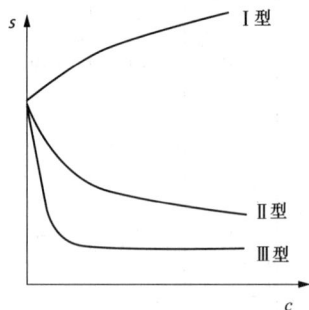

图 6-6-1 表面张力等温线

$$\frac{\sigma_0 c}{\sigma_n - \sigma} = \frac{b}{a}c + \frac{1}{a} \qquad (6-6-2)$$

2. 吉布斯吸附等温式

溶质在溶液中的分布是不均匀的，也就是说溶质在液体表面层中的浓度和液体内部不同，这种不同现象称为在溶液表面吸附现象。对于两组分（非电解质）稀溶液，在一定的温度和压力下，溶质的吸附量与溶液浓度的关系曲线称为表面吸附等温线（图 6-6-2），两者的数学关系服从吉布斯吸附等温式，即

$$\Gamma = \frac{-c}{RT} \ (\frac{d\sigma}{dc})_T \qquad (6-6-3)$$

式中 Γ 为溶质在单位表面层中的吸附量；c 为溶液的浓度；T 为热力学温度；σ 为溶液的表面张力；$\frac{d\sigma}{dc}$ 称为表面活度。若 $\frac{d\sigma}{dc} < 0$，溶液的表面张力将随溶质浓度的升高而降低，此时 $\Gamma > 0$，称溶质在液体表面产生正吸附。这类能降低水的表面张力的物质称为表面活性物质。反之，若 $\frac{d\sigma}{dc} > 0$，溶液的表面张力将随溶质浓度的升高而升高，此时 $\Gamma < 0$，称溶质在液体表面产生负吸附。这类能升高水的表面张力的物质称为表面惰性物质。

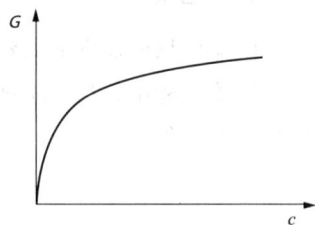

图 6-6-2 表面吸附等温线
（正吸附）

对于式 6-6-1，其相应的吸附等温式为

$$\Gamma = \frac{-c}{RT} \ (\frac{d\sigma}{dc})_T = \frac{-c}{RT} \cdot \ (-\frac{\sigma_0 a}{(1 + bc)^2}) = \frac{\sigma_0 a}{RT} \cdot \frac{c}{(1 + bc)^2} \qquad (6-6-4)$$

3. 最大气泡压力法测定表面张力原理

测定表面张力的仪器装置如图 6-6-3 所示。

测定管中的毛细管端面与液体相切，系统与外界隔离。打开减压装置，使毛细管内溶液受到的压力 $p_{外}$ 大于样品管中液面上的压力 $p_{内}$，在毛细管管端缓慢地逸出气泡，使毛细管口处的液体形成凹液面，同时产生曲面压力 p_r（$= p_{外} - p_{内}$）。将拉普拉斯公式用于球形液滴，可得

$$P_r = \frac{2\sigma}{r} \qquad (6-6-5)$$

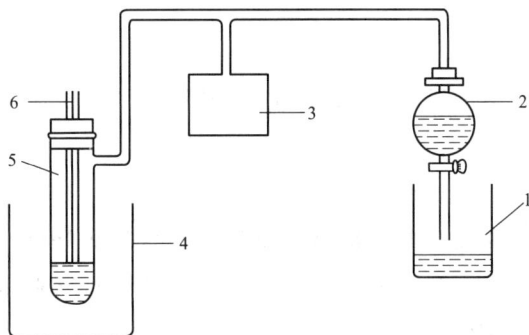

图 6 - 6 - 3　最大气泡压力法测定液体表面张力装置图

1. 烧杯；2. 滴液漏斗；3. 数字式微压差测量仪；

4. 恒温装置；5. 带有支管的试管；6. 毛细管

随着气泡的增大，液面的曲率半径 r 逐渐减小，p_r 逐渐增大。当半球形气泡形成时，r 等于毛细管半径 R。当气泡继续增大，r 又逐渐增大，直至气泡失去平衡而从毛细管的管口逸出。详细描述见图 6 - 6 - 4。

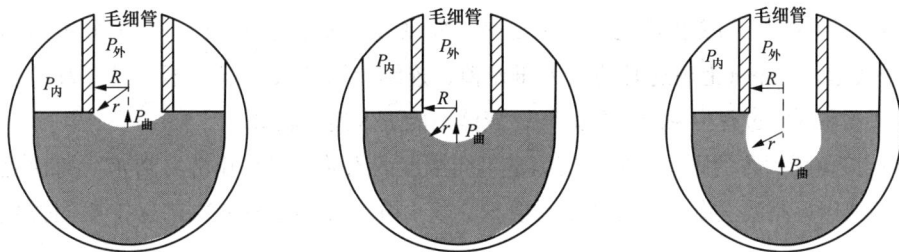

图 6 - 6 - 4　毛细管内液面变化和曲面压力变化

由式 6 - 6 - 5 可知，当 $r = R$ 时，p_r 有最大值。因此可通过测定气泡逸出时的最大压力差 p_r 来计算表面张力。p_r 可直接由压差仪读数得到。

实验温度下水的表面张力 σ 水可查表得到，用同一毛细管分别测定 $p_水$ 和 $p_{样品}$，可按下式计算样品的表面张力。即

$$p_{样品} = \frac{2\sigma_{样品}}{R} \tag{6 - 6 - 6}$$

$$p_水 = \frac{2\sigma_水}{R} \tag{6 - 6 - 7}$$

$$\sigma_{样品} = \frac{\sigma_水}{p_水 \times p_{样品}} \tag{6 - 6 - 8}$$

【仪器和试剂】

1. 仪器

表面张力测定装置（测定管、减压管、精度为 1Pa 的微压差仪），恒温槽，温度计（量

程 0 ~ 100℃）

2. 试剂

乙酸，异戊醇或其他表面活性物质，标准 NaOH 溶液。

【实验步骤】

（1）配制一系列浓度的乙酸水溶液，使其浓度约为 $0.1 mol \cdot L^{-1}$、$0.25 mol \cdot L^{-1}$、$0.50 mol \cdot L^{-1}$、$1.0 mol \cdot L^{-1}$、$1.5 mol \cdot L^{-1}$、$2.0 mol \cdot L^{-1}$ 和 $3.0 mol \cdot L^{-1}$，用标准 NaOH 溶液滴定，确定其准确的浓度值。

若测定异戊醇溶液的表面张力，配制的溶液浓度分别约为 $0.00625 mol \cdot L^{-1}$、$0.0125 mol \cdot L^{-1}$、$0.025 mol \cdot L^{-1}$、$0.05 mol \cdot L^{-1}$ 及 $0.1 mol \cdot L^{-1}$。用阿贝折射仪测定溶液的折射率，由标准曲线确定溶液的准确浓度值。

（2）取一定量的蒸馏水注入事先洗净的测定管中，插入毛细管，调节蒸馏水的量，确保液面与毛细管端恰好接触。将测定管固定到恒温槽中，注意保持垂直。调节恒温槽温度至指定值，如30℃。压力计调零后，与系统相连。

（3）恒温 5 ~ 10 分钟后，打开降压管活塞缓慢放水，系统逐渐减压，控制水的流速使压差计的示值每 1Pa 的变化都能够显示出来，控制气泡逃逸速度，使得每 1 分钟逃逸出约 8 ~ 12 个气泡。记录气泡逃逸时的最大压差值，连续读取三次（误差不超过 ±2Pa），取平均值。注意在测定过程中系统不要漏气，液体不能进入连接软管。

（4）按由稀到浓的顺序，依同法测定不同浓度的乙酸（或异戊醇）溶液。每次更换溶液时，必须用待测液洗涤毛细管内壁及管壁 3 次，并且使测定管每次都保持相同位置和垂直度。

（5）实验完毕，用洗衣粉（内含去污粉）和热水清洗测定管，蒸馏水冲淋后沥干待用。仪器复位，整理实验台。

【数据记录和处理】

（1）按表 6 - 6 - 1 记录实验数据。

（2）以 σ 对 c 作图，得到表面张力等温线（横坐标浓度从零开始）。

（3）用 Excel 软件进行数据拟合。

应用"归化求解"功能对式 6 - 6 - 1 进行非线性拟合，求出常数 a 和 b。

也可按方程 6 - 6 - 2，作线性拟合，由截距和斜率求出常数 a 和 b。

（4）按式 6 - 6 - 4，计算不同浓度的吸附量 Γ，并以吸附量 Γ 对浓度 c 作图，得到表现吸附等温线（对乙酸溶液，用低浓度部分 $c < 1.5 mol \cdot L^{-1}$ 进行计算）

【思考题】

1. 表面张力测定管的清洁与否对所测数据有何影响？

2. 本实验成败的关键是什么？如果气泡出得很快，或两三个一起出来对结果有什么影响？

3. 毛细管的端口为什么要刚好接触液面？操作过程中如将毛细管端口插入液面过深，有何影响？

表 6 – 6 – 1 最大气泡压力法测定表面张力实验值

T：_____ K；p：_____ kPa

$c/$（mol·L^{-1}）	p_r/kPa	$\sigma_{样品}/$（N/m）	$\Gamma/\times 10^6$（mol/m^3）

【其他测量系统】

正丁醇水溶液，浓度为 0.02mol·L^{-1}、0.05mol·L^{-1}、0.10mol·L^{-1}、0.20mol·L^{-1}、0.25mol·L^{-1}、0.30mol·L^{-1}、0.35mol·L^{-1}和 0.50mol·L^{-1}。

乙醇水溶液，浓度为 5%、10%、15%、20%、25%、30%.、35%和40%。

用正丁醇或乙醇作为研究系统时，需要先用阿贝折射仪测定各配制浓度溶液的折射率，然后根据实验室给出的浓度 – 折射率标准曲线求得准确的溶液浓度值。

第七节 固体在溶液中的吸附

【实验目的】

1. 了解固 – 液界面的分子吸附及测量方法。

2. 验证弗罗因德利希（Freundlich）经验公式和兰格缪尔（Langmuir）吸附公式。

3. 测定活性炭在乙酸水溶液中对乙酸的吸附作用，并由此计算活性炭的比表面。

【实验原理】

多孔性或高度分散的吸附剂（如活性炭、硅胶等）具有较大的比表面积，在溶液中有较强的吸附能力。由于吸附剂表面结构的不同，对不同的吸附质有着不同的相互作用，因而吸附剂能够从混合溶液中有选择地把某一种溶质吸附。这种选择性吸附能力在工业上有着广泛的应用，如糖的脱色提纯等。

吸附能力的大小常用吸附量 Γ 表示。吸附量通常指每克吸附剂吸附溶质的物质的量，在恒定温度下，吸附量与溶液中吸附质的平衡浓度有关。弗罗因德利希（Freundlich）从吸附量和平衡浓度的关系曲线，得出经验方程：

$$\Gamma = \frac{\chi}{m} = kc^{\frac{1}{n}} \qquad\qquad (6 - 7 - 1)$$

式中：χ 为吸附溶质的物质的量，单位为 mol；m 为吸附剂的质量，单位为 g；c 为平衡浓度，单位为 mol·L^{-1}；k、n 为经验常数，由温度、溶剂、吸附质及吸附剂的性质决定（n 一般在 0.1~0.5 之间）。

将式 6-7-1 取对数：

$$lg\Gamma = lg\frac{\chi}{m} = \frac{1}{n}lgc + lgk \qquad (6-7-2)$$

以 $lg\Gamma$ 对 lgc 作图可得一直线，从直线的斜率和截距可求得 n 和 k。6-7-1 式系纯经验方程式，只适用于浓度不太大和不太小的溶液。从表面上看，k 为 $c=1$ 时的 Γ，但这时 6-7-1 式可能已不适用。一般吸附剂和吸附质改变时，n 改变不大，而 k 值则变化很大。

兰格缪尔（Langmuir）根据大量实验事实，提出固体对气体的单分子层吸附理论：固体表面的吸附作用是单分子层吸附，即吸附剂一旦被吸附质占据之后，就不能再产生吸附；固体表面是均匀的，各处的吸附能力相同，吸附热不随覆盖程度而变；被吸附在固体表面上的分子，相互之间无作用力；吸附平衡是动态平衡，并基于固体对气体的单分子层吸附理论导出下列吸附等温式，在平衡浓度为 c 时的吸附量 Γ 可用下式表示：

$$\Gamma = \Gamma_\infty \frac{ck}{1+ck} \qquad (6-7-3)$$

Γ_∞ 为饱和吸附量，即表面被吸附质铺满单分子层时的吸附量。k 是常数，也称吸附系数。

将 4-7-3 式重新整理可得：

$$\frac{c}{\Gamma} = \frac{1}{\Gamma_\infty k} + \frac{1}{\Gamma_\infty}c \qquad (6-7-4)$$

以 $\frac{c}{\Gamma}$ 对 c 作图，得一直线，由这一直线的斜率可求得 Γ_∞，再结合截距可求得常数 k。这个 k 实际上带有吸附和脱附平衡的平衡常数的性质，而不同于弗罗因德利希方程式中的 k。

根据 Γ_∞ 的数值，按照兰格缪尔单分子层吸附的模型，并假定吸附质分子在吸附剂表面上是直立的，每个乙酸分子所占的面积以 0.243nm^2 计算（此数据是根据水-空气界面上对于直链脂肪酸测定的结果得到的）。则吸附剂的比表面 S_0 可按下式计算得到：

$$S_0 = \Gamma_\infty \times N_0 \times \alpha_\infty = \frac{\Gamma_\infty \times 6.02 \times 10^{23} \times 0.243}{10^{18}} \qquad (6-7-5)$$

式中 S_0 为比表面，即每克吸附剂具有的总表面积（m^2/g）；N_0 为阿佛加德罗常数（6.02×10^{23}mol^{-1}）；α_∞ 为每个吸附分子的横截面积；10^{18} 是因为 $1m^2 = 10^{18}$nm^2 所引入的换算因子。

根据上述所得的比表面积，往往要比实际数值小一些。原因有二：一是忽略了界面上被溶剂占据的部分；二是吸附剂表面上有小孔，乙酸不能钻进去，故这一方法所得的比表面一般偏小。不过这一方法测定时操作简便，又不需要特殊的仪器，因此可以作为了解固体吸附剂性能的一种简便的实验方法。

【实验仪器与试剂】

1. 仪器

HY – 4 型调速多用振荡器，250ml 碘量瓶，150ml 锥形瓶，100ml 酸式滴定管，50ml 碱式滴定管，10ml 和 20ml 移液管，玻璃漏斗，洗耳球，温度计，电子天平，称量瓶。

2. 试剂

浓度约为 0.1mol · L^{-1} NaOH 标准溶液，浓度约为 0.04mol · L^{-1}、0.08mol · L^{-1}、0.12mol · L^{-1}、0.20mol · L^{-1}、0.30mol · L^{-1}和 0.40mol · L^{-1}的乙酸标准溶液，活性炭，酚酞指示剂。

【实验步骤】

（1）分别称取 6 份 1.000g 的活性炭于 6 个碘量瓶中，注意编号。

（2）分别用 100ml 滴定管在碘量瓶中依次加入 6 个浓度的乙酸溶液 100ml。

（3）振摇碘量瓶约 30 分钟，使吸附达到平衡。

（4）按浓度由小到大的顺序，分别过滤 6 个碘量瓶中的溶液于 6 个锥形瓶中。注意，过滤时要弃去最初部分滤液。

（5）对于浓度较小的三个样品，用移液管吸取 20ml 滤液，加入酚酞指示剂，用 0.1mol · L^{-1}的标准 NaOH 滴定至终点。将消耗的 NaOH 体积除 2，折算成 10ml 样品的消耗量。每个样品至少滴定 2 次，若 2 次滴定消耗的体积差值大于 0.02ml，应再次滴定。

（6）对于浓度较大的三个样品，用移液管吸取 10ml 滤液，进行同样的滴定分析，结果同样采用 10ml 样品的消耗量表示。

（7）取 10ml 蒸馏水，作空白滴定。

（8）清洗仪器，整理实验台。

【数据记录和处理】

（1）将实验数据记录到表 6 – 7 – 4 中。

（2）由平衡浓度 c 及初始浓度 c_0，按公式：$\varGamma =（c_0 - c）V/m$ 计算吸附量，式中 V 为溶液总体积，单位为 L；m 为活性炭的质量，单位为 g。

（3）作吸附量 $\varGamma$ 对平衡浓度 c 的等温线。

（4）以 lg$\varGamma$ 对 lg$c$ 作图，从所得直线的斜率和截距可求得 6 – 7 – 1 式中的常数 n 和 k。

（5）计算 $c/\varGamma$，以 $c/\varGamma$ 对 c 作图，由图求得 $\varGamma_\infty$，将 $\varGamma_\infty$ 值用虚线作一水平线在 $\varGamma - c$ 图上。这一虚线即是吸附量 $\varGamma$ 的渐近线。

（6）由 $\varGamma_\infty$ 根据 6 – 7 – 5 式计算活性炭的比表面。

表 6 - 7 - 1   溶液浓度和活性炭对乙酸溶液的吸附量

T：_____ K；p：_____ kPa；c_{NaOH}：_____ mol·L^{-1}；V_{HAC}：0.1000L

No.	乙酸的初始浓度 c_0 (mol·L^{-1})	活性炭质量 m (g)	滴定时乙酸的取样量（ml）	滴定耗碱量（ml）	乙酸平衡浓度 c (mol·L^{-1})	Γ (mol·g^{-1})	lgc	lgΓ	c/Γ
1									
2									
3									
4									
5									
6									

【注意事项】

（1）温度及气压不同，得出的吸附常数也不同，因此实验结果应当标注室温和气压。

（2）使用的仪器干燥无水；注意密闭，防止与空气接触影响活性炭对乙酸的吸附。

（3）滴定时注意观察终点的到达。

（4）在浓的乙酸溶液中，应该在操作过程中防止乙酸的挥发，以免引起较大的误差。

（5）本实验溶液配制用不含 CO_2 的蒸馏水进行。

（6）如果是粉状性活性炭，则应过滤，弃去最初 10ml 滤液。若为颗粒状活性炭，可以不过滤。本实验不宜采用骨炭。

（7）活性炭吸附乙酸是可逆吸附。使用过的活性炭可用蒸馏水浸泡数次，烘干后回收利用。

【思考题】

1. 实验中为什么过滤活性炭时要弃去部分最初滤液？

2. 实验操作中应注意哪些问题以减少误差？

第八节 乳状液的制备和性质

【实验目的】

1. 了解乳状液的基本概念和性质。

2. 掌握乳状液的制备方法

3. 掌握乳状液各类型的鉴别方法。

【实验原理】

乳状液是指一种液体分散在另一种与它不相溶的液体中所形成的分散体系。乳状液有两种类型，即水包油（O/W）型和油包水（W/O）型。只有两种不相溶的液体是不能形成稳定的乳状液的，要形成稳定的乳状液，必须有乳化剂的存在。通常乳化剂为表面活性剂。表面活性剂的作用在于降低界面张力，形成一定强度的保护膜，从而使乳状液稳定。乳状液的类型与形成时所添加的乳化剂性质有关。

衡量乳化性能最常用的指标是亲水亲油平衡值（HLB 值）。HLB 值低表示乳化剂的亲油性强，易形成油包水（W/O）型体系；HLB 值高则表示亲水性强，易形成水包油（O/W）型体系。HLB 值有一定的加和性，利用这一特性，可制备出具有不同 HLB 值的系列乳状液。

本实验主要用到油酸钠（HLB 值为 18.0）、Tween－80（HLB 值为 15.0）、Span－80（HLB 值为 4.3）等表面活性剂作为乳化剂进行实验。

乳状液的形成分成两步：首先是在剧烈震荡或搅拌下，油相和水相相互混合，各相逐渐成为细小的液滴，分散到另一相中；然后其中的一相再合并为分散介质，形成乳状液。因此，在制备乳状液时，要注意控制振荡和搅拌的时间，连续长时间的振荡和搅拌，并不能达到预期的效果，最好采用间歇振荡的方法。

乳状液的类型通常可用以下三种方法鉴别。

1. 稀释法　加一滴乳状液于水中，如果立即散开，即说明乳状液的分散介质为水，故乳状液属水包油型，例如牛奶；如不立即散开，即为油包水型。

2. 电导法　水相中一般都含有离子，故其导电能力比油相大得多。当水为连续的分散介质（即 O/W 型）时乳状液的导电能力大；反之，当油为连续的分散介质而水为分散相（即 W/O 型）时，水滴不连续，乳状液导电能力小。将两个电极插入乳状液，接通直流电源，并串联电流表，则电流表显著偏转，为水包油型乳状液；若指针几乎不动，为油包水型乳状液。

3. 染色法　选择一种仅溶于水或仅溶于油的染料，加入乳状液。若染料溶于连续相，则乳状液内呈现均匀的染料颜色；若染料溶于分散相，则在乳状液中出现一个个染色的小液滴。因此，根据染料的分散情况可以判断乳状液的类型。例如，水溶性亚甲基蓝加入乳状液中，整个溶液呈蓝色，说明水是连续相，乳状液是 O/W 型，若只有小液珠染色，则是W/O 型。若将油溶性苏丹Ⅲ加入乳状液，情况恰好相反。

当加入某种物质后，乳液可以由一种类型转变为另一种类型，这种现象称为乳状液的转相。例如，在以肥皂为乳化剂的 O/W 型乳状液中，加入钙盐，则会转变为 W/O 型乳状液。

此外，在工业上常需破坏一些乳状液，常用的破乳方法有以下几种。

1. 加破乳剂法　破乳剂往往是反型乳化剂。例如，对于由油酸镁做乳化剂的油包水型乳状液，加入适量油酸钠可使乳状液破坏。因为油酸钠亲水性强，它也能在液面上吸附，形成较厚的水化膜，与油酸镁相对抗，互相降低油酸镁的乳化作用，使乳状液稳定性降低而被破坏。但是若油酸钠加入过多，则其乳化作用占优势，油包水型乳化液可能转化为水包油型乳化液。

2. 加电解质法 不同电解质可能产生不同作用。一般来说，在水包油型乳状液中加入电解质，可改变乳状液的亲水、亲油平衡，从而降低乳状液的稳定性。

有些电解质，能与乳化剂发生化学反应，破坏其乳化能力或形成新的乳化剂。如在油酸钠稳定的乳状液中加入盐酸，由于油酸钠与盐酸发生反应生成油酸，失去了乳化能力，使乳状液破坏，反应方程式如下：

$$C_{17}H_{33}COONa + HCl \longrightarrow C_{17}H_{33}COOH + NaCl$$

同样，如果在油酸钠稳定的乳状液中加入氯化镁，则可生成油酸镁，乳化剂由一价皂变成二价皂。当加入适量氯化镁时，生成的反型乳化剂油酸镁与剩余的油酸钠对抗，使乳状液破坏。若加入过量氯化镁，则形成的油酸镁乳化作用占优势，使水包油型的乳状液转化为油包水型的乳状液，反应方程式如下：

$$2C_{17}H_{33}COONa + MgCl_2 \longrightarrow (C_{17}H_{33}COO)_2Mg + 2NaCl$$

3. 加热法 升高温度可使乳状剂在界面上的吸附量降低，溶剂化层变薄，降低了介质黏度，增强了布朗运动，因此减少了乳状液的稳定性，有助于乳状液的破坏。

4. 高压电法 在高压电场的作用下，液滴发生变形，彼此连接合作，分散度下降，造成乳状液的破坏。

【仪器和试剂】

1. 仪器
电导仪，玻璃棒、具塞锥形瓶，试管，烧杯，量筒，滴定管。

2. 试剂
冰醋酸（分析纯），正戊醇（分析纯），环己烷（分析纯），2% 油酸钠水溶液，0.4% Tween-80 溶液，1% Span-80 环己烷溶液，1% 苏丹 Ⅲ 环己烷溶液，0.5% 亚甲蓝水溶液，$0.2mol \cdot L^{-1}$ 的 $CaCl_2$ 溶液。

【实验步骤】

一、乳状液的制备

1. 取 2% 油酸钠溶液 25ml 于 100ml 磨口锥形瓶中，加入 2ml 环己烷，激烈振荡半分钟，再加入 2ml 环己烷，直至加入环己烷的总量为 25ml 为止。仔细观察每次加入环己烷及振荡后的现象。制备好后，塞紧锥形瓶，备用，将其记为乳状液 Ⅰ。

2. 取 0.4% Tween-80 溶液 15ml 于磨口锥形瓶中，加入 2ml 环己烷，激烈振荡半分钟，再加入 2ml 环己烷，直至加入环己烷的总量为 15ml 为止。仔细观察每次加入环己烷及振荡后的现象。制备好后，塞紧锥形瓶，备用，将其记为乳状液 Ⅱ。

3. 取 1% span - 80 溶液 14ml 于磨口锥形瓶中, 另取 6ml 水, 按上法操作, 仔细观察每次加入水及振荡后的现象。制备好后, 塞紧锥形瓶, 备用, 将其记为乳状液Ⅲ。

二、乳状液的类型鉴别

1. 稀释法 取试管一支, 装 2ml 水, 滴加几滴乳状液Ⅰ, 振荡试管, 观察现象, 并记录。

2. 染色法 取 2ml 乳状液Ⅰ于试管中, 加苏丹Ⅲ溶液 2 滴, 摇匀。仔细观察现象, 记下显红色的是分散相还是分散介质。再用亚甲基蓝溶液, 按上法操作, 观察显蓝色的是分散相还是分散介质, 并记录。

3. 电导法 将 20ml 乳状液Ⅰ倒入 50ml 小烧杯中, 按电导测定方法操作, 根据指针偏转大小的情况, 确定乳状液的类型。

4. 用上述三种方法, 对乳状液Ⅱ、乳状液Ⅲ分别进行鉴别, 并记录现象。

三、乳状液的转相

取 20ml 乳状液Ⅰ于 100ml 磨口锥形瓶中, 用滴定管逐滴加入 $0.2mol \cdot L^{-1}$ 的 $CaCl_2$ 溶液, 每次加入 0.5ml, 激烈振荡半分钟, 并测定其电导率。观察电导率随 $CaCl_2$ 溶液加入量的变化, 至电导率突然下降为止, 并用染色法确定电导率下降后乳状液的类型。

四、破乳

1. 取 2ml 乳状液Ⅰ于试管中, 加入 2ml 戊醇, 剧烈振荡后, 静置数分钟, 目测所发生的变化, 记录所看到的现象。

2. 取 2ml 乳状液Ⅰ于试管中, 缓缓加入 2ml 乙酸, 观察其变化情况, 振荡后静置, 观察现象并记录。

【数据记录和处理】

表 6 - 8 - 1 实验现象及鉴别结果

试验方法	乳状液Ⅰ	乳状液Ⅱ	乳状液Ⅲ
稀释法			
苏丹Ⅲ			
亚甲蓝			
电导法			
乳状液类型			

表6-8-2 乳状液转相和破乳现象记录

实验项目	实验现象	原因
乳状液转相		
破乳（1）		
破乳（2）		

【思考题】

1. 在制备乳状液时为什么要激烈振荡？是否可以长时间振荡？
2. 乳状液的稳定性主要受到什么因素影响？

第九节　溶胶的制备及性质

【实验目的】

1. 学习溶胶的多种制备方法。
2. 学习溶胶的光学性质，观察溶胶的丁达尔现象。
3. 了解电解质对溶胶稳定性的影响。

【实验原理】

一、溶胶的制备

溶胶的制备方法有分散法和凝聚法两大类。分散法是把大颗粒的物质用适当的方法粉碎为胶体大小的质点而获得胶体；凝聚法是把小分子或离子聚集成胶体大小的质点而制得溶胶。例如，$Fe(OH)_3$ 溶胶就是采用凝聚法制备的：通过水解 $FeCl_3$ 溶液生成难溶于水的 $Fe(OH)_3$，然后在适当的条件下，过饱和的 $Fe(OH)_3$ 溶液析出小的颗粒而形成 $Fe(OH)_3$ 溶胶。

一般制备的溶胶中会含有过多的电解质，会影响溶胶的稳定性。为除去过多的电解质纯化溶胶，通常采用的方法有半透膜渗析、电渗析和超过滤法。

二、溶胶的光学性质

当把一束可见光投射到分散系统上时，如果分散系统的粒径大于入射光的波长，粒子对光主要起反射作用；胶体分散系统对可见光主要起散射作用。粗分散系统对可见光主要起反射作用，胶体分散系统对可见光主要起散射作用。当一束可见光通过胶体时，在光线的垂直方向观察，可以看到胶体中有一明亮的光柱，这就是丁达尔现象。

三、溶胶的稳定性和电解质对溶胶的聚沉作用

溶胶是热力学不稳定系统，胶粒粒子可相互接近产生凝聚作用，颗粒逐渐增大而聚沉。

适量的电解质可以作为溶胶的稳定剂，过量的电解质可以使溶胶聚沉。电解质使溶胶聚沉的能力通常用聚沉值表示。沉聚值是使溶胶发生聚沉时需要电解质的最小浓度，单位为 $mol \cdot L^{-1}$。聚沉值与溶胶电荷相反的离子价数 6 次方成反比，即

$$M^+ : M^{2+} : M^{3+} = (1/1)^6 : (1/2)^6 : (1/3)^6 = 100 : 1.6 : 0.14$$

这就是舒尔茨 - 哈代规则。由此可知，电解质中与溶胶电荷相反的离子价数越高，它的聚沉能力就越强。

【仪器和试剂】

1. 仪器

25ml 和 100ml 量筒，50ml、200ml 和 1000ml 烧杯，250ml 三角烧瓶，电炉，温度计（100℃），试管，移液管。

2. 试剂

2% 松香乙醇溶液，3% $AlCl_3$ 溶液，$0.4mol \cdot L^{-1}$ 的 NH_4OH，$0.1mol \cdot L^{-1}$ 的 HCl，3% $FeCl_3$ 溶液，5% 火棉胶液，1% 硝酸银溶液，$1mol \cdot L^{-1}$ 的 KCl 溶液，$0.025mol \cdot L^{-1}$ 的 K_2SO_4 溶液，$0.015mol \cdot L^{-1}$ 的 $K_3 [Fe (CN)_6]$ 溶液。

【实验步骤】

一、制备渗析袋

在一只洁净、干燥的 250ml 锥形瓶中，倒入约 20ml 的 5% 火棉胶液（注意远离火焰），小心转动锥形瓶，使其在锥形瓶内的瓶壁上形成一均匀薄层。将多余的火棉胶液倒回瓶中（注意切勿倒入水池中），把锥形瓶倒置放在铁圈上，直到无火棉胶液流出。待乙醚挥发一段时间，轻触火棉胶膜不再粘手时，在锥形瓶内加满自来水除去残留的溶剂，几分钟后倒掉水，在锥形瓶口剥离开一部分膜。在膜与瓶壁之间注入自来水，将渗析袋完整地从瓶壁上脱离下来，注意不要损坏。取出渗析袋后，向其中加满蒸馏水，检查是否漏水，若不漏水，则渗析袋完好无损，泡入蒸馏水中备用。

二、溶胶的制备

1. 置换溶剂法制备松香水溶胶

在一个 50ml 烧杯中加入 20ml 蒸馏水，边搅拌边逐滴加入 5 ~ 6 滴 2% 的松香乙醇溶液（滴加不宜过量，否则因松香过多形成浑浊的悬浮液）。观察松香水溶胶的透视光和侧射光，注意观察丁达尔现象，并与松香乙醇溶液对比。

2. 溶胶法制备 Al（OH）₃溶胶

在一个 50ml 烧杯中加入 5ml 3% $AlCl_3$ 溶液，加入略微过量的 $0.4mol \cdot L^{-1}$ 的 NH_4OH 溶液。使 $AlCl_3$ 形成 $Al（OH）_3$ 沉淀，将 $Al（OH）_3$ 沉淀过滤分离出来，并用蒸馏水洗涤数次。当沉淀极黏稠时，将其转入 100ml 蒸馏水中煮沸，并不时滴加 3~4 滴 $0.1mol \cdot L^{-1}$ 的 HCl，继续加热约 10 分钟后，停止加热，放置约 1 小时，沉淀几乎全部形成胶溶，观察 $Al（OH）_3$ 溶胶的丁达尔现象。

3. 水解法制备 Fe（OH）₃溶胶

取 200ml 蒸馏水于烧杯中，加热至沸腾，边搅拌边滴加 20ml 3% $FeCl_3$ 溶液，再煮沸约 2 分钟，得棕红色的 $Fe（OH）_3$ 溶胶。取约 20ml 的 $Fe（OH）_3$ 溶胶放入小烧杯中，用 20ml 蒸馏水稀释后，观察丁达尔现象。剩余的溶胶留作渗析实验和聚沉实验使用。

三、溶胶的渗析

将 $Fe（OH）_3$ 溶胶倒入火棉胶袋中，扎好袋口，将其放入一盛有约 600ml 蒸馏水的 1000ml 烧杯中。根据情况选用热渗析法或冷渗析法纯化溶胶。

1. 热渗析

加热至 60~70℃，30 分钟更换一次蒸馏水，直至渗析液用 $AgNO_3$ 溶液检查不出 Cl^- 时为止。

2. 冷渗析

在室温静置 4 天左右，每天更换一次蒸馏水，最后用 $AgNO_3$ 溶液检查 Cl^- 残留情况。

四、电解质对溶胶的沉聚作用

用移液管在 3 个干净的试管中分别注入 2ml 的 $Fe（OH）_3$ 溶胶，然后在每个试管中分别用滴管慢慢地滴入 $1mol \cdot L^{-1}$ 的 KCl、$0.025mol \cdot L^{-1}$ 的 K_2SO_4、$0.015mol \cdot L^{-1}$ 的 $K_3[Fe(CN)_6]$，并振荡试管。注意，开始有明显聚沉物出现时，即停止加入电解质，记下停止时已经加入的电解质溶液的滴数，并换算成聚沉值。

【数据记录及处理】

1. 记录各实验现象，并加以解释说明之。
2. 试比较三种电解质聚沉值的大小，说明 $Fe（OH）_3$ 溶胶所带电荷。

【思考题】

电解质引起溶胶发生聚沉作用的根本原因是什么？

第七章 综合性、设计性、探究性实验

第一节 综合性实验——磺基水杨酸合铜（Ⅱ）配合物的组成及其稳定常数的测定

【实验目的】

1. 学习用 pH 值法测定配合物的组成和逐级稳定常数的原理、方法和数据处理。
2. 知道酸效应系数、离子强度、质子理论等基本概念。
3. 了解分光光度法测定配合物稳定常数的原理、方法和数据处理。
4. 巩固酸度计的使用，学习分光光度计的使用。
5. 通过综合实验的操作和对实验数据的处理进一步提高科研意识和科学素养。

【实验概述】

药物的有效成分，大多含有有机配位基团：羟基、羧基、氨基、巯基、羰基、杂环氮等，其中的氧、碳、氮、硫原子可提供孤对电子与金属离子形成配合物。无论是共存于药物中的有机成分与金属离子，还是进入人体中的药物有效成分与人体内的微量元素（铁、锌、铜、锰、铬、钼、钴、硒、镍等）无疑都存在相互作用和相互影响。如：麻杏石甘汤中的麻黄碱、甘草酸能与大多数金属离子形成二元或三元配合物减轻游离金属离子对胃肠刺激和对人体毒性。中药麻柳叶有效成分水杨酸铜配合物对关节炎特别有效。芦丁铜配合物比芦丁抑制癌细胞分裂能力更强。

生物体内是一个多配体、多金属离子共存的体系，生物体内新陈代谢也必有一系列复杂的配位平衡和配位动力学问题。因此配合物的结构、组成和稳定性，在中药有效成分的分离提取及其在人体内作用机制的研究中具有重要意义。

本实验以磺基水杨酸与铜离子形成的配合物为研究对象，测定配合物的组成和逐级稳定常数。

磺基水杨酸为白色结晶或结晶性粉末，高温时分解为酚和水杨酸。其结构如图 7-1-1 所示。

磺基水杨酸中的羟基、磺酸基和羧基与铜离子以配位键形成有色配合物，形成的配合物水溶性很好，但稳定性和配合比随溶液 pH 变化而改变。

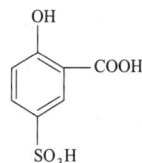

图 7-1-1 磺基水杨酸

本实验采用 pH 电位法测定磺基水杨酸合铜配合物的平均配位体数 n 和稳定常数。

用分光光度法测定 pH = 5 时磺基水杨酸合铜配合物的组成和稳定常数。

1. pH 值法测定配合物的组成和逐级稳定常数的原理

磺基水杨酸是弱酸（以 H_3R 表示），在不同 pH 值溶液中可与 Cu^{2+} 形成组成不同的配合物。平均配位体数 n 反映了金属 M 和配合剂 R 的配合比值。

其定义为：

$$n = \frac{c_R - [R]}{c_M}$$

式中 C_M 为金属离子 M 的总浓度；C_R 为配合剂 R 的总浓度。

磺基水杨酸是弱酸，其电离平衡常数为：

$$k_{a_1} \approx 0.5；\quad k_{a_2} \approx 2.51 \times 10^{-2}；\quad k_{a_3} \approx 2.51 \times 10^{-2}$$

在酸碱滴定中，磺基水杨酸作为二元酸中和。若有 Cu^{2+} 存在时，它与 Cu^{2+} 形成配合物，则作为三元酸被碱中和。

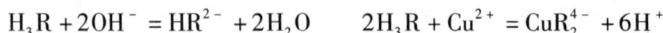

$$H_3R + 2OH^- = HR^{2-} + 2H_2O \qquad 2H_3R + Cu^{2+} = CuR_2^{4-} + 6H^+$$

取同样量的磺基水杨酸两份，第一份用 NaOH 标准溶液滴定；另一份加入一定量的 Cu^{2+}（其量比磺基水杨酸少的多）后，再以 NaOH 标准溶液滴定，分别测定加入不同 NaOH 量时溶液相应的 pH 值，并在同一张图上作出相应的 $pH - V_{NaOH}$ 曲线，如图 7 – 1 – 2 所示。

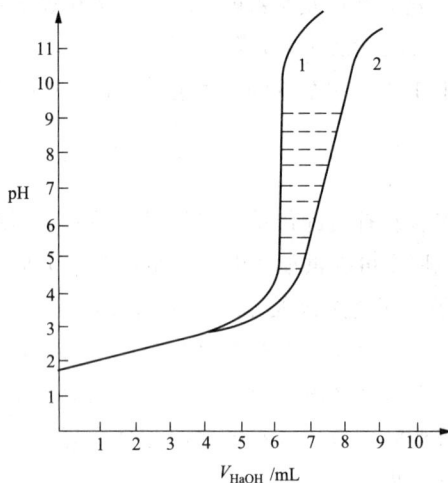

图 7 – 1 – 2　pH 值法测定磺基水杨酸合铜配合物稳定常数的 $pH - V_{NaOH}$ 图

然后按以下步骤进行处理：

（1）求出不同 pH 值下与 Cu^{2+} 配合的磺基水杨酸浓度 c_R^ϕ。

在图 7 – 1 – 2 中，曲线 1（无 Cu^{2+} 存在时）磺基水杨酸所消耗的 NaOH 体积为 V_1，曲线 2（有 Cu^{2+} 存在时）磺基水杨酸所消耗的 NaOH 体积为 V_2，$V_2 - V_1$ 即为配合反应时磺基水杨酸所放出的酸量，故

$$c_R^\phi = \frac{(V_2 - V_1)\ c_{NaOH}}{V_总}$$

式中 $V_总$ 为此时溶液的总体积，为起始溶液体积加上 $V_中$ 体积，即 $V_总 = 50 + V_中$，$V_中 = (V_1 + V_2)/2$。

（2）计算不同 pH 值下的平均配位数 n。

按定义 $n = \dfrac{c_R - [R]}{c_M} = \dfrac{c_R^\phi}{c_M}$

式中 C_M 是此时溶液中铜的总浓度，C_R 是此时溶液中磺基水杨酸的总浓度，$[R]$ 是此时游离磺基水杨酸的浓度

$$c_M = \dfrac{c_{Cu}^0 V_{Cu}^0}{V_总}; \quad c_R = \dfrac{c_R^0 V_R^0}{V_总}$$

式中 C_{Cu}^0 为 Cu^{2+} 标准溶液的浓度，V_{Cu}^0 为所取 Cu^{2+} 标准溶液体积（ml），$V_总$ 为溶液的总体积（ml），V_R^0 为磺基水杨酸的初始体积，C_R^0 磺基水杨酸的初始浓度。

（3）计算不同 pH 值下游离的磺基水杨酸浓度 $[R]$

$$[R] = \dfrac{c_R - c_R^\phi}{\alpha_H}; \quad \lg[R] = \lg(c_R - c_R^\phi) - \lg\alpha_H$$

C_R 为磺基水杨酸的总浓度（由所取的磺基水杨酸浓度经体积校正后的浓度）。α_H 是磺基水杨酸的酸效应系数。

（4）作出不同 pH 下的 $n - \lg[R]$ 曲线。找出相应于 $n = 0.5$ 和 $n = 1.5$ 时的 $\lg[R]$ 值，即得 $\lg K_1$ 和 $\lg K_2$。

2. 分光光度法测定配合物稳定常数的原理

pH = 5 时 Cu^{2+} 与磺基水杨酸能形成稳定的 $1:1$ 的亮绿色配合物。本实验是测定 pH = 5 时磺基水杨酸合铜配合物的组成和稳定常数。

测定配位化合物的组成常用分光光度法。根据郎伯 - 比尔定律：$A = K \cdot c \cdot L$，当液层的厚度固定时，溶液的吸光度与有色物质的浓度成正比。即 $A = k' \cdot c$。

本实验采用等摩尔系列法测定配位化合物的组成和稳定常数。该法是在保持中心离子 M 与配体 R 的浓度之和不变的条件下，通过改变 M 与 R 的摩尔比配制一系列溶液，在这些溶液中，有些中心离子是过量的，有些配体是过量的。这两部分的溶液中，配离子的浓度都不是最大值，只有当溶液中金属离子与配体的摩尔比和配离子的组成一致时，配离子的浓度才能最大，由于金属离子和配体基本无色，所以配离子的浓度越大，溶液的颜色越深，吸光度值也就越大。这样测定系列溶液的吸光度 A，以 A 对 $c_M / (c_M + c_R)$ 作图（如图 7 - 1 - 3），则吸光度值最大值时所对应的溶液组成也就是配合物的组成。

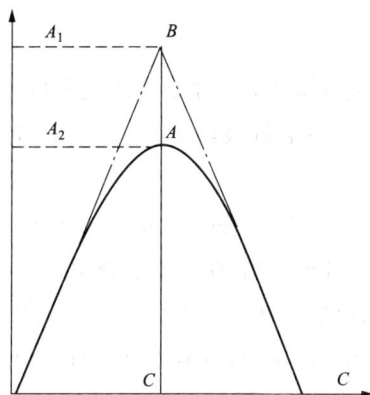

图 7 - 1 - 3 磺基水杨酸合铜配合物的吸光度 - 组成图

pH≈5 时，Cu^{2+} 与磺基水杨酸能形成稳定的亮绿色配合物，并且此配合物在 440nm 有最大吸收值。因此，通过测定系列溶液在此波长下的吸光度 A，即可求出配合物的组成及稳定常数。

$$c_x = \frac{c_M}{c_M + c_R}, \quad n \approx \frac{c_R}{c_M} = \frac{1 - c_x}{c_x}$$

由 n 可得配位化合物的组成。对于 MR 型配合物，在吸光度最大处：

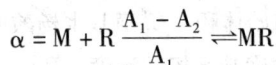

$$\alpha = M + R \frac{A_1 - A_2}{A_1} \rightleftharpoons MR$$

以 c_M 为起始金属离子 Cu^{2+} 的浓度，此时溶液中各离子平衡浓度分别为：

$$[MR] = c_M (1 - \alpha)$$

$$[M] = \alpha \cdot c_M \quad [R] = \alpha \cdot c_M$$

$$Ks = \frac{[MR]}{[M][R]} = \frac{c_M (1 - \alpha)}{\alpha^2 c^2 M} = \frac{(1 - \alpha)}{\alpha^2 c_M}$$

【仪器、试剂及材料】

1. 仪器

pHS - 3C 型酸度计，pH 玻璃电极，722 型分光光度计，烧杯（规格 5ml、10ml、50ml），试管（规格 5ml、10ml），滴管，玻璃棒，滴定管（10ml），移液管、吸量管、容量瓶、精密 pH 试纸。

2. 试剂

磺基水杨酸（$0.01 mol \cdot L^{-1}$），HNO_3（$0.01 mol \cdot L^{-1}$），NaOH（0.01，$0.5 mol \cdot L^{-1}$），$Cu(NO_3)_2$（$0.01 mol \cdot L^{-1}$），KNO_3（$0.05 mol \cdot L^{-1}$），标准缓冲溶液（pH = 6.86，4.00）（25℃）。

3. 材料

磺基水杨酸（分析纯）。

【实验内容】

1. pH 值法测定磺基水杨酸合铜（Ⅱ）配合物的组成和稳定常数

（1）在 pHS - 3C 型酸度计上安装好玻璃电极，用 pH = 6.88，pH = 4.00（25℃）的标准缓冲溶液进行定位。

（2）吸取 $0.01 mol \cdot L^{-1}$ 磺基水杨酸溶液 5.00ml，加 $0.05 mol \cdot L^{-1}$ 的 KNO_3 5.0ml，去离子水 40.0ml，搅拌均匀后测定 pH 值。用 10ml 滴定管装入 $0.01 mol \cdot L^{-1}$ 的 NaOH 标准溶液进行滴定，刚开始时每加 0.1ml 的 NaOH（2 滴）用 pHS - 3C 型酸度计测一次 pH 值，以后逐渐减少加入 NaOH 体积，近终点时每加 0.05ml 的 NaOH（1 滴）用 pHS - 3C 型酸度计测定一次 pH 值，在 pH 突跃之后，再继续加入数毫升 NaOH，每次加入量逐步递增。

（3）吸取 $0.01 mol \cdot L^{-1}$ 磺基水杨酸 5.00ml，加 $0.05 mol \cdot L^{-1}$ 的 KNO_3 5.0ml，0.01mol ·

L^{-1} 的 Cu（NO$_3$）$_2$ 溶液 5.00ml，去离子水 35.0ml，用 NaOH 标准溶液同上述方法进行滴定。

（4）按滴定曲线图计算磺基水杨酸浓度，并按表 7 – 1 – 1 格式处理实验数据，以 n 对 lg［R］作图，从图中查得 lgK$_1$ 和 lgK$_2$，并与文献值比较。

表 7 – 1 – 1　铜 – 磺基水杨酸配合比与配合常数计算表

pH	V$_1$	V$_2$	V$_2$ – V$_1$	V$_总$	C$_R^\Phi$	C$_M$	C$_R$	n	lg（C$_R$ – C$_R^\Phi$）	lgα$_H$	lg［R］
3.50										8.18	
4.00										7.62	
4.50										7.11	
5.00										6.60	
5.50										6.10	
6.00										5.60	
6.50										5.10	
7.00										4.60	
7.50										4.10	
8.00										3.60	
8.50										3.10	
9.00										2.60	

注：V$_总$ = 50 + V$_中$，V$_中$ =（V$_1$ + V$_2$）/2。

（5）数据处理

①在同一坐标纸上用实验步骤 2、3 的测量数据分别作 pH – V$_{NaOH}$ 滴定曲线 1 与 2。根据曲线图说明磺基水杨酸有几个滴定突跃。

②根据滴定曲线 1、2，完成表 1 中各项的计算。

③根据表 7 – 1 – 1 数据推论配合比为 1:1 时体系 pH 为多少？

④根据表 7 – 1 – 1 的数据处理结果，以 n 对 lg［R］作图，从图中查得 lgK$_1$ 和 lgK$_2$（图 7 – 1 – 4）。

用 pH 法测定配合物稳定常数是应用最广的方法之一。它适用于弱酸（或弱碱）根离子作为配位体的情况。若配位体质子化倾向太强，不能生成配合物 MR，或配合物太稳定以致在强酸性溶液中 n 即为最高配位数，则不能采用此法，此外，它仅适用于形成单核配合物时稳定常数的测定，且相邻的两级平衡常数相差很大；配合反应速度太慢也不宜采用。

（6）讨论并计算

①实验 1 中含 Cu^{2+} 的磺基水杨酸溶液的离子强度为多少？

②由资料查得铜 – 磺基水杨酸配合物稳定常数如下：

　　　　25℃　　　　离子强度 0.1　　　　lgK$_1$ = 9.60　　　lgK$_2$ = 6.92

　　　　20℃　　　　离子强度 0.1 ~ 0.15　　　lgK$_1$ = 9.50　　　lgK$_2$ = 6.80

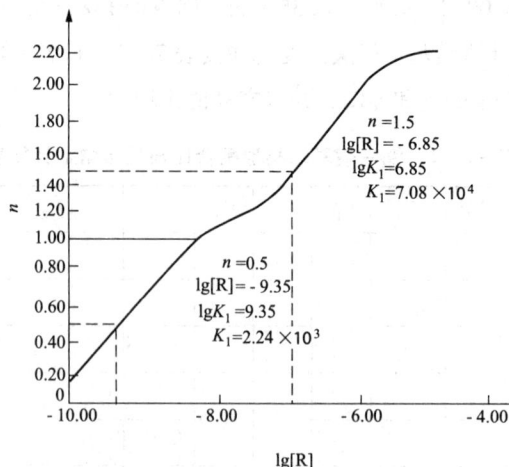

图 7 - 1 - 4　pH 值法测定磺基水杨酸合铜配合物稳定常数的 n - lg［R］

将实验测量值 lgK₁、lgK₂ 与文献值比较，并分析影响测量值的因素。

2. 分光光度法测定磺基水杨酸合铜（Ⅱ）配合物的稳定常数

（1）配制溶液：用 $0.01mol \cdot L^{-1}$ 的 Cu（NO₃）₂ 溶液和 $0.01mol \cdot L^{-1}$ 磺基水杨酸溶液，在 13 个 50ml 烧杯中依下表所列体积比配制混合溶液（可用滴定管量取溶液）。

（2）粗调 pH：用 $0.5mol \cdot L^{-1}$ NaOH 溶液依次调节各溶液 pH ≈ 4（以精密 pH 试纸检测）。

（3）微调 pH：用 $0.01mol \cdot L^{-1}$ 的 NaOH 溶液在 pHS - 3C 型酸度计上调节各溶液 pH 为 4.5 ~ 5（此时溶液为黄绿色，无沉淀。若有沉淀产生，说明 pH 值过高，Cu^{2+} 离子已水解）。若不慎 pH 值超过 5，可用 $0.01mol \cdot L^{-1}$ 的 HNO₃ 溶液调回，各溶液均应在 pH 4.5 ~ 5 之间有统一的确定值。溶液的总体积不得超过 50ml。将调好 pH 的溶液分别转移到预先编有号码的洁净的 50ml 容量瓶中，用 pH = 5 的 $0.05mol \cdot L^{-1}$ KNO₃ 溶液稀释至标线，摇匀。

（4）测定吸光度：在波长为 440nm 条件下，用分光光度计依次分别测定各溶液的吸光度（表 7 - 1 - 2）。

表 7 - 1 - 2　吸光度数据记录和计算表

编号	V（Cu²⁺）/ml	V（H₃R）/ml	c_M／（$c_M + c_R$）	A
1	0.00	24.00		
2	2.00	22.00		
3	4.00	20.00		
4	6.00	18.00		
5	8.00	16.00		
6	10.00	14.00		
7	12.00	12.00		

编号	V（Cu^{2+}）/ml	V（H_3R）/ml	$c_M/(c_M+c_R)$	A
8	14.00	10.00		
9	16.00	8.00		
10	18.00	6.00		
11	20.00	4.00		
12	22.00	2.00		
13	24.00	0.00		

（5）数据处理：以吸光度 A 为纵坐标，硝酸铜物质的量浓度 C_x 为横坐标，作 $A-C_x$ 图，求 CuRn 的配位体数目 n 和配合物的稳定常数 Ks。

【注意事项】

1. 硝酸铜和磺基水杨酸、HNO_3、NaOH 溶液均用 $0.1mol \cdot L^{-1}KNO_3$ 溶液为溶剂配制。

2. 若有 Cu（OH）$_2$ 沉淀生成，则必须充分搅拌使其溶解后再进行后面的工作（若搅拌不溶，加少许 $6mol \cdot L^{-1}HNO_3$ 使其溶解）。

【思考题】

1. 测 Cu^{2+} 与磺基水杨酸形成的配合物吸收度，为何选用波长为 440nm 的单色光进行测定？

2. 磺基水杨酸铜配合物组成和稳定常数的测定，为什么用硝酸钾溶液定容？

3. 分析讨论可否利用有机物与金属离子（如 Cu^{2+}）形成配合物来分离提纯中药有效成分？

4. 分析讨论配合物组成和配位平衡常数大小与分离效果的关系？

第二节 综合性实验——冰硼散中冰片、朱砂、硼砂和玄明粉的含量测定

【实验目的】

1. 进一步体会对酸碱滴定法、沉淀重量法在实际分析中的应用。

2. 掌握冰硼散各成分含量的测定方法。

3. 熟悉冰硼散的药物组成。

【实验概述】

冰硼散的成分包括冰片、朱砂、硼砂（炒）和玄明粉等四味中药，其各成分的含

量测定如下：先用乙醚提取冰片，用离心分离法分离乙醚提取液，在室温下自然挥去乙醚，固体残渣即为冰片，精密称定其质量；用热水提取硼砂和玄明粉，用酸碱滴定法测定硼砂的含量；用重量法测定玄明粉和朱砂的含量。

【实验用品】

1. 仪器

分析天平、蒸发皿、离心机、离心管、酸式滴定管、容量瓶、移液管、毛细滴管。

2. 试剂和试液

乙醚（A.R.）、$BaCl_2$（A.R.）、甲基红指示剂、酚酞指示剂、$0.10mol \cdot L^{-1}$ 的 HCl 标准溶液、5% $BaCl_2$ 溶液、0.05% 甲基红乙醇溶液、1% 酚酞乙醇溶液、$0.1mol \cdot L^{-1}$ 的 $AgNO_3$ 溶液。

【实验步骤】

1. 冰片含量测定

精密称取 2.5g 冰硼散，置于精确称重的离心管（质量为 m_a）中，分别加入 6ml、3ml、2ml 无水乙醚，每次加完乙醚后，用细玻璃棒轻轻搅拌，置于离心机中离心 5 分钟。待分层后，用毛细滴管吸取上层清液，并移入已精确称重的蒸发皿（质量为 m_1）中，在室温下放置 1 小时，使乙醚自然挥干，再次精密称量蒸发皿的质量为 m_2，$m_2 - m_1$ 即得冰片的质量。

2. 朱砂含量测定

在分离乙醚后的离心管中，缓缓加入水 5ml，用细玻璃棒轻轻搅拌，使硼砂和玄明粉充分溶解。离心，用毛细滴管吸取上层清液，置于 250ml 容量瓶中，残渣继续用 5ml 水充分溶解，离心分离，直至离心液加入酚酞 1 滴不显红色。合并离心液，冷却后，用蒸馏水稀释至刻度，摇匀，用于测定硼砂和玄明粉的含量。将离心管中残留的红色粉末，置 105℃恒温箱中干燥至恒重，称重得 m_b，$m_b - m_a$ 即为硼砂的质量。

3. 硼砂含量测定

准确量取 50ml 稀释后的离心液，置于 250ml 锥形瓶中，加甲基红 2 滴，以 $0.10mol \cdot L^{-1}$ HCl 标准溶液滴定至溶液由黄色变为橙红色。

4. 玄明粉含量测定

将测定完硼砂后的红色溶液，加水稀释至约 200ml，加 1ml 的 1:1 盐酸溶液，煮沸，并不断搅拌，缓缓滴加 5% $BaCl_2$ 溶液，至不再产生沉淀。水浴加热 30 分钟，静置 1 小时，用定量滤纸过滤，用蒸馏水洗涤沉淀，至洗液中用 $AgNO_3$ 溶液检测不到 Cl^-，干燥沉淀并于 800℃灼烧至恒重。准确称量干燥的 $BaSO_4$ 沉淀的质量 m_3，由此可计算试样中玄明粉的含量。

【注意事项】

（1）乙醚易燃、易挥发，涉及到乙醚的操作应该远离火源，在通风处进行。

（2）为保证测定结果的准确性，硼砂和玄明粉的溶解提取一定要完全。

（3）酚酞指示剂的用量不能过多。

【数据处理】

设计表格记录数据，按下式计算冰片、朱砂、硼砂、玄明粉的含量。

$$冰片\% = \frac{m_2 - m_1}{S} \times 100\%$$

$$朱砂\% = \frac{m_b - m_a}{S} \times 100\%$$

$$硼砂\% = \frac{C_{HCl} V_{HCl} M_{Na_2B_4O_7}}{S} \times \frac{250}{50} \times 100\%$$

$$Na_2SO_4\% = \frac{0.6086 \times m_3}{S} \times \frac{250}{50} \times 100\%$$

S：试样的质量（g）

0.6086：Na_2SO_4 对 $BaSO_4$ 的换算因子。

【思考题】

1. 硼砂和玄明粉的提取液是什么颜色的？为什么？

2. 用氯化钡溶液沉淀玄明粉时，为什么要不断加热？如何判断玄明粉是否沉淀完全？

第三节　设计性实验——有机化合物的鉴别

【实验目的】

1. 结合理论教材，复习、巩固常见有机化合物中典型官能团的主要化学性质。

2. 学会利用各类官能团的特征设计典型化合物的鉴别方法及基本操作。

3. 通过设计性实验提高学生查阅资料、设计实验方案及实验操作的能力。

【实验概述】

有机化合物的化学性质受到官能团及官能团所处的化学环境的影响，即结构决定性质。不同结构的有机化合物会与试剂发生不同的反应，产生不同的现象。这是化学法鉴别有机化合物的理论基础。

1. 醇的性质　主要表现在羟基上，而羟基的活泼性因与其直接相连的碳原子的类型不同而异，因此反应的实验现象也就不同；多元醇由于分子中羟基的相互影响，具有一些特殊的化学性质；羟基与苯环相连称为酚，由于苯环对羟基的影响使得酚与醇表现出一些不同的化学性质。

2. 醛和酮的化学性质　醛和酮分子内都含有相同官能团羰基，因此在化学性质上有很多相似之处，例如都可在羰基上发生亲核加成反应以及 α – 活泼氢卤代反应。但由于醛分子中的羰基直接与氢相连，从而使醛和酮表现出一些不同的化学性质。

3. 糖类化合物的性质　糖类化合物按其水解情况的不同，分为单糖、低聚糖（常见的是双糖）和多糖三大类。单糖分为醛糖和酮糖，根据官能团不同可对两者进行区分鉴别；双糖中有些糖具有还原性，有些不具有还原性而表现出不同的化学性质；多糖中淀粉具有一些特殊的显色反应，可根据每类糖所表现出一些特殊的性质对它们进行鉴别区分。

【实验要求】

本实验要求通过查阅文献，根据有机化合物官能团的特征，或与化合物官能团直接相连的碳原子的类型，以及官能团的连接位置等的不同，而导致有机化合物与鉴别试剂反应现象的差异。自己设计实验方案、选择实验方法和试剂、拟定实验操作程序，并加以实践的同时对实验结果进行分析处理，以得到最佳的鉴别不同有机化合物的实验方案。

【实验内容】

1. 实验研究方案的制定

通过系统查阅文献，结合所学理论知识，依据各类化合物典型的化学性质和相应的实验现象，请分别自行设计一个鉴别下列各组物质的实验方案（初稿）。

A 组：正丁醇、仲丁醇、叔丁醇、苯酚、乙二醇、甘油。

B 组：乙醇、甲醛、乙醛、丙酮、苯甲醛。

C 组：2% 葡糖糖、2% 果糖、2% 蔗糖、2% 淀粉。

根据化合物的不同性质分别确定每组各是哪种化合物。

将所设计的实验方案（初稿），分小组讨论，形成实验方案（讨论稿）；教师再组织学生对各种方案的科学性、可行性、创新性、经济性、操作难易与操作要点、安全注意事项、可能产生的环境污染等问题展开讨论；学生对方案进行修订，完成实验方案（修订稿），最终确定实验方案。

2. 实验准备

学生依据实验方案（修订稿），向教学实验中心提交所需试剂和实验仪器等物品清单，预定所用实验室的时间，学习开放型实验室的相关管理条例和安全条例。

3. 实验过程

学生领取实验试剂和实验物品，进入实验室，按照实验方案进行实验，并按要求做原始记录。实验过程中，根据实验现象，及时、合理地调整、优化实验方案，直至获得设计合理、现象明显、操作简便易行的有机化合物鉴别方案。教师放手让学生自主实验，鼓励学生提出新想法、改进或设计新实验，大胆开拓创新。

4. 分析与总结

实验完成后，学生根据原始记录，按要求完成实验报告。分析实验结果，对实验方案的合理性、实验操作的正确性与熟练程度等进行自我评价；同一课题的学生互相评价；最后教师组织学生分析、总结，给出评比结果。

【注意事项】

（1）所设计的实验方案合理可行，每一步都要有理有据。

（2）实验中有的化学试剂是有毒的或有刺激性气味的，在实验中应通风进行。

（3）有的试剂是易燃、易爆物，实验时应注意，易燃、易挥发的液体不要与明火接触。

（4）有的有机化合物有特殊的气味，但多数有机物有毒，因此一般不用闻气味的方法来鉴别有机化合物。

（5）实验结束后的残液不要乱倒。

【思考题】

1. 醇和酚都含有羟基，为什么具有不同的化学性质？

2. 具有什么样结构的化合物能发生碘仿反应？

3. 还原性糖与非还原性糖在结构和性质上有何不同？举例说明。

第四节　设计性实验——山楂中总有机酸的含量测定

【实验目的】

1. 掌握酸碱滴定法测定枸橼酸的原理和方法。
2. 熟悉酚酞做指示剂滴定终点的判断。

【实验概述】

山楂具有消食健胃、行气散瘀等功效，临床常用于治疗肉食积滞、胃脘胀满、泻痢腹痛、瘀血经闭等病证。有机酸类是山楂主要化学成分之一，现代药理研究表明其具有促进消化的作用。准确测定山楂中有机酸类物质的含量是评价山楂质量的重要手段之一。

【实验要求】

要求学生查阅资料，运用所学知识自拟方案，测定山楂中总有机酸的含量。在老师指导下完成相关实验研究和结果处理，最后写出心得体会。

【实验内容】

1. 实验研究方案的制定

通过查阅资料设计方案，方案包括以下内容。

（1）实验原理：大多数有机酸是弱酸，如果某有机酸易溶于水，解离常数 $K_a \geqslant 10^{-7}$，用标准碱溶液可直接测其含量，反应产物为强碱弱酸盐。滴定突跃范围在弱碱性内，可选用酚酞指示剂，滴定溶液由无色变为微红色即为终点。

山楂中含有众多有机酸类成分，如枸橼酸、酒石酸、苹果酸、棕榈酸等。以枸橼酸（$C_6H_8O_7$）计算总有机酸含量，用 NaOH 标准溶液进行滴定，酚酞作指示剂。

（2）所需仪器、试剂的规格，试液的浓度、用量与配置方法。

（3）实验步骤自拟。

（4）分组讨论方案的可行性，然后提交给指导教师，最后确定实施方案。方案中应包括数据记录格式、数据处理公式等。

2. 实验准备

将所需仪器、试剂的规格及试液的浓度、用量与配置方法在实验开始前两周交给实验教学中心相关教师。提前学习实验室的安全条例和药品使用安全条例。

3. 实验过程

领取实验所用物品及药品，按方案进行实验，并记录原始数据。根据实验情况及时合理调整、优化实验方案。教师要放手让学生自主完成实验，如需要可做适当的点拨，鼓励学生提出新的见解，改进或设计新的实验，大胆开拓创新。

4. 分析与总结

实验完成后，根据原始记录进行数据处理，按要求完成实验报告。最后教师组织学生分析、总结实验的新发现和心得体会，给出最后评价的结果。

【注意事项】

（1）实验方案应合理、可行、易操作。

（2）NaOH 性质活泼、易吸湿，其标准溶液是采用间接配制法配制的。配制时为除去试剂中的碳酸钠成分，先配制 NaOH 饱和溶液，静置一夜，再取上层清液稀释至所需浓度。

（3）标定 NaOH 标准溶液时常用的基准物为邻苯二甲酸氢钾（$KHC_8H_4O_4$），其易制得纯品，在空气中不吸水，容易保存，摩尔质量较大。邻苯二甲酸氢钾通常在 $105 \sim 110\,^{\circ}\mathrm{C}$ 下干燥 2 小时后备用，干燥温度过高，则脱水成为邻苯二甲酸酐。

【思考题】

1. 如何计算称取基准物邻苯二甲酸氢钾的质量范围？称得太多或太少对标定有何影响？

2. 如何确保山楂饮片中有机酸提取完全？

3. NaOH 标准溶液能否长时间放置，为什么？

第五节　探究性实验——赤芍配方颗粒质量研究

【实验目的】

1. 训练学生查阅文献，灵活运用所学知识和技能进行探究性研究。
2. 掌握赤芍配方颗粒定性和定量研究方法。
3. 通过赤芍配方颗粒质量研究，掌握中药质量研究的思路与方法。
4. 培养学生发现问题、分析问题和独立解决问题的能力，培养学生论文写作能力。

【实验概述】

赤芍为毛茛科植物芍药或川赤芍的干燥根。始载于《神农本草经》，性味苦、微寒，归肝经，具有清热凉血，散瘀止痛的功效。

赤芍配方颗粒是由赤药中药饮片经现代制药工艺提取、浓缩、干燥、制粒而成。中药饮片经过工艺加工制成配方颗粒后在性状和显微鉴别上已完全不同于传统中药饮片，失去了饮片的外观形态、显微及理化特性，难以按常规的显微观察和理化反应进行鉴别。因此对其质量研究具有现实意义。

赤芍主要含芍药苷、芍药内酯苷、氧化芍药苷等多种苷类物质，其中芍药苷含量较高，为主要有效成分之一。本实验通过对赤芍配方颗粒进行定性、定量分析，对赤芍配方颗粒的质量进行探究性研究。可通过薄层鉴别定性分析赤芍配方颗粒中主要的化学成分，通过高效液相色谱法定量分析赤芍配方颗粒中主要有效成分。

【实验要求】

本实验要求通过查阅文献，国家、地方质量标准，制定出详细的实验方案，包括实验目的、所用实验材料、实验药品与用量、仪器设备、实验方法与步骤，交教师审阅、修改、完善。根据实验设计进行实验准备，完成实验内容，记录结果，数据处理，撰写论文。

【实验内容】

1. 实验研究方案的制定

通过系统查阅文献，收集相关信息，完成赤芍现代研究及配方颗粒发展现状的文献综述；参照药典中赤芍药材的薄层鉴别及含量测定方法，结合所查文献方法，制定实验方案（初稿），主要包括以下内容。

（1）实验目的：在指导教师的指导下，对赤芍配方颗粒质量进行研究和探索，培养学生科研能力。

（2）实验材料：包括实验所用药品及用量；仪器设备、实验材料及用量等。

（3）实验内容：包括鉴别、含量测定等。

以小组为单位设计实验方案（初稿），每组派一名代表陈述本组的实验方案，然后分组讨论，指出该方案存在的问题和实施中可能遇到的困难，并尽可能提出解决办法；教师对陈述的方案和讨论的情况进行总结，并提出方案的修改意见，学生根据讨论中存在的问题，修改自己的方案（修订稿），并经指导教师同意后，最终确定实验方案。

2. 实验准备

学生依据实验方案（修订稿），向教学实验中心提交所需试剂和实验仪器等物品清单，预定所用实验室的时间，学习开放型实验室的相关管理条例和安全条例。

3. 实验过程

学生领取实验试剂和实验物品，进入实验室，按照实验方案进行实验，并详细做好实验记录。实验过程中，要学会发现和提出问题，遇到各种问题或困难要通过认真思考，查阅文献，找出问题并加以解决。实验过程中要根据实验现象，及时、合理地调整、优化实验方案，直至获得现象明显、数据可靠的实验结果。教师放手让学生自主实验，鼓励学生提出新想法、改进或设计新实验，大胆开拓创新。

4. 分析与总结

实验完成后，学生根据原始记录，处理数据，分析实验结果，对实验过程、实验结果及实验中的问题进行讨论与交流，做出实验总结。

5. 撰写实验报告，完成论文

学生需要完成两个层次的内容，第一是撰写实验报告，包括实验目的、实验过程、结果及讨论等；第二是在完成实验报告的基础上，按照科学文献要求的格式，在教师指导下完成科研论文。

【注意事项】

（1）在写文献综述中要查阅大量文献，不要从少数甚至一篇文献中照搬。

（2）所设计的实验方案合理可行，每一步都要有理有据。

（3）使用精密仪器一定要按要求正确操作，注意安全。

（4）实验过程中认真观察，做好原始记录，积极思考，解决实验中出现的问题。

（5）实验过程中废液要倒入指定容器。

【思考题】

1. 比较配方颗粒与药材饮片的优缺点？

2. 为何以芍药苷为指标成分对赤芍配方颗粒进行含量测定？芍药苷有何药理作用？

第六节　探究性实验——牡丹皮水蒸气蒸馏提取及定性鉴别

【实验目的】

1. 掌握水蒸气蒸馏的原理、装置和基本操作。
2. 学习中药中易挥发成分的提取和分离方法。
3. 掌握中药牡丹皮提取物的定性鉴别方法。

【实验概述】

牡丹皮为毛茛科植物牡丹的干燥根皮，秋季采挖根部，除去细根和泥沙，剥取根皮，晒干或刮去粗皮，除去木心，晒干。主要产于安徽、四川、甘肃、陕西等地。

牡丹皮的主要成分为酚及酚苷类、单萜及其苷类，其他还有三萜、甾醇及其苷类、黄酮、有机酸、香豆素等。酚及酚苷类是牡丹皮中含量较高的一类化合物，主要是以丹皮酚为母核所衍生的一系列苷类化合物，如丹皮酚、丹皮酚苷、丹皮酚原苷、丹皮酚新苷等。单萜及其苷类化合物包括：芍药苷元、芍药苷、氧化芍药苷、苯甲酰芍药苷、苯甲酰氧化芍药苷、没食子酰芍药苷、没食子酰氧化芍药苷等。丹皮酚的化学名称为 2 - 羟基 - 4 - 甲氧基苯乙酮。丹皮酚羰基邻位的羟基可与羰基形成分子内氢键，具有挥发性，能随水蒸气蒸馏。丹皮酚难溶于水，易溶于乙醇、乙醚、三氯甲烷、苯等有机溶剂。

水蒸气蒸馏是用来分离和提纯液态和固态化合物的一种方法。常用于分离一些不溶或难溶于水、沸点较高且共沸时与水不发生化学反应的有机化合物。本实验利用牡丹皮药材中丹皮酚具有挥发性，能随水蒸气蒸出的性质进行提取，再利用其难溶于水易溶于有机溶剂的性质进行纯化。

中药定性鉴别是利用药材的形态、组织学特征及所含化学成分的性质来鉴别药材真伪及存在与否的分析方法，薄层色谱法是常用的主要定性鉴别方法。本实验利用对照品和对照药材做对照，以药材及其提取物为供试品，采用薄层色谱鉴别法对其进行定性研究。

【仪器、试剂及材料】

1. 仪器

台秤，分析天平，量筒，烧杯，容量瓶，100ml 锥形瓶，玻璃漏斗，布氏漏斗，抽滤瓶，硅胶 G 薄层板，电吹风，电热恒温箱，水蒸气蒸馏装置，层析缸，超声波清洗机。

2. 试剂

NaCl，95% 乙醇，丹皮酚对照品，丙酮，环己烷，乙酸乙酯，冰醋酸，香草醛，乙醚。

3. 材料

牡丹皮药材，牡丹皮对照药材，丹皮酚对照品。

【实验内容】

1. 牡丹皮药材水蒸气蒸馏提取丹皮酚

在 100ml 锥形瓶中加入已粉碎的牡丹皮 10g，NaCl 0.5g 及适量热水（以能使药材粉末湿润为度），安装水蒸气蒸馏装置（图 7-6-1），用 50ml 锥形瓶做接收容器，锥形瓶内加 2gNaCl，锥形瓶外用冷水冷却。向烧瓶中通入水蒸气进行蒸馏，当溜出液比较清亮，无乳浊现象时，停止蒸馏。将溜出液继续置冰水中冷却，至完全固化。

溜出液充分放置后，抽滤得到丹皮酚粗品。

2. 丹皮酚的分离、纯化

将结晶用少量 95% 乙醇溶解，再加入大量的蒸馏水（乙醇：水 = 1：9），溶液先呈乳白色，静置后有大量白色针状结晶析出，抽滤得结晶，自然干燥，得丹皮酚纯品。

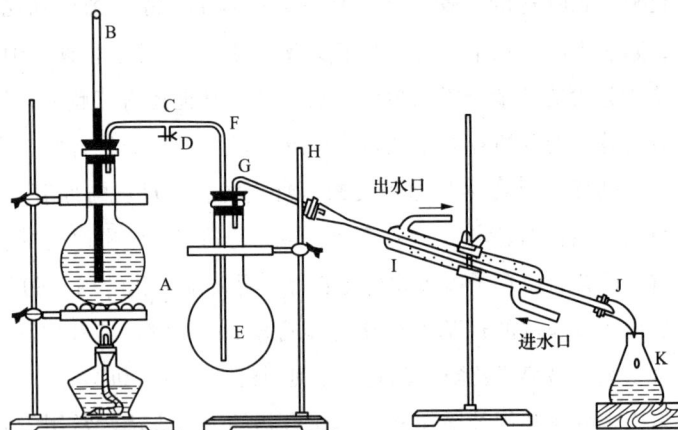

图 7-6-1 水蒸气蒸馏装置图

A. 水蒸气发生器 B. 安全管 C. T形管 D. 弹簧夹 E. 蒸馏烧瓶 F. 导气管

G. Y形管 H. 蒸馏头 I. 直形冷凝管 J. 尾接管 K. 接收容器

（1）取牡丹皮药材粉末适量，加甲醇 5ml，超声处理（功率 250W，频率 33kHz）30 分钟，滤过，滤液作为药材供试品溶液。

（2）取制得的丹皮酚提取物适量于锥形瓶中，加乙醚 10ml，密塞，振摇 10 分钟，滤过，滤液挥干，残渣加丙酮 2ml 溶解，作为供试品溶液。

（3）取牡丹皮对照药材 0.2g，同法制成对照药材供试品溶液。

（4）取丹皮酚对照品，加丙酮制成每 1ml 含 0.2mg 的溶液，作为对照品溶液。

照薄层色谱法（《中华人民共和国药典》2010 年版一部附录 VIB）试验，吸取上述四种溶液各 10μl，分别点于同一硅胶 G 薄层板上，以环己烷-乙酸乙酯-冰醋酸（4：1：0.1）为展开剂，展开，取出，热风吹干，喷以 2% 的香草醛硫酸-乙醇（1→10）的混合溶液，在 105℃烘干至斑点显色清晰。牡丹皮药材及丹皮酚提取物供试品色谱中，在丹皮酚对照品色谱相应的位置上，显相同颜色的主斑点。

【注意事项】

（1）开始蒸馏前必须检查装置是否漏气。

（2）蒸馏速度不宜过快，宜控制约 2~3 滴/秒。

（3）停止蒸馏时，必须先旋开螺旋夹，再移开热源，以免发生倒吸现象。

【思考题】

1. 进行水蒸气蒸馏时，蒸汽导管的末端为什么要尽可能接近容器的底部？

2. 什么情况下可以进行水蒸气蒸馏？水蒸气蒸馏必须满足什么条件？

附录一 常用元素的相对原子质量

元素	符号	相对原子质量	元素	符号	相对原子质量	元素	符号	相对原子质量
氢	H	1	锌	Zn	65	铂	Pt	195
铝	Al	26.98	氮	N	14	镁	Mg	24
铁	Fe	56	硫	S	32	锰	Mn	55
砷	As	74.92	溴	Br	79.90	铬	Cr	52
金	Au	196.97	氧	O	16	镉	Cd	112.4
硼	B	10.81	氯	Cl	35.5	铅	Pb	207.2
钡	Ba	137.	银	Ag	107.86	钴	Co	58.93
硅	Si	28	氟	F	19	铂	Pt	195.08
铋	Bi	208.98	钾	K	39	镍	Ni	58.69
铜	Cu	63.5	碘	I	127	汞	Hg	200.59
碳	C	12	钠	Na	23	锡	Sn	118.71
磷	P	31	钙	Ca	40	钨	W	183.84

附录二 实验室常用无机试剂的配制

一、酸溶液

试剂名称	密度 g·ml⁻¹	体积分数	物质的量浓度 mol·L⁻¹	配制方法
浓盐酸 HCl	1.19	37.23	12	
稀盐酸 HCl	1.10	20.4	6	496ml 浓盐酸加水稀释至 1000ml
稀盐酸 HCl	1.03	7.15	2	167ml 浓盐酸加水稀释至 1000ml
浓硝酸 HNO₃	1.40	68	15	
稀硝酸 HNO₃	1.20	32	6	375ml 浓硝酸加水稀释至 1000ml
浓硫酸 H₂SO₄	1.84	98	18	
稀硫酸 H₂SO₄	1.34	44	6	334ml 浓硫酸慢慢加到 600ml 水中，并不断搅拌，再加水稀释至 1000ml
浓醋酸 HAc	1.05	99	17	
稀醋酸 HAc	1.04	35	6	353ml 浓醋酸加水稀释至 1000ml
稀醋酸 HAc	1.02	12	2	118ml 浓醋酸加水稀释至 1000ml

试剂名称	密度	体积分数	物质的量浓度	配制方法
	$g \cdot ml^{-1}$		$mol \cdot L^{-1}$	
浓磷酸 H_3PO_4	1.69	85	14.7	
浓氢氟酸 HF	1.15	48	27.6	
高氯酸	1.12	19	2	

二、碱溶液

试剂名称	密度（20℃）	质量分数	物质的量浓度	配制方法
	$g \cdot ml^{-1}$		$mol \cdot L^{-1}$	
氢氧化钠 NaOH	1.22	20	6	240g NaOH 溶于水稀释至 1000ml
氢氧化钠 NaOH	1.09	8	2	80g NaOH 溶于水稀释至 1000ml
氢氧化钾 KOH	1.25	26	6	337g KOH 溶于水稀释至 1000ml
浓氨水 $NH_3 \cdot H_2O$	0.90	25～27	15	
稀氨水 $NH_3 \cdot H_2O$	0.96	10	6	400ml 浓氨水加水稀释至 1000ml
氢氧化钙 $Ca(OH)_2$	—	—	0.025	饱和溶液
氢氧化钡 $Ba(OH)_2$	—	—	0.2	饱和溶液

三、盐溶液

试剂名称	摩尔质量	物质的量浓度	配制方法
	$g \cdot mol^{-1}$	$mol \cdot L^{-1}$	
氯化铵 NH_4Cl	53.5	1	53.5g NH_4Cl 溶于水并稀释至 1000ml
氯化铵 NH_4Cl	53.5	3	160.5g NH_4Cl 溶于水并稀释至 1000ml
硝酸铵 NH_4NO_3	80	1	80g NH_4NO_3 溶于水并稀释至 1000ml
硝酸铵 NH_4NO_3	80	2.5	200g NH_4NO_3 溶于水并稀释至 1000ml
硫酸铵 $(NH_4)_2SO_4$	132	1	132g $(NH_4)_2SO_4$ 溶于水并稀释至 1000ml
氯化钾 KCl	74.5	1	74.5g KCl 溶于水并稀释至 1000ml
碘化钾 KI	166	1	166g KI 溶于水并稀释至 1000ml
铬酸钾 K_2CrO_4	194.2	1	194.2g K_2CrO_4 溶于水并稀释至 1000ml
高锰酸钾 $KMnO_4$	158.0	饱和液	70g $KMnO_4$ 溶于水并稀释至 1000ml
高锰酸钾 $KMnO_4$	158	0.01	1.6g $KMnO_4$ 溶于水并稀释至 1000ml
高锰酸钾 $KMnO_4$	158	0.03%（质量浓度）	0.3g $KMnO_4$ 溶于水并稀释至 1000ml
铁氰化钾 $K_3Fe(CN)_6$	329.2	1	329.2g $K_3Fe(CN)_6$ 溶于水并稀释至 1000ml
亚铁氰化钾 $K_4Fe(CN)_6 \cdot 3H_2O$	422.4	1	422.4g $K_4Fe(CN)_6 \cdot 3H_2O$ 溶于水并稀释至 1000ml
醋酸钠 $NaAc \cdot 3H_2O$	136.1	1	136.1g $NaAc \cdot 3H_2O$ 溶于水并稀释至 1000ml

试剂名称	摩尔质量	物质的量浓度	配制方法
	g·mol^{-1}	mol·L^{-1}	
硫代硫酸钠 Na$_2$S$_2$O$_3$·5H$_2$O	248.2	0.1	24.8g Na$_2$S$_2$O$_3$·5H$_2$O 溶于水并稀释至 1000ml
磷酸氢二钠 Na$_2$HPO$_4$·12H$_2$O	358.2	0.1	35.8g Na$_2$HPO$_4$·12H$_2$O 溶于水并稀释至 1000ml
碳酸钠 Na$_2$CO$_3$	106	1	106g Na$_2$CO$_3$ 溶于水并稀释至 1000ml
硝酸银 AgNO$_3$	169.87	1	169.9g AgNO$_3$ 溶于水并稀释至 1000ml
氯化钡 BaCl$_2$·2H$_2$O	244.3	10%（质量浓度）	100g BaCl$_2$·2H$_2$O 溶于水并稀释至 1000ml
氯化钡 BaCl$_2$·2H$_2$O	244.3	0.1	24.4g BaCl$_2$·2H$_2$O 溶于水并稀释至 1000ml
硫酸亚铁 FeSO$_4$·7H$_2$O	278.0	1	用适量稀硫酸溶解 278g FeSO$_4$·7H$_2$O，加水稀释至 1000ml
氯化铁 FeCl$_3$·6H$_2$O	270.3	1	溶解 270.3g FeCl$_3$·6H$_2$O 于适量的浓盐酸中，加水稀释至 1000ml
醋酸铅 Pb（Ac）$_2$·3H$_2$O	379	1	379g Pb（Ac）$_2$·3H$_2$O 溶于水并稀释至 1000ml
氯化亚锡 SnCl$_2$·2H$_2$O	222.5	0.1	22.3g SnCl$_2$·2H$_2$O 溶于 150ml 浓 HCl 中，加水稀释至 1000ml，加入纯锡数粒，以防氧化
硫酸锌 ZnSO$_4$·7H$_2$O	287	饱和	约 900g ZnSO$_4$·7H$_2$O 溶于水并稀释至 1000ml
硫酸锌 ZnSO$_4$·7H$_2$O	287	5%（质量浓度）	溶解 5g 固体于水中，加水稀释至 1000ml

附录三 常用缓冲溶液的配制

pH 值	配制方法
0	1mol·L^{-1}盐酸
1	0.1mol·L^{-1}盐酸
2	0.01mol·L^{-1}盐酸
3.6	8g NaAc·3H$_2$O 溶于适量水中，加 6mol·L^{-1}HAc 134ml，加水稀释至 500ml
4.0	20g NaAc·3H$_2$O 溶于适量水中，加 6mol·L^{-1}HAc 134ml，加水稀释至 500ml 0.1mol·L^{-1}NaOH 0.4ml，加入 50.0ml 0.1mol·L^{-1}邻苯二甲酸氢钾，加水稀释至 100ml
4.5	32g NaAc·3H$_2$O 溶于适量水中，加 6mol·L^{-1}HAc 68ml，加水稀释至 500ml
5.0	50g NaAc·3H$_2$O 溶于适量水中，加 6mol·L^{-1}HAc 34ml，加水稀释至 500ml
5.7	100g NaAc·3H$_2$O 溶于适量水中，加 6mol·L^{-1}HAc 13ml，加水稀释至 500ml
7.0	77g NH$_4$Ac 溶解并加水稀释至 500ml 0.1mol·L^{-1}NaOH 63ml，加入 50.0ml 0.1mol·L^{-1}KH$_2$PO$_4$，加水稀释至 500ml

续表

pH 值	配制方法
7.5	60g NH_4Cl 溶于适量水中，加 $15mol \cdot L^{-1}$ 氨水 1.4ml，加水稀释至 500ml
8.0	50g NH_4Cl 溶于适量水中，加 $15mol \cdot L^{-1}$ 氨水 3.5ml，加水稀释至 500ml
8.5	40g NH_4Cl 溶于适量水中，加 $15mol \cdot L^{-1}$ 氨水 8.8ml，加水稀释至 500ml
9.0	35g NH_4Cl 溶于适量水中，加 $15mol \cdot L^{-1}$ 氨水 24ml，加水稀释至 500ml
9.5	30g NH_4Cl 溶于适量水中，加 $15mol \cdot L^{-1}$ 氨水 65ml，加水稀释至 500ml
10.0	27g NH_4Cl 溶于适量水中，加 $15mol \cdot L^{-1}$ 氨水 197ml，加水稀释至 500ml
10.5	9g NH_4Cl 溶于适量水中，加 $15mol \cdot L^{-1}$ 氨水 204ml，加水稀释至 500ml
12	$0.01mol \cdot L^{-1}$ NaOH
13	$0.1mol \cdot L^{-1}$ NaOH

附录四　常用的酸碱指示剂

指示剂名称	变色范围	颜色变化		配制方法	用量（滴/10ml 试液）
		酸色	碱色		
百里酚蓝	1.2~2.8	红	黄	0.1% 的 20% 酒精溶液	1~2
甲基黄	2.9~4.0	红	黄	0.1% 的 90% 酒精溶液	1
甲基橙	3.1~4.4	红	黄	0.05% 水溶液	1
溴酚蓝	3.0~4.6	黄	蓝紫	0.1% 的 20% 酒精溶液	1
甲基红	4.2~6.2	红	黄	0.1% 的 60% 酒精溶液	1
溴百里酚蓝（溴麝香草酚蓝）	6.2~7.6	黄	蓝	0.1% 的 20% 酒精溶液	1
中性红	6.8~8.0	红	黄	0.1% 的 60% 酒精溶液	1
酚红	6.7~8.4	黄	红	0.1% 的 60% 酒精溶液	1
酚酞	8.0~10.0	无色	红	0.5% 的 90% 酒精溶液	1~3
百里酚酞	9.4~10.6	无色	蓝	0.1% 的 90% 酒精溶液	1~2
茜素黄	10.1~12.1	黄	紫	0.1% 的水溶液	1
1，3，5－三硝基苯	12.2~14.0	无色	蓝	0.18% 的 90% 酒精溶液	1~2

附录五　常见离子和化合物的颜色

一、常见离子颜色（水溶液中）

离子	颜色	离子	颜色	离子	颜色
$[Ag(NH_3)]^+$	无色	$Cr_2O_7^{2-}$	橘红色	$[HgI_4]^{2-}$	黄色
$[Ag(S_2O_3)]^{3-}$	无色	$[CuCl_4]^{2-}$	黄色	Mn^{2+}	浅粉色
Co^{3+}	桃红色	$[Cu(OH)_4]^{2-}$	蓝色	MnO_4^-	紫色
$[Co(CN)_6]^{3-}$	紫色	$[Cu(NH_3)_4]^{2+}$	深蓝色	MnO_4^-	绿色
$[Co(NH_3)_6]^{2+}$	橙黄	Fe^{3+}	黄色	$[Ni(CN)_4]^{2-}$	无色
$[Co(NH_3)_6]^{3+}$	酒红	$[Fe(CN)_6]^{3-}$	血红色	$[Ni(NH_3)_6]^{2+}$	紫色
$[Co(NO_2)_6]^{3-}$	黄色	$[Fe(CN)_6]^{4-}$	黄色	SCN^-	无色
$Cr_2O_4^{2-}$	橘黄色	$[HgCl_4]^{2-}$	无色	$[Zn(NH_3)_4]^{2+}$	无色

二、常见化合物的颜色

化合物	颜色	化合物	颜色	化合物	颜色
Ag_2O	棕黑	CuO	黑色	KBr	白色
Ag_2S	灰黑	$Cu(OH)_2$	黄色	KNO_2	白色，微黄色
$AgSCN$	无色	$CuSO_4$	灰白	KI	白色
$AgBr$	淡黄	$CuSO_4 \cdot 5H_2O$	蓝色	KIO_3	白色
$AgCl$	白色	CuS	黑色	KCN	白色
AgI	黄色	Cu_2S	蓝－灰黑	$K_3Fe(CN)_6$	宝石红
Ag_2CrO_4	砖红色	$Cr(OH)_3$	灰绿	$K_4Fe(CN)_6$	黄色
$Ag_2Cr_2O_7$	无色	Cr_2O_3	亮绿	K_2CrO_4	柠檬黄
$AgNO_3$	无色	$CrCl_3$	暗绿	$KSCN$	无色
$Al(OH)_3$	白色	Cl_2	黄绿	$KMnO_4$	紫色
As_2O_3	白色	$FeCl_3$	暗红	$K_2S_2O_3$	无色
$BaCl_2$	白色	$Fe(OH)_3$	红－棕	$K_2Cr_2O_7$	橘红
$BaCrO_4$	黄色	Fe_2O_3	红棕	K_2MnO_4	绿色
$Ba(OH)_2$	白色	Fe_2S_3	黄绿	K_2SO_4	无色或白色
$BaSO_4$	白色	$FeCl_2$	灰绿	KNO_3	无色
Br_2	棕红	$FeSO_4 \cdot 7H_2O$	蓝绿	$MgSO_4 \cdot 7H_2O$	白色
$Ca(ClO)_2$	白色	FeS	黑色	$MnSO_4$	淡红
$Ca_3(PO_4)_2$	白色	$Hg(NO_3)_2 \cdot H_2O$	无色，微黄	MnS	浅红
$CaHPO_4$	白色	HgO	亮红	$MnCl_2$	淡红

续表

化合物	颜色	化合物	颜色	化合物	颜色
$Ca(H_2PO4)_2$	无色	$Hg(NO_3)_2$	无色	MnO_2	紫黑
$CaCO_3$	白色	HgS（黑色立方）	黑色	$NaHCO_3$	白色
$CaCl_2$	白色	HgS（红色六方）	红色	Na_2CO_3	白色
$CaSO_4$	白色	$HgCl_2$	白色	$Na_2CO_3 \cdot 10H_2O$	无色
$CaCrO_4$	黄色	Hg_2I_2	亮黄	$NaCl$	白色
$CdCl_2$	无色，白色	H_2O_2（1）	无色	Na_2CrO_4	黄色
CdS	淡黄	I_2	紫黑	$Na_2Cr_2O_7$	橘红
$CoSO_4$	红色	KCl	白色	NaF	无色
$CoCl_2 \cdot 6H_2O$	粉红	K_2SO_3	白色	NaI	白色
Cu_2O	红棕	KOH	白色	$NaAc$	白色
$Na_2S_2O_3$	白色	$(NH_4)_2HPO_4$	白色	$PbCl_2$	白色
Na_2HPO_4	白色	$(NH_4)H_2PO_4$	白色	$PbCrO_4$	橙黄
NaH_2PO_4	白色	$(NH_4)_2SO_4$	无色	PbO_2	深棕
Na_3PO_4	白色	NH_4SCN	无色	$Pb(NO_3)_2$	白色，无色
$Na_2SO_4 \cdot 10H_2O$	无色	NH_4Cl	白色	$PbSO_4$	白色
Na_2S	白色	NH_4Br	白色	PbS	黑色
Na_2SO_3	白色	$NiCl_2$	绿色	SnS	棕色
$Na_2B_4O_7$	白色	$Ni(OH)_2$	苹果绿	$SnCl_4$	无色
NH_4NO_3	无色，白色	$NiSO_4$	翠绿	$SnCl_2$	无色
$(NH_4)_2S_2O_8$	白色	NiS	黑色	ZnS	白色，淡黄色
NH_4F	白色	$Pb(Ac)_2$	无色，白色		

附录六　常用基准物质及其干燥条件与应用

基准物质名称	基准物质分子式	干燥后组成	干燥条件 $t/℃$	标定对象
碳酸氢钠	$NaHCO_3$	Na_2CO_3	$270 \sim 300$	酸
碳酸钠	$Na_2CO_3 \cdot 10H_2O$	Na_2CO_3	$270 \sim 300$	酸
硼砂	$Na_2B_4O_7 \cdot 10H_2O$	$Na_2B_4O_7 \cdot 10H_2O$	放在含氯化钠和蔗糖的饱和溶液的干燥器中	酸
碳酸氢钾	$KHCO_3$	K_2CO_3	$270 \sim 300$	酸
草酸	$H_2C_2O_4 \cdot 2H_2O$	$H_2C_2O_4 \cdot 2H_2O$	室温空气干燥	碱或高锰酸钾
邻苯二甲酸氢钾	$KHC_8H_4O_4$	$KHC_8H_4O_4$	$110 \sim 120$	酸或碱
重铬酸钾	$K_2Cr_2O_7$	$K_2Cr_2O_7$	$140 \sim 150$	还原剂
溴酸钾	$KBrO_3$	$KBrO_3$	130	还原剂

续表

基准物质名称	基准物质分子式	干燥后组成	干燥条件 t/℃	标定对象
碘酸钾	KIO_3	KIO_3	130	还原剂
铜	Cu	Cu	室温干燥器中保存	还原剂
三氧化二砷	As_2O_3	As_2O_3	室温干燥器中保存	氧化剂
草酸钠	$Na_2C_2O_4$	$Na_2C_2O_4$	130	氧化剂
碳酸钙	$CaCO_3$	$CaCO_3$	110	EDTA
锌	Zn	Zn	室温干燥器中保存	EDTA
氧化锌	ZnO	ZnO	900 ~ 1000	EDTA
氯化钠	NaCl	NaCl	500 ~ 600	$AgNO_3$
氯化钾	KCl	KCl	500 ~ 600	$AgNO_3$
硝酸银	$AgNO_3$	$AgNO_3$	280 ~ 290	氯化物
氨基磺酸	$HOSO_2NH_2$	$HOSO_2NH_2$	在真空硫酸干燥器中保存 48 小时	碱

附录七 常用有机溶剂的沸点和密度

名称	沸点（℃）	密度（d_4^{20}）	名称	沸点（℃）	密度（d_4^{20}）
甲醇	64.96	0.7914	苯	80.10	0.8787
乙醇	78.5	0.7893	甲苯	110.6	0.8669
正丁醇	117.25	0.8098	二甲苯	137 ~ 140	0.8600
乙醚	34.51	0.7138	硝基苯	210.8	1.2037
丙酮	56.2	0.7899	氯苯	132.0	1.1058
乙酸	117.9	1.0492	三氯甲烷	61.70	1.4832
乙酐	139.55	1.0820	四氯化碳	76.54	1.5940
乙酸乙酯	77.06	0.9003	二硫化碳	46.25	1.2632
乙酸甲酯	57.00	0.9330	乙腈	81.60	0.7854
丙酸甲酯	79.85	0.9150	二甲亚砜	189.0	1.1014
丙酸乙酯	99.10	0.8917	二氯甲烷	40.00	1.3266
二氧六环	101.1	1.0337	1，2 - 二氯乙烷	83.47	1.2351

【Schiff（希夫）试剂】

取 0.2g 对本品红盐酸盐于 100ml 热水，冷却后，加入 2g 亚硫酸氢钠和 2ml HCl，再用水稀释至 200ml。

【Fehling（斐林）试剂】

Fehling 试剂由 Fehling A 和 Fehling B 组成，使用时将两者等体积混合，其配法分别是：

Fehling A：将 3.5g 含有五结晶水的硫酸铜溶于 100ml 水中即得淡蓝色的 Fehling A 试剂。

Fehling B：将 17g 酒石酸钾钠溶于 20ml 热水中，然后加入含有 5g 氢氧化钠的水溶液 20ml，稀释至 100ml 即得无色清亮的 Fehling B 试剂。

由于氢氧化铜是沉淀，当酒石酸钾钠存在时氢氧化铜沉淀溶解，形成深蓝色的溶液。易与样品作用，因此 Fehling A 与 Fehling B 应分别保存，临用时等量混合。

【Benedict（本尼迪特）试剂】

在 400ml 烧杯中溶解 20g 柠檬酸钠和 11.5g 无水碳酸钠于 100ml 热水中。在不断搅拌下把含 2g 硫酸铜结晶的 20ml 水溶液慢慢地加到柠檬酸钠和碳酸钠溶液中。此混合液应十分清澈。否则，需过滤，Benedict 试剂在放置时不易变质，亦不必像 Fehling 试剂那样分成 A、B 液，分别保存，所以，比 Fehling 试剂使用方便。

【Tollen 试剂】

加 20ml 5% 硝酸银溶液于一干净试管内，加入 1 滴 10% 氢氧化钠溶液，然后滴加 2% 氨水，随摇，直至沉淀刚好溶解。

配制 Tollen 试剂时应防止加入过量的氨水，否则，将生成雷酸银（$Ag-O=N\equiv C$）。受热后将引起爆炸，试剂本身还将失去灵敏性。

Tollen 试剂久置后将析出黑色的氮化银（Ag_3N）沉淀。它受震动时分解，发生猛烈爆炸，有时潮湿的氮化银也能引起爆炸。因此 Tollen 试剂必须现用现配。

【Lucas 试剂】

将 34g 无水氯化锌在蒸发皿中强热熔融，稍冷后放在干燥器中冷至室温，取出捣碎，溶于 23ml 浓盐酸（相对密度 1.187g/ml）中。配制时须加以搅动，并把容器放在冰水浴中冷却，以防氯化氢逸出，约得 35ml 溶液，放冷后，存于玻璃瓶中，塞紧。此试剂一般是临用时配制。

【碘化钾】

称取 2g 碘和 5g 碘化钾溶于 100ml 水中即可。

【1%淀粉溶液】

将 1g 可溶性淀粉和 5mg $HgCl_2$（作防腐剂）溶于 5ml 冷蒸馏水中，用力搅成稀浆状，然后倒入 200ml 沸水中，即得近于透明的胶体溶液，放冷使用。

【苯肼试剂】

取苯肼盐酸盐 20g，加水 200ml，微热溶解，再加入活性炭 1g 脱色，过滤后贮存于棕色瓶中。

【2，4 - 二硝基苯肼试剂】

Ⅰ．取 3g 2，4 - 二硝基苯肼溶于 15ml 浓硫酸中。将此酸性溶液慢慢加入 70ml 的 95% 乙醇中，再加蒸馏水稀释到 100ml，搅动混合均匀即成橙红色溶液（若有沉淀应过滤）。

Ⅱ．将 1.2g 2，4 - 二硝基苯肼溶于 50ml 的 30% 高氯酸中。配好后储于棕色瓶中，不易变质。

Ⅰ法配制的试剂 2，4 - 二硝基苯肼浓度较大，反应时沉淀多便于观察。Ⅱ法配制的试剂，由于高氯酸盐在水中溶解度很大，因此便于检验水溶液中的醛且较稳定，长期贮存不易变质。

【亚硫酰氯】

$SOCl_2$ 沸点为 79℃，比重 1.638g/ml；硫酰氯很容易水解。

精制：工业亚硫酰氯经蒸馏后，其纯度对于大多数用途已经足够。无色而很纯的亚硫酰氯是通过添加喹啉和亚麻子油进行蒸馏而得到。

注意：亚硫酰氯侵袭皮肤和黏膜，其蒸汽具有难闻气味。

【钠汞齐】

含钠为 1.2% 的钠汞齐在温室下是半固体，在 50℃ 是液体；更高浓度的钠汞齐在室温下是固体，并能研成粉末。

2% 钠汞齐的制备：在通风橱内把 600g 汞放在海斯坩埚中，加热到 30 ~ 40℃，利用长而尖的玻璃导棒将 13g 切成小方块的钠加到汞的表面以下。此时即发生反应而出现火焰，为了防止飞溅，反应容器用石棉板予以覆盖。钠汞齐凝固以后，在氮气存在下加以粉碎，隔绝空气贮藏。

注意：在使用钠的操作过程中必须佩戴保护眼罩。含有金属钠的反应混合物不能在水浴上加热。钠汞齐不能用手触及，也不能与水接触。

【氢化锂铝】

$LiAlH_4$ 对还原反应来说，合适的溶剂是二乙醚、四氢呋喃和 N - 烷基吗啉。假若氢化锂铝不能完全溶解，就用其悬浮液。所用溶剂不可以含有过氧化物水。

还原完毕以后，如果投料量很小，少许过量的氢化锂铝可用水小心地进行分解；如果投料量很大，最好加入醋酸乙酯直到氢化锂铝消耗完毕，然后用数量恰好满足需要的水使氢氧化铝沉淀。

注意：氢化锂铝与水反应很激烈，并能自燃。在用氢化锂铝进行反应时，只能使用防潮马达进行搅拌，氢气必须引至室外。

【醇钠】

制备：在装有滴液漏斗和回流冷凝管（带有氯化钙干燥管）的三口烧瓶中，放入所需数量的钠，加入相当于钠 10 倍量的醇，加入速度以使溶液保持激烈沸腾为宜（把钠向醇中添加的方法并不可取，因为反应容易失去控制）。钠在低级醇中溶解很快。对于高级醇，须于 100℃ 搅拌数小时。

将醇盐溶液真空蒸馏除去醇，可以得到不含醇的醇盐。但最好是在适宜的溶剂中用等摩尔的醇和钠砂进行反应制备。

【醋酸酐】

$(CH_3CO)_2O$ 沸点为 139.6℃，$n_D^{20} = 1.3904$。

醋酸酐可被热水水解。

杂质：醋酸。

精制：加无水醋酸钠煮沸，然后蒸馏。

注意：危险品级别为 A Ⅱ。皮肤触及醋酸酐，哪怕是短时间，也将受到严重侵蚀。

【甲醛】

HCHO 沸点为 − 21℃。30% ~ 40% 甲醛的水溶液称为福尔马林，并含有 5% ~ 15% 甲醇。

干燥气体甲醛制备：将聚甲醛放置在五氧化磷干燥器中，干燥数天，然后用于干馏法使之解聚。控制加热温度，使 30g 聚甲醛在 20 分钟左右分解完毕。在格氏合成中，必须使用 2mol 比例的聚甲醛，因为在通向反应器的导管里含有微量的水（试管应尽可能地短而粗），其将造成一定程度的重新聚合。甲醛对橡皮管有破坏作用。注意：甲醛是原生质毒素，对黏膜和皮肤有强烈的刺激作用，尤其是对于眼睛和呼吸道。皮肤接触到甲醛时，除发生皮炎和湿疹外，尚能见到皮肤的慢性损害。

附录八　常用化合物的毒性及易燃性

溶剂名称	沸点（℃）(101.3kPa)	溶解性	毒性
甲胺	− 6.3	是多数有机物和无机物的优良溶剂，液态甲胺与水、醚、苯、丙酮、低级醇混溶，其盐酸盐易溶于水，不溶于醇、醚、酮、三氯甲烷、乙酸乙酯	中等毒性，易燃
二甲胺	7.4	是有机物和无机物的优良溶剂，溶于水、低级醇、醚、低极性溶剂	强烈刺激性

溶剂名称	沸点（℃）(101.3kPa)	溶解性	毒性
石油醚	30~80	不溶于水，与丙酮、乙醚、乙酸乙酯、苯、三氯甲烷及甲醇以上高级醇混溶	与低级烷相似
乙醚	34.6	微溶于水，易溶于盐酸，与醇、醚、石油醚、苯、三氯甲烷等多数有机溶剂混溶	麻醉性
戊烷	36.1	与乙醇、乙醚等多数有机溶剂混溶	低毒性
二氯甲烷	39.75	与醇、醚、三氯甲烷、苯、二硫化碳等有机溶剂混溶	低毒，麻醉性强
二硫化碳	46.23	微溶于水，与多种有机溶剂混溶	麻醉作用，强刺激性
溶剂石油脑	110~190	与乙醇、丙酮、戊醇混溶，较其他石油系溶剂大	低毒、刺激性
丙酮	56.12	与水、醇、醚、烃混溶	低毒，类乙醇，但较大
1,1-二氯乙烷	57.28	与醇、醚等大多数有机溶剂混溶	低毒，局部刺激性
三氯甲烷	61.15	与乙醇、乙醚、石油醚、卤代烃、四氯化碳、二硫化碳等混溶	中等毒性，强麻醉性
甲醇	64.5	与水、乙醚、醇、酯、卤代烃、苯、酮混溶	中等毒性，麻醉作用
四氢呋喃	66	优良溶剂，与水混溶，很好地溶解乙醇、乙醚、脂肪烃、芳香烃、氯化烃	吸入微毒，经口低毒
己烷	68.7	不溶于水，溶于乙醇、乙醚等多数有机溶剂	低毒。麻醉作用，刺激性
三氟代乙酸	71.78	与水、乙醇、乙醚、丙酮、苯、四氯化碳、己烷混溶，溶解多种脂肪族，芳香族化合物	低毒，刺激性、强腐蚀性
1,1,1-三氯乙烷	74.0	与丙酮、甲醇、乙醚、苯、四氯化碳等有机溶剂混溶	低毒类溶剂
四氯化碳	76.75	与醇、醚、石油醚、石油脑、冰醋酸、二硫化碳、氯代烃混溶	氯代甲烷中，毒性最强
乙酸乙酯	77.112	与醇、醚、三氯甲烷、丙酮、苯等大多数有机溶剂溶解，能溶解某些金属盐	低毒，麻醉作用
乙醇	78.3	与水、乙醚、三氯甲烷、酯、烃类衍生物等有机溶剂混溶	微毒类，麻醉作用
丁酮	79.64	与丙酮相似，与醇、醚、苯等大多数有机溶剂混溶	低毒，毒性强于丙酮
苯	80.10	难溶于水，与甘油、乙二醇、乙醇、三氯甲烷、乙醚、四氯化碳、二硫化碳、丙酮、甲苯、二甲苯、冰醋酸、脂肪烃等大多有机物混溶	强烈毒性
环己烷	80.72	与乙醇、高级醇、醚、丙酮、烃、氯代烃、高级脂肪酸、胺类混溶	低毒，中枢抑制作用
乙腈	81.60	与水、甲醇、乙酸甲酯、乙酸乙酯、丙酮、醚、三氯甲烷、四氯化碳、氯乙烯及各种不饱和烃混溶，但是不与饱和烃混溶	中等毒性，大量吸入蒸气，引起急性中毒
异丙醇	82.40	与乙醇、乙醚、三氯甲烷、水混溶	微毒，类似乙醇
1,2-二氯乙烷	83.48	与乙醇、乙醚、三氯甲烷、四氯化碳等多种有机溶剂混溶	高毒性、致癌

续表

溶剂名称	沸点（℃）（101.3kPa）	溶解性	毒性
乙二醇二甲醚	85.2	溶于水，与醇、醚、酮、酯、烃、氯代烃等多种有机溶剂混溶。能溶解各种树脂，还是二氧化硫、氯代甲烷、乙烯等气体的优良溶剂	吸入和经口低毒
三氯乙烯	87.19	不溶于水，与乙醇、乙醚、丙酮、苯、乙酸乙酯、脂肪族氯代烃、汽油混溶	有机有毒品
三乙胺	89.6	水：18.7以下混溶，以上微溶。易溶于三氯甲烷、丙酮，溶于乙醇、乙醚	易爆，皮肤黏膜刺激性强
丙腈	97.35	溶解醇、醚、DMF、乙二胺等有机物，与多种金属盐形成加成有机物	高度性，与氢氰酸相似
庚烷	98.4	与己烷类似	低毒，刺激性、麻醉作用
硝基甲烷	101.2	与醇、醚、四氯化碳、DMF等混溶	麻醉作用，刺激性
1，4-二氧六环	101.32	能与水及多数有机溶剂混溶，其溶解能力很强	微毒，强于乙醚2~3倍
甲苯	110.63	不溶于水，与甲醇、乙醇、三氯甲烷、丙酮、乙醚、冰醋酸、苯等有机溶剂混溶	低毒类，麻醉作用
硝基乙烷	114.0	与醇、醚、三氯甲烷混溶，溶解多种树脂和纤维素衍生物	局部刺激性较强
吡啶	115.3	与水、醇、醚、石油醚、苯、油类混溶。能溶多种有机物和无机物	低毒，皮肤黏膜刺激性
4-甲基-2-戊酮	115.9	能与乙醇、乙醚、苯等大多数有机溶剂和动植物油相混溶	毒性和局部刺激性较强
乙二胺	117.26	溶于水、乙醇、苯和乙醚，微溶于庚烷	刺激皮肤、眼睛
丁醇	117.7	与醇、醚、苯混溶	低毒，大于乙醇3倍
乙酸	118.1	与水、乙醇、乙醚、四氯化碳混溶，不溶于二硫化碳及 C_{12} 以上高级脂肪烃	低毒，浓溶液毒性强
乙二醇一甲醚	124.6	与水、醛、醚、苯、乙二醇、丙酮、四氯化碳、DMF等混溶	低毒类
辛烷	125.67	几乎不溶于水，微溶于乙醇，与醚、丙酮、石油醚、苯、三氯甲烷、汽油混溶	低毒性，麻醉作用
乙酸丁酯	126.11	优良有机溶剂，广泛应用于医药行业，还可以用做萃取剂	一般条件毒性不大
氯苯	131.69	能与醇、醚、脂肪烃、芳香烃、和有机氯化物等多种有机溶剂混溶	低于苯，损害中枢神经系统
乙二醇-乙醚	135.6	与乙二醇-甲醚相似，但是极性小，与水、醇、醚、四氯化碳、丙酮混溶	低毒类，二级易燃液体

溶剂名称	沸点（℃）(101.3kPa)	溶解性	毒性
对二甲苯	138.35	不溶于水，与醇、醚和其他有机溶剂混溶	一级易燃液体
二甲苯	138.5~141.5	不溶于水，与乙醇、乙醚、苯、烃等有机溶剂混溶，乙二醇、甲醇、2-氯乙醇等极性溶剂部分溶解	一级易燃液体，低毒类
间二甲苯	139.10	不溶于水，与醇、醚、三氯甲烷混溶，室温下溶解乙腈、DMF等	一级易燃液体
醋酸酐	140.0	溶于三氯甲烷和乙醚，缓慢溶于水形成乙酸	低毒，易燃，有腐蚀性
邻二甲苯	144.41	不溶于水，与乙醇、乙醚、三氯甲烷等混溶	一级易燃液体
N，N-二甲基甲酰胺	153.0	与水、醇、醚、酮、不饱和烃、芳香烃等混溶，溶解能力强	低毒
环己酮	155.65	与甲醇、乙醇、苯、丙酮、己烷、乙醚、硝基苯、石油脑、二甲苯、乙二醇、乙酸异戊酯、二乙胺及其他多种有机溶剂混溶	低毒类，有麻醉性，中毒概率比较小
环己醇	161	与醇、醚、二硫化碳、丙酮、三氯甲烷、苯、脂肪烃、芳香烃、卤代烃混溶	低毒，无血液毒性，有刺激性，避免与皮肤和眼睛接触
N，N-二甲基乙酰胺	166.1	溶解不饱和脂肪烃，与水、醚、酯、酮、芳香族化合物混溶	微毒类
糠醛	161.8	与醇、醚、三氯甲烷、丙酮、苯等混溶，部分溶解低沸点脂肪烃，无机物一般不溶	有毒品，刺激眼睛，催泪
N-甲基甲酰胺	180~185	与苯混溶，溶于水和醇，不溶于醚	一级易燃液体
苯酚（石炭酸）	181.2	溶于乙醇、乙醚、乙酸、甘油、三氯甲烷、二硫化碳和苯等，难溶于烃类溶剂，65.3℃以上与水混溶，65.3℃以下分层	高毒类，对皮肤、黏膜有强烈腐蚀性，可经皮肤吸收中毒
1，2-丙二醇	187.3	与水、乙醇、乙醚、三氯甲烷、丙酮等多种有机溶剂混溶	低毒，吸湿，不宜静注
二甲亚砜	189.0	与水、甲醇、乙醇、乙二醇、甘油、乙醛、丙酮乙酸乙酯吡啶、芳烃混溶	微毒，对眼有刺激性
邻甲酚	190.95	微溶于水，能与乙醇、乙醚、苯、三氯甲烷、乙二醇、甘油等混溶	参照甲酚
N，N-二甲基苯胺	193	微溶于水，能随水蒸气挥发，与醇、醚、三氯甲烷、苯等混溶，能溶解多种有机物	抑制中枢和循环系统，经皮肤吸收中毒
乙二醇	197.85	与水、乙醇、丙酮、乙酸、甘油、吡啶混溶，与三氯甲烷、乙醚、苯、二硫化碳等难溶，对烃类、卤代烃不溶，溶解食盐、氯化锌等无机物	低毒类，可经皮肤吸收中毒
对甲酚	201.88	参照甲酚	参照甲酚

续表

溶剂名称	沸点（℃）（101.3kPa）	溶解性	毒性
N－甲基吡咯烷酮	202	与水混溶，除低级脂肪烃可以溶解大多无机物、有机物、极性气体、高分子化合物	毒性低，不可内服
间甲酚	202.7	参照甲酚	与甲酚相似，参照甲酚
苄醇	205.45	与乙醇、乙醚、三氯甲烷混溶，20℃在水中溶解3.8%	低毒，黏膜刺激性
甲酚	210	微溶于水，能于乙醇、乙醚、苯、三氯甲烷、乙二醇、甘油等混溶	低毒类，腐蚀性，与苯酚相似
甲酰胺	210.5	与水、醇、乙二醇、丙酮、乙酸、二氧六环、甘油、苯酚混溶，几乎不溶于脂肪烃、芳香烃、醚、卤代烃、氯苯、硝基苯等	皮肤、黏膜刺激性、经皮肤吸收
硝基苯	210.9	几乎不溶于水，与醇、醚、苯等有机物混溶，对有机物溶解能力强	剧毒，可经皮肤吸收
乙酰胺	221.15	溶于水、醇、吡啶、三氯甲烷、甘油、热苯、丁酮、丁醇、苄醇，微溶于乙醚	毒性较低
六甲基磷酸三酰胺	233	与水混溶，与三氯甲烷络合，溶于醇、醚、酯、苯、酮、烃、卤代烃等	较大毒性
喹啉	237.10	溶于热水、稀酸、乙醇、乙醚、丙酮、苯、三氯甲烷、二硫化碳等	中等毒性，刺激皮肤和眼
乙二醇碳酸酯	238	与热水、醇、苯、醚、乙酸乙酯、乙酸混溶，干燥醚、四氯化碳、石油醚中不溶	毒性低
二甘醇	244.8	与水、乙醇、乙二醇、丙酮、三氯甲烷、糠醛混溶，与乙醚、四氯化碳等不混溶	微毒，经皮吸收，刺激性小
丁二腈	267	溶于水，易溶于乙醇和乙醚，微溶于二硫化碳、己烷	中等毒性
环丁砜	287.3	几乎能与所有有机溶剂混溶，除脂肪烃外能溶解大多数有机物	吞食有毒，可致人体灼伤
甘油	290.0	与水、乙醇混溶，不溶于乙醚、三氯甲烷、二硫化碳、苯、四氯化碳、石油醚	食用对人体无毒

附录九　常见共沸混合物

　　共沸物，又称恒沸物，是指两组分或多组分的液体混合物，在恒定压力下沸腾时，其组分与沸点均保持不变。这实际是表明此时沸腾产生的蒸汽与液体本身有着完全相同的组成。共沸物是不可能通过常规的蒸馏或分馏手段加以分离的。并非所有的二元液体混合物都可形成共沸物，下列表格列出了一些常用的共沸物组成及其共沸点。这类混合物的温度－组分相图有着显著的特征，即其气相线（气液混合物和气态的交界）与液相线（液态和气液混合物的交界）有着共同的最高点或最低点。如此点为最高点，则称为正共沸物；如此点为最低点，则称为负共沸物。大多数共沸物都是负共沸物，即有最低沸点。值得注意的是：任一共沸物都是针对某一特定外压而言。对于不同压力，其共沸组分和沸点都将有所不同；实践证明，沸点相差大于30K的两个组分很难形成共（恒）沸物（如水与丙酮就不会形成共沸物）。

1. 与水形成的二元共沸物（水沸点100℃）

溶剂	沸点/℃	共沸点/℃	含水量/%	溶剂	沸点/℃	共沸点/℃	含水量/%
三氯甲烷	61.2	56.1	2.5	甲苯	110.5	85.0	20
四氯化碳	77.0	66.0	4.0	正丙醇	97.2	87.7	28.8
苯	80.4	69.2	8.8	异丁醇	108.4	89.9	88.2
丙烯腈	78.0	70.0	13.0	二甲苯	137－140.5	92.0	37.5
二氯乙烷	83.7	72.0	19.5	正丁醇	117.7	92.2	37.5
乙腈	82.0	76.0	16.0	吡啶	115.5	94.0	42
乙醇	78.3	78.1	4.4	异戊醇	131.0	95.1	49.6
乙酸乙酯	77.1	70.4	8.0	正戊醇	138.3	95.4	44.7
异丙醇	82.4	80.4	12.1	氯乙醇	129.0	97.8	59.0
乙醚	35	34	1.0	二硫化碳	46	44	2.0
甲酸	101	107	26				

2. 常见有机溶剂间的共沸混合物

共沸混合物	组分的沸点/℃	共沸物的组成（质量）/%	共沸物的沸点/℃
乙醇－乙酸乙酯	78.3，78.0	30:70	72.0
乙醇－苯	78.3，80.6	32:68	68.2
乙醇－三氯甲烷	78.3，61.2	7:93	59.4
乙醇－四氯化碳	78.3，77.0	16:84	64.9
乙酸乙酯－四氯化碳	78.0，77.0	43:57	75.0
甲醇－四氯化碳	64.7，77.0	21:79	55.7
甲醇－苯	64.7，80.4	39:61	48.3
三氯甲烷－丙酮	61.2，56.4	80:20	64.7
甲苯－乙酸	101.5，118.5	72:28	105.4
乙醇－苯－水	78.3，80.6，100	19:74:7	64.9